高等学校通用教材

# 计算机图形学及实用编程技术

李春雨等　编著

北京航空航天大学出版社

## 内 容 简 介

在多年教学、科研和科技开发的基础上,从计算机图形学的理论高度和计算机绘图的实用角度来研究、编写这本教材。全书分上、下篇,共 13 章。上篇介绍计算机图形学的原理、算法及实现,即从基本图形的生成,由简单到复杂,由二维到多维,循序渐进。下篇介绍基于 MFC 和 OpenGL 的实用图形编程技术,学以致用,并起到举一反三的作用。内容为:计算机图形学的概念、发展、应用和软硬件系统;直线、圆、椭圆基本图形的生成、曲线及区域的填充;几何图形的投影与变换;图形裁剪、消隐处理;光照模型和图案映射等真实感生成技术,图像处理的基本知识,并用 VC++进行交互式图形设计实例。

本书可作为计算机、以及航空航天领域、机械、电子、建筑等专业的本科生教材,也可作为相关工程人员的参考书。

### 图书在版编目(CIP)数据

计算机图形学及实用编程技术/李春雨等编著. —北京:北京航空航天大学出版社,2009.3
 ISBN 978-7-81124-558-5

Ⅰ.计⋯  Ⅱ.李⋯  Ⅲ.①计算机图形学②图形软件,MFC OpenGL—程序设计  Ⅳ.TP391.41

中国版本图书馆 CIP 数据核字(2009)第 000174 号

**计算机图形学及实用编程技术**
李春雨等  编  著
责任编辑  金友泉
\*
北京航空航天大学出版社出版发行
北京市海淀区学院路 37 号(100191)  发行部电话:010-82317024  传真:010-82328026
http://www.buaapress.com.cn  E-mail:bhpress@263.net
北京市媛明印刷厂印装  各地书店经销
\*
开本:787 mm×1 092 mm  1/16  印张:18.75  字数:480 千字
2009 年 3 月第 1 版  2009 年 3 月第 1 次印刷  印数:4 000 册
ISBN 978-7-81124-558-5  定价:28.00 元

# 前　言

随着知识经济时代的到来，计算机图形生成技术的应用日益广泛。这就必然促使计算机专业人员、广大非计算机专业的应用人员，从计算机图形学的理论高度和计算机绘图的实用角度来研究和开发计算机图形生成技术及软件。在多年的教学、科研和技术的开发工作中，深刻地体会到：没有计算机图形的理论基础，计算机图形生成技术就无从谈起；没有高级语言描述算法的详细思路，图形学复杂的理论和方法就不能真正得到理解和应用。基于这些体会，作者认为很有必要编写出版这样的一本书，即把计算机图形学理论与计算机绘图的实践结合起来，并掌握用VC++开发工具进行图形软件的设计。

有一个形象地有关汽车的比喻可以类推到计算机图形学的教学方法上，讲授图形学有三种方法：方法一——算法法，就是要求学生掌握与汽车工作原理有关的各种知识，如发动机、传动装置等；方法二——观察法，就是让学生坐在后排作为一个旁观者欣赏风景；方法三——编程法，就是指导学生如何驾驶，如何把汽车开到想去的地方。本书把方法一与方法三相结合，使学习者在掌握理论和实用知识两方面均感到应用自如。

本书第一篇较详细地介绍了计算机图形学的有关原理、算法及实现，从计算机图形的基本图形生成讲起，采取循序渐进的内容安排，由简单到复杂、由二维至三维，理论与实践相结合，对书中的主要算法都给出了C程序。在第二篇给出了完整的VC编程范例，考虑到OpenGL强大的功能和良好的结构，以及MFC的方便实用性，实例是以它们为基础的；另外，为给学习者留有余地，范例中的许多算法与理论篇中的不尽相同，学习者须按照书中的讲解，将这些C程序移植到范例中去，举一反三，就可容易地在计算机上得到验证与提高，从而为深入理解图形学原理提供重要的保证，并为今后的计算机图形学应用打下坚实的实践基础和编程经验积累。

本书要求学习者有线性代数和C、C++语言的基础。若有Visual C++6.0基础更好，因为考虑到实用性和适用性，本书使用的开发工具是微软公司的Visual Studio 6.0版。学习者可根据自身情况，在C语言或Visual C++的基础上上机练习，掌握和应用图形学的各种算法，并开发一些具有实用性的小型绘图软件。

本书由郑州大学李春雨、郑志蕴、谭同德，中原工学院张太超，河南农业大学李福超，郑州轻工业学院魏云冰，河南工业大学丁伟等同志对本课程10多年的教学积累和科学研究，反复研讨并集体编写而成。具体分工如下：第1,2,3章由李春雨编写，第4、6章由郑志蕴编写，第5章由谭同德编写，第7、8章由魏云冰编写，第9、10章由李福超编写，第11、12章由张太超编写，第13章由丁伟编写。全书由李春雨汇总和整理。书中内容虽为作者多年教学和科研工作的总结与体会，但由于作者水平有限，书中难免存在缺点和不足，殷切希望广大读者批评指正。请将批评和指正发送到：iecyli@zzu.edu.cn，不胜感激！

该教材已有课件，若需要者可与出版社联系。

编　者
2008年10月

# 目　录

## 上　篇

### 第1章　计算机图形学基本知识

1.1　概　述 …………………………………………………………………… 2
 1.1.1　计算机图形学的概念 ……………………………………………… 2
 1.1.2　计算机图形学的研究内容 ………………………………………… 2
 1.1.3　计算机图形学与图像处理的关系 ………………………………… 3
1.2　计算机图形学的发展 …………………………………………………… 3
 1.2.1　计算机图形学的发展简史 ………………………………………… 3
 1.2.2　计算机图形学的发展动向 ………………………………………… 5
1.3　计算机图形学的应用 …………………………………………………… 7
1.4　计算机图形系统 ………………………………………………………… 9
 1.4.1　计算机图形系统硬件 ……………………………………………… 9
 1.4.2　计算机图形系统软件 ……………………………………………… 10
习　题 ………………………………………………………………………… 10

### 第2章　基本图形的生成与计算

2.1　直线的生成算法 ………………………………………………………… 11
 2.1.1　直线的 DDA 算法 ………………………………………………… 11
 2.1.2　直线的 Bresenham 算法 ………………………………………… 12
2.2　二次曲线 ………………………………………………………………… 15
 2.2.1　圆弧和椭圆弧的拟合法 …………………………………………… 15
 2.2.2　二次曲线的参数拟合法 …………………………………………… 23
2.3　自由曲线 ………………………………………………………………… 28
 2.3.1　抛物线参数样条曲线 ……………………………………………… 29
 2.3.2　Hermite 曲线 ……………………………………………………… 30
 2.3.3　三次参数样条曲线 ………………………………………………… 34
 2.3.4　Bezier 曲线 ………………………………………………………… 37
 2.3.5　B 样条曲线 ………………………………………………………… 41
2.4　字符的生成 ……………………………………………………………… 44
 2.4.1　基础知识 …………………………………………………………… 44
 2.4.2　扫描线填色算法 …………………………………………………… 45
 2.4.3　种子填色算法 ……………………………………………………… 51
2.5　区域填充 ………………………………………………………………… 52
 2.5.1　点阵式字符 ………………………………………………………… 53
 2.5.2　矢量式字符 ………………………………………………………… 53

2.5.3 方向编码式字符 ·············································· 53
   2.5.4 轮廓字型技术 ················································ 54
 2.6 图形的剪裁 ·························································· 55
   2.6.1 直线的剪裁 ···················································· 55
   2.6.2 多边形的剪裁 ················································ 59
   2.6.3 字符串的剪裁 ················································ 63
 习　题 ··································································· 64

# 第3章　图形变换

 3.1 二维图形的几何变换 ·············································· 66
   3.1.1 二维图形的几何基本变换 ··································· 66
   3.1.2 二维图形几何变换的表示 ··································· 69
   3.1.3 错切变换 ······················································· 71
   3.1.4 组合变换 ······················································· 71
 3.2 窗口视图变换 ······················································ 73
   3.2.1 用户域和窗口区 ·············································· 73
   3.2.2 显示器域和视图区 ··········································· 74
   3.2.3 窗口区和视图区的坐标变换 ································ 74
   3.2.4 从规格化坐标(NDC)到设备坐标(DC)的变换 ········· 75
 3.3 三维图形的几何变换 ·············································· 77
   3.3.1 变换矩阵 ······················································· 77
   3.3.2 平移变换 ······················································· 77
   3.3.3 比例变换 ······················································· 78
   3.3.4 绕坐标轴的旋转变换 ········································ 78
   3.3.5 绕任意轴的旋转变换 ········································ 79
 3.4 形体的投影变换 ···················································· 81
   3.4.1 投影变换分类 ················································ 81
   3.4.2 正平行投影(三视图) ········································ 81
   3.4.3 斜平行投影 ···················································· 82
   3.4.4 透视投影 ······················································· 83
   3.4.5 投影空间 ······················································· 88
   3.4.6 用户坐标系到观察坐标系的转换 ·························· 89
   3.4.7 规格化裁剪空间和图像空间 ································ 90
 3.5 三维线段裁剪 ······················································ 94
 习　题 ··································································· 95

# 第4章　数据接口与交换标准

 4.1 GKS元文件标准GKSM ············································ 97
   4.1.1 GKSM功能 ···················································· 97

4.1.2 GKSM 生成 …………………………………… 97
4.1.3 GKSM 输入 …………………………………… 99
4.2 计算机图形元文件标准 CGM ……………………… 100
4.2.1 CGM 功能 …………………………………… 100
4.2.2 CGM 描述 …………………………………… 100
4.3 计算机图形接口标准 CGI ………………………… 102
4.3.1 CGI 功能 ……………………………………… 102
4.3.2 光栅功能集 …………………………………… 104
4.4 基本图形交换规范标准 IGES ……………………… 104
4.4.1 IGES 功能 …………………………………… 104
4.4.2 IGES 元素 …………………………………… 105
4.4.3 IGES 文件结构 ……………………………… 109
4.5 DXF 数据接口 ……………………………………… 111
4.5.1 DXF 文件结构 ……………………………… 111
4.5.2 阅读图形交换文件 …………………………… 112
4.5.3 利用图形交换文件提取实体数据 …………… 114
4.6 产品数据表达与交换标准 STEP …………………… 116
4.6.1 STEP 的组成 ………………………………… 117
4.6.2 产品模型信息结构 …………………………… 118
4.6.3 几何与拓扑表示 ……………………………… 120
习 题 …………………………………………………… 121

# 第5章 三维形体的表示

5.1 曲面的表示 …………………………………………… 122
　5.1.1 孔斯(Coons)曲面 …………………………… 123
　5.1.2 贝塞尔(Bezier)曲面 ………………………… 127
　5.1.3 B样条曲面 …………………………………… 130
　5.1.4 曲面片的连接 ………………………………… 131
5.2 实体的表示 …………………………………………… 131
　5.2.1 几何元素的定义 ……………………………… 132
　5.2.2 实体的线框表示 ……………………………… 133
　5.2.3 实体的定义和正则形体 ……………………… 134
　5.2.4 正则集合运算及集合成员分类 ……………… 136
　5.2.5 实体的边界表示 ……………………………… 138
　5.2.6 扫描表示法 …………………………………… 143
　5.2.7 构造的实体几何法 …………………………… 144
　5.2.8 八叉树表示法 ………………………………… 146
5.3 其他三维造型法 ……………………………………… 147
　5.3.1 特征表示 ……………………………………… 147

  5.3.2 分形几何表示 ……………………………………………………… 148
  5.3.3 体绘制技术 …………………………………………………………… 151
  5.3.4 从二维图像信息构造三维形体 ……………………………………… 152
 习　题 ……………………………………………………………………………… 152

# 第6章　真实感图形显示

 6.1 线消隐 …………………………………………………………………………… 154
  6.1.1 消隐的基础知识 ……………………………………………………… 154
  6.1.2 凸多面体的隐藏线消除 ……………………………………………… 155
  6.1.3 凹多面体的隐藏线消除 ……………………………………………… 155
 6.2 面消隐 …………………………………………………………………………… 157
  6.2.1 区域排序算法 ………………………………………………………… 157
  6.2.2 深度缓存(Z-buffer)算法 …………………………………………… 157
  6.2.3 扫描线算法 …………………………………………………………… 158
 6.3 光照模型 ………………………………………………………………………… 159
  6.3.1 光源特性和物体表面特性 …………………………………………… 159
  6.3.2 光照模型及其实现 …………………………………………………… 160
  6.3.3 明暗的光滑处理 ……………………………………………………… 163
 6.4 表面图案与纹理 ………………………………………………………………… 164
  6.4.1 表面图案的描绘 ……………………………………………………… 164
  6.4.2 表面纹理的描绘 ……………………………………………………… 166
 6.5 颜色空间 ………………………………………………………………………… 167
  6.5.1 颜色的基本概念 ……………………………………………………… 167
  6.5.2 CIE色度图 …………………………………………………………… 168
  6.5.3 几种常用的颜色模型 ………………………………………………… 169
 习　题 ……………………………………………………………………………… 171

# 第7章　图像处理

 7.1 图像基础 ………………………………………………………………………… 172
  7.1.1 图像的表示 …………………………………………………………… 173
  7.1.2 采样和量化 …………………………………………………………… 174
  7.1.3 图像文件的数据结构 ………………………………………………… 175
 7.2 图像变换 ………………………………………………………………………… 177
  7.2.1 离散傅里叶变换 ……………………………………………………… 177
  7.2.2 快速傅里叶变换 ……………………………………………………… 178
 7.3 图像增强 ………………………………………………………………………… 180
  7.3.1 空域增强 ……………………………………………………………… 180
  7.3.2 频域增强 ……………………………………………………………… 181
 7.4 图像恢复与压缩编码 …………………………………………………………… 182

7.4.1 图像恢复 ………………………………………………………………… 183
7.4.2 图像编码 ………………………………………………………………… 184
7.5 图像分割 ………………………………………………………………………… 186
7.5.1 四类图像分割技术 ……………………………………………………… 186
7.5.2 阈值分割法 ……………………………………………………………… 188
7.6 应用实例——储粮害虫图像识别 ………………………………………………… 189
习 题 ………………………………………………………………………………… 193

# 下 篇

## 第 8 章 基于 MFC 的图形编程基础

8.1 图形软件的 MFC 实现方法 …………………………………………………… 195
8.1.1 建立工程 myvc …………………………………………………………… 195
8.1.2 OnDraw 成员函数 ………………………………………………………… 197
8.2 CDC 类 …………………………………………………………………………… 198
8.2.1 CDC 类中常用的成员函数 ……………………………………………… 199
8.2.2 CDC 类的派生类 ………………………………………………………… 200
8.2.3 CDC 类的调用函数 ……………………………………………………… 201
8.3 基本图元的绘制方法 …………………………………………………………… 202
8.3.1 绘制点、直线、矩形 …………………………………………………… 202
8.3.2 绘制简单曲线 …………………………………………………………… 204
8.3.3 文本的绘制 ……………………………………………………………… 205
8.4 图形设备接口 GDI ……………………………………………………………… 206
8.4.1 GDI 对象 ………………………………………………………………… 206
8.4.2 库存 GDI 对象 …………………………………………………………… 207
8.4.3 CPen 类的使用 …………………………………………………………… 208
8.4.4 CBrush 类的使用 ………………………………………………………… 210
8.4.5 CFont 类的使用 ………………………………………………………… 212
8.5 Windows 映射模式与窗口视区变换 …………………………………………… 214
8.5.1 Windows 中定义的映射模式 …………………………………………… 214
8.5.2 Windows 映射模式设置 ………………………………………………… 215
8.5.3 窗口和视口 ……………………………………………………………… 219
习 题 ………………………………………………………………………………… 220

## 第 9 章 基于 MFC 的交互绘图

9.1 鼠标绘图 ………………………………………………………………………… 221
9.1.1 如何响应鼠标消息 ……………………………………………………… 221
9.1.2 绘图模式的设置 ………………………………………………………… 223
9.2 用鼠标绘制圆 …………………………………………………………………… 225

9.3 通过对话框绘图 …………………………………………………… 228
习　题 …………………………………………………………………… 232

## 第 10 章　OpenGL 基础知识和实验框架的建立

10.1 OpenGL 基础知识和功能介绍 …………………………………… 233
　10.1.1 OpenGL 的简单介绍 …………………………………………… 233
　10.1.2 OpenGL 工作流程 ……………………………………………… 234
　10.1.3 OpenGL 图形操作步骤 ………………………………………… 235
　10.1.4 Windows 下的 OpenGL 函数 ………………………………… 235
　10.1.5 OpenGL 基本功能 ……………………………………………… 236
　10.1.6 Windows 下 OpenGL 的结构 ………………………………… 237
10.2 OpenGL 的程序框架 ……………………………………………… 237
　10.2.1 建立非控制台的 Windows 程序框架 ………………………… 238
　10.2.2 建立 OpenGL 框架 …………………………………………… 239
　10.2.3 建立 OpenGL 框架的类文件 ………………………………… 239
　10.2.4 完善 Windows 框架 …………………………………………… 243
　10.2.5 程序间的相互关系 …………………………………………… 246
习　题 …………………………………………………………………… 247

## 第 11 章　OpenGL 的基本图形

11.1 OpenGL 库函数命名方式 ………………………………………… 248
11.2 基本图形 …………………………………………………………… 249
11.3 几何变换 …………………………………………………………… 254
11.4 辅助库物体 ………………………………………………………… 255
11.5 在 OpenGL 中显示图形 …………………………………………… 255
11.6 建立物体类文件 …………………………………………………… 258
11.7 本章程序结构 ……………………………………………………… 260
习　题 …………………………………………………………………… 262

## 第 12 章　OpenGL 的组合图形及光照和贴图

12.1 飞机模型 …………………………………………………………… 263
　12.1.1 构造飞机 ……………………………………………………… 264
　12.1.2 程序注释 ……………………………………………………… 265
　12.1.3 增加动感 ……………………………………………………… 265
12.2 贴图 ………………………………………………………………… 266
　12.2.1 调入图形文件 ………………………………………………… 266
　12.2.2 给模型贴图 …………………………………………………… 267
　12.2.3 自定义长方体 BOX …………………………………………… 269
12.3 又一个组合图形 …………………………………………………… 270

12.4 使用灯光 ......................................................... 271
　12.4.1 OpenGL 光组成 ............................................ 271
　12.4.2 创建光源 .................................................... 272
　12.4.3 启动光照 .................................................... 273
　12.4.4 在程序中使用光源 ......................................... 273
12.5 本章程序结构 ................................................... 274
习　题 ..................................................................... 275

# 第 13 章　摄像漫游与 OpenGL 的坐标变换

13.1 摄像机＋漫游 ................................................... 276
　13.1.1 原　理 ....................................................... 276
　13.1.2 漫游程序 .................................................... 277
　13.1.3 漫游程序注释 .............................................. 278
　13.1.4 漫游相关定义 .............................................. 278
13.2 地　面 ............................................................ 279
　13.2.1 网格地面 .................................................... 279
　13.2.2 边界设定 .................................................... 280
　13.2.3 使用摄像机 ................................................. 281
13.3 OpenGL 中的坐标变换 ....................................... 282
　13.3.1 从三维空间到二维平面——相机模拟 .................. 282
　13.3.2 视点变换 .................................................... 282
　13.3.3 模型变换 .................................................... 284
　13.3.4 投影变换 .................................................... 284
　13.3.5 视口变换 .................................................... 285
　13.3.6 其他必要的矩阵操作 ..................................... 285
习　题 ..................................................................... 286

# 参考文献

# 上 篇

第1章　计算机图形学基本知识

第2章　基本图形的生成与计算

第3章　图形变换

第4章　数据接口与交换标准

第5章　三维形体的表示

第6章　真实感图形显示

第7章　图像处理

# 第1章 计算机图形学基本知识

计算机图形学是近40年来迅速发展起来的具有广泛应用前景的一门新兴学科,是科学技术领域中取得的又一重要成就。计算机出现后,为了在绘图仪和阴极射线管上输出图形,计算机图形学也随之产生了。它是随着计算机及其外围设备等技术的发展而不断完善的。计算机图形学在航空、航天、汽车、电子、机械、土建工程、影视广告、地理信息、轻纺化工等领域中得到了广泛应用,并推动了这门学科迅速成熟。计算机一方面解决了一些具体应用中提出的各类新课题,另一方面又进一步充实和丰富了这门学科的内容。

## 1.1 概 述

### 1.1.1 计算机图形学的概念

计算机图形学(computer graphics)是一门新兴学科。国际标准化组织(ISO)定义它为:计算机图形学是研究通过计算机将数据转换为图形,并在专门显示设备上显示的原理、方法和技术的学科。它是建立在传统的图学理论、应用数学及计算机科学基础上的一门边缘学科。

### 1.1.2 计算机图形学的研究内容

计算机图形学的研究内容涉及用计算机对图形数据进行处理的软硬件技术,其所涉及的算法十分丰富。围绕物体的图形图像的生成及其准确性、真实性和实时性,大致可分为以下几类:

(1) 基于图形设备的基本图形元素的生成算法,如用光栅图形显示器生成直线、圆弧、二次曲线、封闭边界内的图案填充等。

(2) 图形元素的几何变换,即对图形的平移、放大、缩小、旋转、镜像等操作。

(3) 自由曲线和曲面的插值、拟合、拼接、分解、过渡、光顺、整体和局部修改等。

(4) 三维几何造型技术,包括对基本体素的定义及输入、规则曲面与自由曲面的造型技术,以及它们之间的布尔运算方法的研究。

(5) 三维形体的实时显示,包括投影变换、窗口剪裁等。

(6) 真实感图形的生成算法,包括三维图形的消隐算法、光照模型的建立、阴影层次及彩色浓淡图的生成算法。

(7) 山、水、花、草、烟云等模糊景物的模拟生成和虚拟现实环境的生成及其控制算法等。

(8) 科学计算可视化和三维或高维数据场的可视化,包括将科学计算中大量难以理解的数据通过计算机图形显示出来,从而加深人们对科学过程的理解,例如,有限元分析的结果等;应力场、磁场的分布等;各种复杂的运动学和动力学问题的图形仿真等。

## 1.1.3 计算机图形学与图像处理的关系

计算机图形学的基本含义是，使用计算机通过算法和程序在显示设备上构造出图形来。也就是说，图形是人们通过计算机设计和构造出来的，不是通过摄像机或扫描仪等设备输入的图像。所设计和构造的图形可以是现实世界中已经存在的物体图形，也可以显示出完全虚构的物体。因此，计算机图形学是真实物体或虚构物体的图形综合技术。

与此相反，图像处理是景物或图像的分析技术。它所研究的是计算机图形学的逆过程，包括图像增强、模式识别、景物分析、计算机视觉等，并研究如何从图像中提取二维或三维物体的模型。

尽管计算机图形学和图像处理所涉及的都是用计算机来处理图形和图像，但是长期以来却属于不同的两个技术领域。近年来，由于多媒体技术、计算机动画、三维空间动数据场显示及纹理映射等的迅速发展，计算机图形学和图像处理的结合日益紧密，并相互渗透。例如，将计算机生成的图形与扫描输入的图像结合起来，来构造计算机动画；用菜单或其他图形交互技术来实现交互式图像处理；通过交互手段，由一幅透视图像中提取出对称物体的三维模型并进行修改，也可由一幅图像，直接变换为另一幅图像从而代替了图形的综合等。计算机图形学与图像处理相结合，加速了这两个相关领域的发展。

# 1.2 计算机图形学的发展

## 1.2.1 计算机图形学的发展简史

计算机图形学的发展始于 20 世纪 50 年代，先后经历了准备阶段(20 世纪 50 年代)、发展阶段(20 世纪 60 年代)、推广应用阶段(20 世纪 70 年代)、系统实用化阶段(20 世纪 80 年代)和标准化智能化阶段(20 世纪 90 年代)。

**1. 准备阶段(20 世纪 50 年代)**

计算机图形学的发展历史应追溯到 20 世纪 50 年代末期。当时的计算机主要用于科学计算，使用尚不普及，但已开始出现图形显示器、绘图仪和光笔等图形外部设备。同时各种设计、计算和显示图形的软件开始开发，为计算机图形学的发展做好了硬件和软件的准备。1950 年，美国麻省理工学院旋风 I 号(whirlwind I)计算机就配置了由计算机驱动的阴极射线管式的图形显示器，但不具备人-机交互功能。20 世纪 50 年代末期，该理工学院林肯实验室研制的 SAGE 空中防御系统就已具有指挥和控制功能。这个系统能将雷达信号转换为显示器上的图形，操作者可以借用光笔指向屏幕上的目标图形来获得所需要的信息。这一功能的出现预示着交互式图形生成技术的诞生。

**2. 发展阶段(20 世纪 60 年代)**

1962 年，美国麻省理工学院的 I. E. 萨瑟兰德(I. E. Sutherland)在他的博士论文中提出了一个名为"sketchpad"的人-机交互式图形系统，能在屏幕上进行图形设计和修改。他在论文中首次使用了"计算机图形学(computer graphics)"这个术语，证明了交互式计算机图形学是一个可行的有用的研究领域，从而确定了计算机图形学作为一个崭新的科学分支的独立地位。他在论文中所提出的分层存储符号和图素的数据结构等概念和技术直至今日还在广泛应用。

因此，I. E. 萨瑟兰德的"sketchpad"系统被公认为对交互图形生成技术的发展奠定了基础。随后，美国通用汽车公司、贝尔电话公司和洛克希德飞机制造公司等开展了计算机图形学和计算机辅助设计的大规模研究，分别推出了 DAC-I 系统、Graphic-1 系统和 CADAM 系统，使计算机图形学进入了迅速发展的新时期。这一时期使用的图形显示器是随机扫描的显示器，它具有较高的分辨率和对比度，良好的动态性能，这就避免了图形闪烁。它通常需要以 30 次/秒左右的频率不断刷新屏幕上的图形。为此需要一个刷新缓冲存储器来存放计算机产生的显示图形的数据和指令，还要有一个高速的处理器。由于这一时期使用的计算机图形硬件（大型计算机和图形显示器）是相当昂贵的，因而成为影响交互式图形生成技术进一步普及的主要原因。因此，只有上述这些大公司才能投入大量资金研制开发出只供本公司产品设计使用的实验性系统。

### 3. 推广应用阶段（20 世纪 70 年代）

进入 20 世纪 70 年代以后，由于集成电路技术的发展，计算机硬件性能不断提高，体积缩小，价格降低，特别是廉价的图形输入、输出设备及大容量磁盘等的出现，以小型计算机及超级小型机为基础的图形生成系统开始进入市场，并形成主流。由于这种系统比起大型计算机来价格相对便宜，维护使用也比较简单，因而 70 年代以来，计算机图形生成技术在计算机辅助设计、事务管理、过程控制等领域得到了比较广泛的应用，取得了较好的经济效益，出现了许多专门开发图形软件的公司及相应的商品化图形软件，如 Computer Vision、Intergraph、Colma Applicon 等公司推出了许多成套实用的商品化 CAD 系统，IBM 和波音公司应用 CAD/CAM 相结合技术取得了丰硕的成果。CAD 成为工业设计部门不可缺少的工具和热门技术。

其中，基于电视技术的光栅扫描显示器的出现极大地推动了计算机图形学的发展。光栅扫描显示器将被显示的图像以点阵形式存储在刷新缓存中，由视频控制器将其读出并在屏幕上产生图像。光栅扫描显示器较之随机扫描显示器有许多优点：一是规则而重复地扫描比随机扫描容易实现，因而价格便宜；二是可以显示用颜色或各种模式填充的图形，这对于生成三维物体的真实感图形是非常重要的；三是刷新过程与图形的复杂程度无关，只要基本的刷新频率足够高，就不会因为图形复杂而出现闪烁现象。由于光栅扫描显示器具有许多优点，因而直至今日仍然是图形显示的主要设备。工作站及微型计算机都采用这种光栅扫描显示器。

由于众多商品化软件的出现，这一时期图形标准化问题也被提上议程。图形标准化要求图形软件由低层次的与设备有关的软件包转变为高层次的与设备无关的软件包。1974 年，美国计算机学会成立了一个图形标准化委员会（ACM SIGGRAPH），开始有关标准的制定和审批工作。1977 年该委员会提出了一个称为"核心图形系统 CGS"的规范。1979 年又公布了修改后的第二版，增加了包括光栅图形显示技术在内的许多其他功能。

### 4. 系统使用化阶段（20 世纪 80 年代）

进入 20 世纪 80 年代以后，工作站的出现极大地促进了计算机图形学的发展。比起小型计算机来，工作站在用于图形生成上具有显著优点。首先，工作站是一个用户使用一台计算机交互作用时，响应时间短；其次，工作站联网后可以共享资源，如大容量磁盘、高精度绘图仪等；而且它便于逐步投资、逐步发展、使用寿命较长。因而，工作站已经取代小型计算机成为图形生成的主要环境。20 世纪 80 年代后期，微型计算机的性能迅速提高，配以高分辨率显示器及窗口管理系统，并在网络环境下运行，使它成为计算机图形生成技术的重要环境。由于微机系统价格便宜，因而得到普及和推广，尤其是微型计算机上的图形软件和支持图形应用的操作系统及其应用程序的全面出现,如 Windows,Office,AutoCAD,CorelDRAW,Freehand,3D Studio 等,使计算机图形学的应用深度和广度得到了前所未有的发展。

**5. 标准化智能化阶段(20世纪90年代)**

进入 20 世纪 90 年代,计算机图形学的功能除了随着计算机图形设备的发展而提高外,其自身也朝着标准化、集成化和智能化的方向发展。一方面,国际标准化组织(ISO)公布的有关计算机图形学方面的标准越来越多,且更加成熟。目前,由国际标准化组织(ISO)发布的图形标准有计算机图形接口标准 CGI(Computer Graphics Interface)、计算机图形元文件标准 CGM(Computer Graphics Metafile)、图形核心系统 GKS(Graphics Kernel System)、三维图形核心系统 GKS-3D 和程序员层次交互式图形系统 PHIGS(Programmer'Hierarchical Interactive Graphics System)。另一方面,多媒体技术、人工智能及专家系统技术和计算机图形学相结合使其应用效果越来越好,使用方法越来越容易,许多应用系统具有智能化的特点,如智能 CAD 系统。科学计算的可视化、虚拟现实环境的应用。又向计算机图形学提出了许多更新、更高的要求,使得三维乃至高维计算机图形学在真实性和实时性方面将有飞速发展。

## 1.2.2 计算机图形学的发展动向

前面已经提到,计算机图形学是通过算法及其程序在显示设备上构造出图形的一种技术。这和用照相机摄制一幅照片的过程比较相似。当用照相机摄制一个物体,比如说一幢建筑物的照片时,首先在现实世界中必须有那么一幢建筑物存在,才能通过照相的原理拍摄一张照片。与此类似,要在计算机屏幕上构造出三维物体的一幅图像,首先必须在计算机中构造出物体的模型。这一模型是由一批几何数据及数据之间的拓扑关系来表示的。这就是造型技术。有了三维物体的模型,在给定了观察点和观察方向以后,就可以通过一系列的几何变换和投影变换在屏幕上显示出该三维体的二维图像。为了使二维图像具有立体感,或者尽可能逼真地显示出该物体在现实世界中所观察到的形象,就需要采用适当的光照模型,尽可能准确地模拟物体在现实世界中受到各种光源照射时的效果。这些就是计算机图形学中的画面绘制技术。三维物体的造型过程、绘制过程等都需要在一个操作方便、易学易用的用户界面下工作,这就是人-机交互技术。多年来,造型技术、绘制技术及人-机交互技术构成了计算机图形学的主要研究内容。当前仍然在这三个方面不断地向前发展。

**1. 造型技术的发展**

计算机辅助造型技术以所构造的对象来划分,可以分为规则形体造型和不规则形体造型。规则形体指的是可以用欧氏几何进行描述的形体,例如平面多面体、二次曲面体、自由曲面体等,统称为几何模型。构造几何模型的理论、方法和技术称为几何造型技术。它是计算机辅助设计的核心技术之一,早在 20 世纪 70 年代国际上就进行了广泛而深入的研究。目前已有商品化的几何造型系统提供给用户使用。近年来,由于非均匀有理 B 样条(nonuniform rational B spline)具有可精确表示圆锥曲线的功能,以及对控制点进行旋转、比例、平移及透视变换后曲线形状不变的特点,因而为越来越多的曲面造型系统所采用。同时,将线框造型、曲面造型,即实体造型结合在一起,并不断提高造型软件的可靠性,也是造型技术的重要研究方向。

虽然几何造型技术已得到广泛应用,但是它只是反映了对象的几何模型,而不能全部反映产品的信息,如产品的形状、公差、材料等,从而使得计算机辅助设计/制造的一体化难于实现。在这样的背景下,就出现了特征造型技术。它将特征作为产品描述的基本单元,并将产品描述成特征的集合。例如,它将一个机械产品用形状特征、公差特征、技术特征三部分来表示,而形状特征的实现又往往是建立在几何造型的基础上的。目前,特征造型技术在国内外均处于起步阶段。

近几年来,主要是由于发展动画技术的需要,提出了基于物理的造型技术。在几何造型中,模型是由物体的几何数据和拓扑结构来表示的。但是,在复杂的动画技术中,模型及模型间的关系相当复杂,不仅有静态的,而且还有动态的。这时靠人来定义物体的几何数据和拓扑关系是非常繁杂的,有时甚至是不可能的。在这种情况下模型就可以由物体的运动规律自动产生,这就是基于物理的造型技术的基本概念。显然它是比几何造型层次更高的造型技术。目前,这种基于物理的造型技术不仅可在刚体运动中实现,而且已经用于柔性物体。

与规则形体相反,不规则形体是不能用欧氏几何加以定义的,例如,山、水、树、草、云、烟、火以及自然界中丰富多彩的物体。如何在计算机内构造出表示它们的模型,是近年来研究工作的另一个特点。与规则形体的造型技术不同,不规则形体的造型大多采用过程式模拟,即用一个简单的模型及少量的易于调用的参数来表示一大类物体,不断改变参数,递归调用这一模型,就能一步一步地产生数据量很大的物体,因而这一技术也称为数据放大技术。近年来,国际上提出的基于分形理论的随机插值模型、基于文法的模型以及粒子系统模型等都是应用这一技术的不规则形体造型方法,并已取得了良好的效果。

**2. 真实图形生成技术的发展**

真实图形生成技术是根据计算机中构造好的模型生成与现实世界一样的逼真图像。在现实世界中往往有多个不同的光源,在光源照射下,根据物体表现的不同性质产生反射和折射、阴影和高光,它们的相互影响构造出了丰富多彩的世界。早期的真实图形生成技术用简单的局部光照模型模拟漫反射和镜面反射,而将许多没有考虑到的因素用一个环境光来表示。20世纪90年代以后,陆续出现了以光线跟踪方法和辐射度方法为代表的全局光照模型,使得图像的逼真程度大为提高,但是却又带来了另一个问题——计算机处理时间很长。目前,在许多高档次的工作站上已经配备了由硬件实现光线跟踪及辐射度方法的功能,从而大大提高了逼真图形的生成速度。

**3. 人-机交互技术的发展**

直至20世纪90年代初期,在设计计算机图形生成软件时,一直将如何节约硬件资源——计算时间和存储空间作为重点,以提高程序本身的效率作为首要目标。随着计算机硬件价格的降低和软件功能的增强,提高用户的使用效率逐渐被认为是首要目标。为此,如何设计一个高质量的用户接口成为计算机图形软件的关键问题。

一个高质量的用户接口的设计目标应该是:易于学习,易于使用,出错率低,易于回忆起如何重新使用这一系统,并对用户有较强的吸引力。20世纪80年代中期以来,国际上出现了不少符合这一目标的人-机交互技术。例如,屏幕上不仅可以开一个窗口,而且可以开多个窗口;从以键盘实现交互发展到以鼠标器实现交互;将菜单放在屏幕上而不是放在台板上;不仅有静态菜单,而且有动态菜单;不仅用字符串作为菜单,而且用图标作为菜单;图标可以表示一个对象,也可以表示一个动作,从而使菜单的含义一目了然。

如何在三维空间实现人-机交互一直是计算机图形技术的一个研究热点。近年来,虚拟环境技术的出现,使三维人-机交互技术有了重要进展。所谓虚拟环境是指完全由计算机产生的环境,可是却具有与真实物体同样的外表、行为和交互方式。目前,典型的方法是用户头戴立体显示眼镜,头盔有一个敏感元件,反映头部的位置及方向,并相应改变所观察到的图像;手戴数据手套实现三维交互,并有一个麦克风用来发出声音命令。

## 1.3 计算机图形学的应用

由于计算机图形系统的硬、软件性能日益提高,而价格却逐渐降低,必然促使计算机图形生成技术的应用日益广泛,并已应用于工业、科技、教育、管理、商业、艺术、娱乐等许多行业。目前主要应用于以下11个领域。

**1. 图形用户界面**

软件的用户接口是人们使用计算机的第一观感。过去传统的软件中约有60%以上的程序是用来处理与用户接口有关的问题和功能的,因为用户接口的好坏直接影响着软件的质量和效率;如今在用户接口中广泛使用了图形用户界面(GUI),如菜单、对话框、图标和工具栏等,大大提高了用户接口的直观性和友好性,也提高了相应软件的执行速度。

**2. 计算机辅助设计与制造(CAD/CAM)**

计算机辅助设计是计算机图形学的一个最广泛、最活跃的应用领域。由于CAD技术能广泛应用于产品设计和工程设计,适合多品种小批量生产,生产周期短、效率高、精确性和可靠性高,可以显著提高产品在市场上的竞争力,故越来越受到人们的关注,应用也越来越广泛。在产品设计和制造方面,CAD/CAM技术被广泛用于飞机、汽车、船舶、机电、轻工、服装的外形设计和制造。如美国波音公司,由于采用CAD技术,使波音727的设计提前两年完成;又如美国通用汽车公司,利用CAD系统把产品设计、制造模拟实验和检查测试结合起来,组成一体化集成系统,使汽车设计周期由五年缩短到三四年。在电子工业中,CAD技术应用到集成电路、印刷电路板、电子线路和网络分析等方面的优势是十分明显的。一个复杂的大规模或超大规模集成电路板图根本不可能用手工设计和绘制,而用CAD进行设计可以在较短的时间内完成,并把结果直接送至后续工艺进行加工处理。为了降低工程造价,提高设计效率,在建筑、石油、冶金、地质、电力、铁路、公路、化工等工程设计中也广泛采用CAD技术。例如,在应用CAD进行建筑设计时,不仅可以进行总体的外观效果图设计,还可以完成结构设计、给排水设计、电器设计和装饰设计等,对密集的楼群地段也可以进行光照分析。

**3. 事务和商务数据的图形展示**

应用图形学较多的领域之一是绘制事务和商务数据的各种二、三维图表,如直方图、柱形图、扇形图、折线图、工作进程图、仓库和生产的各种统计管理图表等。所有这些图表都用简明的方式提供形象化的数据和变化趋势,以增加对复杂对象的了解和对大量分散数据的规律分析,以便作出正确的决策。

**4. 地形地貌和自然资源的图形显示**

应用计算机图形生成技术产生高精度的地理图形或自然资源的图形是另一个重要的应用领域,包括地理图、地形图、矿藏分布图、海洋地理图、气象气流图、植物分布图以及其他各类等值线、等位面图等。目前,建立在地理图形基础上的地理信息管理系统(主要包括地理信息和地图)已经在许多国家中得到广泛的应用。地理信息系统是当前信息社会中政府部门对资源和环境进行科学管理和快速决策时不可缺少的工具,可广泛应用于农林、地质、旅游、交通、测绘、城市规划、土地管理、环境保护、资源开发和灾害监测以及各种与地理空间有关的行业部门。

### 5. 过程控制及系统环境模拟

用户利用计算机图形学实现与其控制或管理对象间的相互作用。例如,石油化工、金属冶炼、电网控制的有关人员可以根据设备关键部位的传感器送来的图像和数据,对设备运行过程进行有效监视和控制;机场的飞行控制人员和铁路的调度人员可通过计算机产生的运行状态信息来有效、迅速、准确地调度,调整空中交通和铁路运输。

### 6. 电子出版及办公自动化

图文并茂的电子排版、制版系统代替了传统的铅字排版,是印刷史上的一次革命。随着图、声、文结合的多媒体技术的发展,配合迅速发展的计算机网络,可视电话、电视会议、远程诊断以及文字、图表等的编辑和硬复制正在家庭、办公室普及。伴随计算机和高清晰度电视结合的产品的推出,这种普及率将会越来越高,进而会改变传统的办公、家庭生活方式。

### 7. 计算机动画及广告

由于计算机图形系统的硬件速度提高,软件功能增强,因而利用它来制作计算机动画、广告,甚至电视电影。其中有的影片还获得了奥斯卡奖。目前国内外不少单位正在研制人体模拟系统,这使得在不久的将来把历史上早已去世的著名影视名星重新搬上新的影视片成为可能。为了避免画面闪烁,放映一秒钟的动画就需制作24幅画面,因而制作较长时间的动画,工作量是相当大的。利用计算机制作动画恰恰可以在两幅关键画面之间自动插入中间画面,从而大大提高了动画制作的效率。

### 8. 计算机艺术

将计算机图形学与人工智能技术结合起来,可构造出丰富多彩的艺术图像,如各种图案、花纹、工艺外形设计及传统的油画、中国国画和书法等,是近年来计算机图形学的又一个重要应用领域。利用专家系统中设定的规则,可以构造出形状各异的美术图案。此外还可以利用计算机图形学技术生成盆景和书法等。

### 9. 科学计算的可视化

随着科学技术的进步,人类面临着越来越多的数据需要进行处理。这些数据来自高速计算机、人造地球卫星、地震勘探、计算机层析成像和核磁共振等途径。科学计算可视化就是应用计算机图形生成技术将科学及工程计算的中间结果或最后结果以及测量数据等在计算机屏幕上以图像形式显示出来,使人们能观察到用常规手段难以观察到的自然现象和规律,实现科学计算环境和工具的进一步现代化。科学计算可视化可广泛应用于计算流体力学、有限元分析、气象科学、天体物理、分子生物学、医学图像处理等领域。

### 10. 工业模拟

这是一个十分大的应用领域,包含对各种机构的运动模拟和静、动态装配模拟,在产品和工程的设计、数控加工等领域迫切需要。它要求的技术主要是计算机图形学中的产品造型、干涉检测和三维形体的动态显示。

### 11. 计算机辅助教学

计算机图形学已广泛应用于计算机辅助教学系统中。它可以使教学过程形象、直观、生动,极大地提高了学生的学习兴趣和教学效果。由于个人计算机的普及,计算机的辅助教学系统将深入到家庭和幼儿教育。

还有许多其他的应用领域。例如,农业上利用计算机对农作物的生长情况进行综合分析、比较时，就可以借助计算机图形生成技术来保存和再现不同种类和不同生长时期的植物形态，模拟植物的生长过程，从而合理地进行选种、播种、田间管理以及收获等。在轻纺行业，除了用计算机图形学来设计花色外，服装行业用它进行配料、排料、剪裁，甚至是三维人体的服装设计。在医学方面，可视化技术为准确的诊断和治疗提供了更为形象和直观的手段。在刑事侦破方面，计算机图形学被用来根据所提供的线索和特征，如指纹，再现当事人的图像及犯罪场景。

总之，交互式计算机图形学的应用极大地提高了人们理解数据、分析趋势、观察现实或想像形体的能力。随着个人计算机和工作站的发展，随着各种图形软件的不断推出，计算机图形学的应用前景将是更加引人入胜的。

## 1.4 计算机图形系统

计算机图形系统与一般的计算机是一样的，由硬件和软件两部分组成：硬件由主机和输入输出设备组成；软件由系统软件和应用软件组成。详细的各部分的情况就不再详述，需要详细了解计算机系统硬件和软件各方面情况的读者可查阅有关书籍或手册。这里重点介绍一下计算机图形系统的特别之处。

### 1.4.1 计算机图形系统硬件

总体上，计算机图形系统与一般计算机系统相比，要求主机性能更高，速度更快，存储量更大，外设种类更齐全。具体区别如下。

(1) 图形运算要求 CPU 有强大的浮点运算能力，而一般计算机系统的应用侧重于整数运算，浮点运算较少，CPU 的浮点运算能力要求较低。

(2) 图形显示要求有功能强大的显示能力，包括要配备专业图形加速卡和大屏幕显示器，而一般计算机系统的应用主要侧重于字符显示，不需要专业图形加速卡和大屏幕显示器。图形加速卡目前发展很快，3D 显示卡已发展到了四代，已发展成为可与中央处理器（CPU）相提并论的图形处理器（GPU），如 nVidia 公司的 GeForce256 显示芯片。GPU 的出现使得 CPU 的负担大大减轻，显示速度和质量明显提高。

(3) 输入设备除了常用的键盘和鼠标之外，一般还要配备数字化仪和扫描仪。数字化仪主要用于线条图形的输入，扫描仪主要用于面状图像的输入。目前扫描仪的发展很快，功能更全面，配合某些矢量化软件，也可把线条图形扫描后自动识别输入计算机，大大提高工作效率，有取代数字化仪之势。

(4) 输出设备除了针式打印机和激光打印机外，一般还要有面向图像的彩色打印和面向线条的笔式绘图仪。彩色打印机一般可分为低档的彩色喷墨打印机、中档的热蜡式打印机和高档的热升华打印机。目前由于喷墨打印机技术的不断进步，价格便宜；而笔式绘图仪不易使用，容易损坏；热蜡式打印机和热升华打印机又过于昂贵。因此，性能优良的彩色喷墨打印机逐渐成为图形输出设备的主流产品和用户首选的设备。它既能打印文字（质量比针式打印机好但比激光打印机差），又能打印线条和图像。打印的线条比笔式绘图仪略差，但质量可以达到满意的程度，线条笔直，看不出锯齿状；打印的图像质量与所用的纸张的质量有关，好的纸可打印出照片级质量，与中高档打印机差距不大；差的纸打印的效果较差，与中高档打印机差距很大。但中高档打印机对纸的质量要求也很高。

另外,计算机图形系统的主机目前主要有两大类:一类是个人计算机或微型计算机;另一类是工作站。两者互不兼容。个人计算机采用开放式体系,CPU 以 Intel、AMD 和 Cyrix 公司为主,操作系统以 Microsoft 公司的 DOS 和 Windows 为主,厂商以 Compaq、IBM、Dell、Acer 和联想公司为主,价格便宜,用户很多。工作站采用封闭式体系,不同的厂家采用的硬件和软件都不相同,不能相互兼容。主要厂家有 SUN、HP、IBM、DEC 和 SGI 等。工作站价格昂贵,用户较少,一般都是专业公司或专业人员才拥有。目前,由于个人计算机的发展很快,个人计算机与工作站的性能差别逐步缩小。高档的个人计算机的性能已经超过低档的工作站的性能,所以高档的个人计算机图形系统逐步成为计算机图形系统的首选,特别是对于广大的普通用户。

### 1.4.2 计算机图形系统软件

计算机图形系统的软件一般包括系统软件和应用软件两方面。系统软件又分为操作系统和程序设计语言。工作站的操作系统可分为底层的 UNIX 系统和上层的窗口系统。窗口系统有 SUN 公司的 Open Windows、OSF 公司的 Motif、DEC 公司的 DEC Windows 和 IBM 公司的 Office Vision 等。个人计算机的操作系统大多采用底层的 DOS 和上层的 Windows。它们都是 Microsoft 公司的产品。目前 DOS 和 Windows 已逐渐合二为一,成为一个不可分割的整体。由于目前一般的计算机系统也都采用具有图形接口的窗口系统,所以操作系统方面计算机图形系统与一般计算机系统基本上没有差别。

程序设计语言方面,计算机图形系统当然要求程序设计语言具有较强的图形图像处理能力,所以具有很强的图形图像处理能力和发展前景的 C/C++、VC 等语言逐渐成为计算机图形系统的首选开发语言。其他高级语言,如 PASCAL、BASIC 和 FORTRAN 语言虽也有一定的图形图像处理能力,但在计算机图形系统中已逐渐成为次要的开发语言。

应用软件方面可以说是五花八门,一般是针对某一具体应用方面而言,有独立的图形应用软件,更多的是分散在各种应用软件中。独立的图形软件主要为面向各种产品设计和工程设计的计算机辅助设计 CAD(Computer Aided Design)以及面向艺术模拟和工艺美术的计算机美术 CA(Computer Art)。目前,图形应用软件代表性的产品有 AutoCAD、CorelDRAW、Freehand、3D Studio 和 3DS MAX、MAYA 等。

## 习 题

1. 周围的哪些工作是与计算机图形学有关的?请举出三个实例。
2. 所用的图形系统是哪一种类型的图形显示器,试分析它们的性能如何?
3. 你见过哪几种绘图仪,试分析它们的优缺点。
4. 在所用的图形系统中配有哪些图形软件,你认为它们有哪些优缺点?应采取什么措施来克服不足之处?
5. 是否想用计算机图形学的有关知识去解决一二个实际问题?想要解决的问题是什么?考虑如何解决?

# 第 2 章 基本图形的生成与计算

## 2.1 直线的生成算法

在数学上,理想的直线是没有宽度的,由无数个点构成的集合。我们只能在显示器所给定的有限个像素组成的矩阵中,确定最佳逼近于该直线的一组像素,并且按扫描顺序,用当前的写方式,对这些像素进行写操作。

在光栅显示器的荧光屏上生成一个对象,实质上是往帧缓冲寄存器的相应单元中填入数据。画一条从$(x_1, y_1)$到$(x_2, y_2)$的直线(注意:这里的坐标是显示器的坐标,以像素为单位,也可称为设备坐标),实质上是一个发现最佳逼近直线的像素序列,并填入色彩数据的过程。这个过程也称为直线光栅化。本节介绍在光栅显示器上直线光栅化的最常用的两种算法:直线 DDA 算法和直线 Bresenham 算法。

### 2.1.1 直线的 DDA 算法

DDA 是数字微分分析式(digital differential analyzer)的缩写。设直线之起点为$(x_1, y_1)$,终点为$(x_2, y_2)$,则斜率 $m$ 为

$$m = \frac{y_2 - y_1}{x_2 - x_1} = \frac{\mathrm{d}y}{\mathrm{d}x}$$

直线中的每一点坐标都可以由前一点坐标变化一个增量$(\mathrm{D}x, \mathrm{D}y)$而得到,即表示为递归式

$$x_{i+1} = x_i + \mathrm{D}x$$
$$y_{i+1} = y_i + \mathrm{D}y$$

并有关系

$$\mathrm{D}y = m \cdot \mathrm{D}x$$

递归式的初值为直线的起点$(x_1, y_1)$,这样,就可以用加法来生成一条直线。具体方法是:按照直线从$(x_1, y_1)$到$(x_2, y_2)$的方向不同,分为 8 个象限(图 2.1.1)。对于方向在第 $1a$ 象限内的直线而言,$\mathrm{D}x = 1, \mathrm{D}y = m$。对于方向在第 $1b$ 象限内的直线而言,$\mathrm{D}y = 1, \mathrm{D}x = 1/m$。各象限中直线生成时 $\mathrm{D}x, \mathrm{D}y$ 的取值列在表 2.1.1 之中。

研究表中的数据,可以发现两个规律:

(1) 当$|\mathrm{d}x| > |\mathrm{d}y|$时

$$|\mathrm{D}x| = 1, \quad |\mathrm{D}y| = m$$

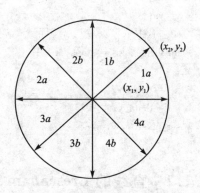

**图 2.1.1 直线方向的 8 个象限**

否则 $\qquad |\mathrm{D}x|=1/m,\quad |\mathrm{D}y|=1$

表 2.1.1 各象限中直线生成时 $\mathrm{D}x,\mathrm{D}y$ 的取值

| 象 限 | $|\mathrm{d}x|>|\mathrm{d}y|$? | $\mathrm{D}x$ | $\mathrm{D}y$ |
|---|---|---|---|
| 1a | 是 | 1 | m |
| 1b | 否 | 1/m | 1 |
| 2a | 是 | −1 | −m |
| 2b | 否 | 1/m | 1 |
| 3a | 是 | −1 | −m |
| 3b | 否 | −1/m | −1 |
| 4a | 是 | 1 | m |
| 4b | 否 | −1/m | −1 |

(2) $\mathrm{D}x,\mathrm{D}y$ 的符号与 $\mathrm{d}x,\mathrm{d}y$ 的符号相同。

使用 DDA 算法,每生成一条直线做两次除法,每画线中一点做两次加法。因此,用 DDA 法生成直线的速度是相当快的。

这两条规律可以导致程序的简化。由上述方法写成的程序如程序 2.1.1 所列。其中 steps 变量的设置,以及 $\mathrm{D}x=\mathrm{d}x/\mathrm{steps}$; $\mathrm{D}y=\mathrm{d}y/\mathrm{steps}$ 等语句,正是利用了上述两条规律,使得程序变得简练。

程序 2.1.1:

```
dda_line (xa, ya, xb, yb, c)
int xa, ya, xb, yb, c;
{
float delta_x, delta_y, x, y;
int dx, dy, steps, k;
dx=xb-xa;
dy=yb-ya;
if (abs(dx)>abs(dy)) steps=abs(dx);
else steps=abs (dy);
delta_x=(float)dx / (float)steps;
delta_y=(float)dy / (float)steps;
x=xa;
y=ya;
set_pixel(x, y, c);
for (k=1; k<=steps; k++)
{
x+=delta_x;
y+=delta_y;
set_pixel(x, y, c);
}}
```

## 2.1.2 直线的 Bresenham 算法

本算法由 Bresenham 在 1965 年提出。设直线从起点 $(x_1,y_1)$ 到终点 $(x_2,y_2)$。直线可

表示为方程 $y=mx+b$。式中

$$b = y_1 - m \cdot x_1, \qquad m = \frac{y_2 - y_1}{x_2 - x_1} = \frac{dy}{dx}$$

可以先将直线方向限于 $1a$ 象限(图 2.1.1)。在这种情况下,当直线光栅化时,$x$ 每次都增加 1 个单元,即

$$x_{i+1} = x_i + 1$$

而 $y$ 的相应增加应当小于 1。为了光栅化,$y_{i+1}$ 只可能选择如下两种位置之一(图 2.1.2)。

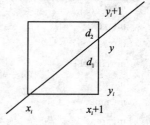

$y_{i+1}$ 的位置选择 $y_{i+1}=y_i$ 或者 $y_{i+1}=y_i+1$,选择的原则是由精确值 $y$ 与 $y_i$ 及 $y_i+1$ 的距离 $d_1$ 及 $d_2$ 的大小而定。计算式为

$$y = m(x_i + 1) + b \qquad (2-1-1)$$
$$d_1 = y - y_i \qquad (2-1-2)$$
$$d_2 = y_i + 1 - y \qquad (2-1-3)$$

**图 2.1.2 直线的光栅化**

如果 $d_1 - d_2 > 0$,则 $y_{i+1}=y_i+1$,否则 $y_{i+1}=y_i$。因此算法的关键在于简便地求出 $d_1 - d_2$ 的符号。将式(2-1-1)、(2-1-2)、(2-1-3)代入 $d_1 - d_2$ 后得

$$d_1 - d_2 = 2y - 2y_i - 1 = 2\frac{dy}{dx}(x_i + 1) - 2y_i + 2b - 1$$

用 $dx$ 乘等式两边,并以 $P_i = dx(d_1 - d_2)$ 代入上述等式后得

$$P_i = 2x_i dy - 2y_i dx + 2dy + dx(2b - 1) \qquad (2-1-4)$$

$d_1 - d_2$ 是用以判断符号的误差。由于在 $1a$ 象限,$dx$ 总大于 0,所以 $P_i$ 仍旧可以用做判断符号的误差。$P_{i+1} = 2x_{i+1} dy - 2y_{i+1} dx + 2dy + dx(2b - 1)$,用此式减去上式得

$$P_{i+1} - P_i = 2dy - 2dx(y_{i+1} - y_i) \quad 即 \quad P_{i+1} = P_i + 2dy - 2dx(y_{i+1} - y_i)$$
$$(2-1-5)$$

求误差的初值 $P_1$,可将 $x_1$,$y_1$ 和 $b$ 代入式(2-1-4)中的 $x_i$,$y_i$ 而得到

$$P_1 = 2dy - dx$$

综合上面的推导,第 $1a$ 象限内的直线 Bresenham 算法思想如下:

(1) 画点 $(x_1, y_1)$;$dx = x_2 - x_1$;$dy = y_2 - y_1$;计算误差初值 $P_1 = 2dy - dx$;$i = 1$;

(2) 求直线的下一点位置:$x_{i+1} = x_i + 1$。如果 $P_i > 0$,则 $y_{i+1} = y_i + 1$;否则 $y_{i+1} = y_i$。

(3) 画点 $(x_{i+1}, y_{i+1})$;

(4) 求下一个误差 $P_{i+1}$;如果 $P_i > 0$,则 $P_{i+1} = P_i + 2dy - 2dx$;否则 $P_{i+1} = P_i + 2dy$;

(5) $i = i + 1$;如果 $i < dx + 1$ 则转 2;否则 end。

Bresenham 算法的优点是:

(1) 不必计算直线之斜率,因此不做除法;

(2) 不用浮点数,只用整数;

(3) 只做整数加减法和乘 2 运算,而乘 2 运算可以用硬件移位实现。

Bresenham 算法速度很快,并适用于硬件实现。

由上述算法思想编制的程序如下:这个程序适用于所有 8 个方向的直线(图 2.1.1)的生成。程序用色彩 C 画出一条端点为 $(x_1, y_1)$ 和 $(x_2, y_2)$ 的直线。其中变量的含义是:$P$ 为误差;const1 和 const2 为误差的逐点变化量;inc 为 $y$ 的单位递变量,值为 1 或 -1;tmp 为用作

象限变换时的临时变量。程序以判断 $|dx|>|dy|$ 为分支,并分别将 $2a$、$3a$ 象限的直线和 $3b$、$4b$ 象限的直线变换到 $4a$、$1a$ 和 $1b$、$2b$ 方向去,以求得程序处理的简洁。

```c
void line (x1, y1, x2, y2, c)
int x1, y1, x2, y2, c;
{int dx;
 int dy;
 int x;
 int y;
 int p;
 int const1;
 int const2;
 int inc;
 int tmp;
 dx=x2-x1;
 dy=y2-y1;
 if (dx·dy>=0) /* 准备 x 或 y 的单位递变值。*/
     inc=1;
 else
 inc=-1;
 if (abs(dx)>abs(dy)){
     if(dx<0){
         tmp=x1;           /* 将 2a,3a 象限方向的直线变换到 4a,1a 象限方向去 */
         x1=x2;
         x2=tmp;
         tmp=y1;
         y1=y2;
         y2=tmp;
         dx=-dx;
         dy=-dy;
     }
     p=2·dy-dx;
     const1=2·dy;                      /* 注意此时误差的变化参数取值 */
     const2=2·(dy-dx);
     x=x1;
     y=y1;
     set_pixel(x, y, c);
     while (x<x2){
         x++;
         if (p<0)
             p+=const1;
         else{      y+=inc;   p+=const2;         }
         set_piexl(x, y, c);
```

```
            }
        }
        else {
            if (dy<0){    tmp=x1;           /* 将3b,4b象限方向的直线变换到1b,2b象限方向去 */
                          x1=x2;
                          x2=tmp;
                          tmp=y1;
                          y1=y2;
                          y2=tmp;
                          dx=-dx;
                          dy=-dy;
                     }
            p=2*dx-dy;        /* 注意此时误差的变化参数取值 */
            const1=2*dx;
            const2=2*(dx-dy);
            x=x1;
            y=y1;
            set_pixel (x, y, c);
            while (y<y2){
                y++;
                if(p<0)
                    p+=const1;
                else{
            x+=inc;
            p+=const2;
            set_pixel (x, y, c);
}}}
```

## 2.2 二次曲线

二次曲线是指那些能用二次函数

$$Ax^2 + Bxy + Cy^2 + Dx + Ey + F = 0$$

来表示的曲线,包括圆、椭圆、抛物线、双曲线等。本节将介绍几种拟合二次曲线的方法。基本的技术是将曲线离散成小直线段,通过连接各直线段来逼近所要的曲线。

### 2.2.1 圆弧和椭圆弧的拟合法

**1. 逐点比较法插补圆弧**

这种方法就是在输出圆弧的过程中,每走完 1 个单位长度以后,就与应画的圆弧进行比较。根据比较的结果决定下一次的走向。这样就可以一步一步地逼近所画的圆弧。为了便于比较,首先需要约定当前轨迹点处于不同象限时的运动走向。当然,这种走向与顺时针,还是逆时针画圆也有关系,图 2.2.1 及图 2.2.2 分别表示了这种约定。下面的问题就是要推导一个圆弧插补的判别公式(也称为判别函数),用其判断轨迹点的位置是位于圆内还是圆外。然后,再根据上述约定就可决定应沿 $x$ 方向走,还是沿 $y$ 方向走。这样画出的圆弧肯定是阶梯形的,但当单位步长比较小(如 0.1 mm)时,人眼所看到的圆弧仍然是光滑的。

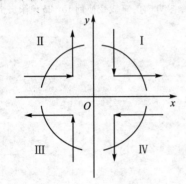

图 2.2.1 顺圆走向

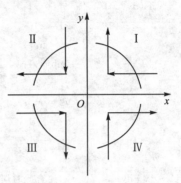

图 2.2.2 逆圆走向

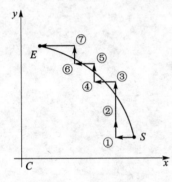

图 2.2.3 圆弧的插补

(1) 判别函数:先以图 2.2.3 第 I 象限画逆圆为例推导判别函数的表达式,然后再推广到其他象限及画顺圆的情况。设圆心为 $C(x_c, y_c)$,起始点 $S(x_s, y_s)$ 在圆上,因而可求出半径 $R_s = \sqrt{(x_s-x_c)^2 + (y_s-y_c)^2}$。另有一点 $M(x_m, y_m)$ 到圆心的距离为 $R_m = \sqrt{(x_m-x_c)^2 + (y_m-y_c)^2}$。可以取 $R_m - R_s$ 作为判别函数,但为了避免开方,取 $F_m = R_m^2 - R_s^2$ 作为判别函数。显然,当 $F_m > 0$ 时,点 $M$ 在圆外;$F_m = 0$ 时,点 $M$ 在圆上;$F_m < 0$ 时,点 $M$ 在圆内。所以,根据 $F_m$ 的正负就可以确定走向。

(2) 递推公式:因为起始点 $S$ 在圆上,所以 $F_0 = 0$。根据约定,走一步 $\Delta x$,则 $x_1 = x_s - \Delta x$, $y_1 = y_s$,且

$$F_1 = (x_1 - x_c)^2 + (y_1 - y_c)^2 - R_s^2 = F_0 - 2\Delta x(x_s - x_c) + \Delta x^2$$

由于 $F_0 = 0$, $\Delta x^2 > 0$,以及在第 I 象限内 $x_s - x_c$ 且 $x_s - x_c > 0$,且 $x_s - x_c > \Delta x$,所以 $F_1 < 0$,应走 $+\Delta y$ 一步,并有 $x_2 = x_1, y_2 = y_1 + \Delta y$,因而有

$$F_2 = (x_2 - x_c)^2 + (y_2 - y_c)^2 - R_s^2 = F_1 + 2\Delta y(y_1 - y_c) + \Delta y^2$$

如此推导下去,对于第 $i$ 步 ($i = 0, 1, 2, \cdots, n$),如果 $F_i \geq 0$,则走一步 $\Delta x$, $x_{i+1} = x_i - \Delta x$; $y_{i+1} = y_i$。

因此

$$F_{i+1} = F_i - 2\Delta x \cdot (X_i - X_c) + \Delta x^2$$

如果 $F_i < 0$,则走一步 $x_{i+1} = x_i$; $y_{i+1} = y_i + \Delta y$,因此

$$F_{i+1} = F_i + 2\Delta y \cdot (y_i - y_c) + \Delta y^2$$

(3) 一般运算规律:从顺、逆圆运动走向的约定中可以看到,对于逆圆的 I、III 象限及顺圆的 II、IV 象限,沿运动走向的 $x$ 绝对值是不断减小的,而 $y$ 绝对值是不断增加的,因而其插补运算规律相同,对于逆圆 II、IV 象限,其 $x$ 绝对值不断增加,$y$ 绝对值不断减少,插补运算规律与顺圆 I、III 象限相同。所以,圆弧逐点插补运算规律可以归纳成表 2.2.1。其中 $x_i' = |x_i - x_c|$, $y_i' = |y_i - y_c|$。

表 2.2.1 圆弧逐点插补运算规律表

| 象限 | $F_i \geqslant 0$ | | $F_i < 0$ | |
| --- | --- | --- | --- | --- |
| | 移动量 | 运算公式 | 移动量 | 运算公式 |
| 逆Ⅰ<br>逆Ⅲ<br>顺Ⅱ<br>顺Ⅳ | $-\Delta x$<br>$+\Delta x$<br>$+\Delta x$<br>$-\Delta x$ | $F_{i+1}=F_i-2\Delta x \cdot x_i + \Delta x^2$<br>$\|x_{i+1}\|=\|x_i\|-\Delta x$<br>$\|y_{i+1}\|=\|y_i\|$ | $+\Delta y$<br>$-\Delta y$<br>$+\Delta y$<br>$-\Delta y$ | $F_{i+1}=F_i+2\Delta y \cdot y'_i+\Delta y^2$<br>$\|X_{i+1}\|=\|x_i\|$<br>$\|y_{i+1}\|=\|y_i\|+\Delta y$ |
| 逆Ⅱ<br>逆Ⅳ<br>顺Ⅰ<br>顺Ⅲ | $-\Delta y$<br>$+\Delta y$<br>$-\Delta y$<br>$+\Delta y$ | $F_{i+1}=F_i-2\Delta y \cdot y'_i+\Delta y^2$<br>$\|x_{i+1}\|=\|x_i\|$<br>$\|y_{i+1}\|=\|y_i\|-\Delta y$ | $-\Delta x$<br>$+\Delta x$<br>$+\Delta x$<br>$-\Delta x$ | $F_{i+1}=F_i+2\Delta x \cdot x'_i+\Delta x^2$<br>$\|x_{i+1}\|=\|x_i\|+\Delta x$<br>$\|y_{i+1}\|=\|y_i\|$ |

(4) 终点判断:通常多采用简单的终点判断,即每走一步 $x$ 或 $y$,都与终点坐标去比较。令终点坐标为 $(x_e, y_e)$,假设当 $|x_i-x_e|<\delta$,且 $|y_i-y_e|<\delta$ 时($\delta$ 为给定的某一正整数,如可取为 1),就认为已到达终点。为了避免起点与终点靠得很近,而又需要画大圆弧时所引起的误判,我们可以先根据判别函数和走向,在连续走几步后,再将当前点与终点坐标进行比较,只要未到终点,就继续执行运算规则。

**2. 角度 DDA 法产生圆弧**

若已知圆心坐标为 $(x_e, y_e)$,半径为 $r$,则以角度 $t$ 为参数的圆的参数方程可写为

$$\begin{cases} x = x_c + r\cos t \\ y = y_c + r\sin t \end{cases}$$

当 $t$ 从 0 变化到 $2\pi$ 时,上述方程所表示的轨迹是一整圆;当 $t$ 从 $t_s$ 变化到 $t_e$ 时,则产生一段圆弧。由于定义角度的正方向是逆时针方向,所以圆弧是由 $t_s$ 到 $t_e$ 逆时针画圆得到的。

若给定圆心坐标 $(x_c, y_c)$、半径 $r$ 及起始解 $t_s$ 各终止角 $t_e$,要产生从 $t_s$ 到 $t_e$ 这段圆弧的最主要问题是离散化圆弧,即求出从 $t_s$ 到 $t_e$ 所需运动的总步数 $n$。可令

$$n = (t_e - t_s)/\mathrm{d}t + 0.5$$

式中,$\mathrm{d}t$ 为角度增量,即每走一步对应的角度变化。下面的问题就是如何选取 $\mathrm{d}t$。通常,是根据半径 $r$ 的大小来给定 $\mathrm{d}t$ 的经验数据。在实际应用中,应对速度和精度的要求加以折衷,并适当调整 $\mathrm{d}t$ 的大小。如果用户给定的 $t_e < t_s$,则可令 $t_e = t_e + 2\pi$,以保证从 $t_s$ 到 $t_e$ 逆时针画圆。如果 $n=0$,则令 $n=2\pi/\mathrm{d}t$ 即画整圆。为避免累积误差,最后应使 $t=t_e$,强迫止于终点。用上述算法思想产生圆弧的 C 语言程序如下所列。

```
arc(int xc,int yc, double r,double ts, doudle te)
  { double rad,tsl,tel,deg,dte,ta,ct,st;
    int x,y,n,i;
    rad=0.0174533;
    tsl=ts • rad;
    tel=te • rad;
    if (r<5.08)
      deg=0.015
```

```
          else
            if (r<7.62)
              deg=0.06;
          else
            if (r<25.4)
              deg=0.075;
          else
            deg=0.15;
     dte=deg • 25.4/r;
     if (tel<tsl)
       tel+=6.28319;
     n=(int)((tel−tsl)/dte+0.5);
  if (n==0)
     n=(int)(6.28319/dte+0.5);
     ta=tsl;
     x=xc+r • cos(tsl);
     y=yc+r • sin(tsl);
     moveto(x,y);
     for (i=1;i<=n;i++)
        { ta+=dte;
          ct=cos(ta);
          st=sin(ta);
          x =xc+r • ct;
          y=yc+r • st;
          lineto(x,y);
        }
     x=xc+r • cos(tel);
     y =yc+r • sin(tel);
     lineto(x,y);
     return(0);
}
```

在平面上给定 3 个点的坐标 $P_1(x_1,y_1), P_2(x_2,y_2), P_3(x_3,y_3)$，就可以产生从 $P_1$ 到 $P_3$ 的一段圆弧。这里的关键是要求出圆心坐标和半径，以及起点 $P_1$ 和终点 $P_3$ 所对应的角度 $t_s$ 和 $t_e$。根据 3 个点坐标，不难求出圆心坐标为

$$x_c = (A(y_3-y_2)+B(y_2-y_1))/(2 \cdot E)$$
$$y_c = (A(x_2-x_3)+B(x_1-x_2))/(2 \cdot E)$$

式中：
$$A = (x_1+x_2)(x_1-x_2)+(y_1+y_2)(y_1-y_2)$$
$$B = (x_3+x_2)(x_3-x_2)+(y_3+y_2)(y_3-y_2)$$
$$E = (x_1-x_2)(y_3-y_2)-(x_2+x_3)(y_2-y_1)$$

如果 $E=0$，也即

$$\frac{y_3-y_2}{x_2+x_3} = \frac{y_2-y_1}{x_1-x_2}$$

则应画从 $P_1(x_1,y_1)$ 到 $P_3(x_3,y_3)$ 的一条直线。否则，由上式求出圆心坐标后，可求出半径

$$r = \sqrt{(x_1-x_c)^2+(y_1-y_c)^2}$$

而起点和终点对应的角度可分别由下式求出

$$t_s = \begin{cases} 90° & \text{当 } x_1 = x_c \text{ 时} \\ \arctan\dfrac{y_1-y_c}{x_1-x_c} \times 57.2958° & \text{当 } x_1 \neq x_c \text{ 时} \end{cases}$$

$$t_e = \begin{cases} 90° & \text{当 } x_3 = x_c \text{ 时} \\ \arctan\dfrac{y_3-y_c}{x_3-x_c} \times 57.2958° & \text{当 } x_3 \neq x_c \text{ 时} \end{cases}$$

由计算机提供的反正切函数所计算出的角度一般只是第 I 和第 IV 象限的角度。因此，根据判断，若 $P_1$（或 $P_3$）点相对圆心是位于第 II 和第 IV 象限内，则由上式求出的（或）应再加 180°。另外，由于是从 $P_1$ 画到 $P_3$，即从 $t_s$ 到 $t_e$，是逆时针画圆，所以 $P_2$ 点不一定在圆弧上。同样，当 $t_e < t_s$ 时，应使 $t_e = t_e + 360°$。

### 3. 角度 DDA 法产生椭圆弧

在平面上给定椭圆的长、短半轴 $a$ 和 $b$，椭圆上的起始点 $S(x_s,y_s)$，起始点离心角 $t_s$ 及终止点离心角 $t_e$，以及长轴与 $x'$ 轴正向的夹角 $\alpha$ 后，利用椭圆的参数方程和坐标变换，用 DDA 法即可从 $t_s$ 到 $t_e$ 画出椭圆弧。首先求出椭圆圆心的坐标 $(x_c,y_c)$。如图 2.2.4 所示，在 $x'Cy'$ 坐标系中，$S$ 点坐标为

$$\begin{cases} x'_s = a\cos t \\ y'_s = b\sin t \end{cases}$$

在 $x''Cy''$ 坐标系中，$S$ 点坐标为

$$\begin{cases} x''_s = x'_s\cos\alpha - y'_s\sin\alpha \\ y''_s = x'_s\sin\alpha + y'_s\cos\alpha \end{cases}$$

在用户坐标系 $xOy$ 中，$S$ 点的坐标可表示为

$$\begin{cases} x_s = x_c + x''_s \\ y_s = y_c + y''_s \end{cases}$$

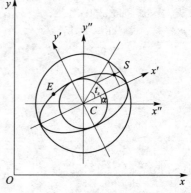

图 2.2.4 用角度 DDA 法产生椭圆弧

式中，$(x_c,y_c)$ 即为欲求的椭圆圆心的坐标，即

$$\begin{cases} x_c = x_s - x''_s \\ y_c = y_s - y''_s \end{cases}$$

下面的问题是求由起始点 $S$ 到终止点 $E$（即从起始点离心角 $t_s$ 到终止点离心角 $t_e$）的椭圆弧上各点的 $x,y$ 坐标。同 DDA 法产生圆弧一样，将这段圆弧离散为 $n$ 等分，角度增量为 $dt$，于是

$$n = (t_e - t_s)/dt + 0.5$$

对于第 $i$ 步，其对应的离心角为

$$t_i = t_s + i \cdot dt, \quad i=1,2,\cdots,n$$

该点坐标为

$$\begin{cases} x_i = x_c + x''_i \\ y_i = y_c + y''_i \end{cases}$$

而
$$\begin{cases} x_i'' = x_i'\cos\alpha - y_i'\sin\alpha \\ y_i'' = x_i'\sin\alpha + y_i'\cos\alpha \end{cases}$$

及
$$\begin{cases} x_i' = a\cos t_i \\ y_i' = b\sin t_i \end{cases}$$

有了各点的坐标值$(x_i,y_i)$,就可以从起始点开始,来调用两点间的直线程序画出椭圆弧。下面的 C 语言程序段就是按上述算法思想编写的。

```
ellipse(int sc,int xc,double a,doudle b, double alp, double ts, double te)
   {  double rad,tsl,tel,alpl,deg,dte,r,ta,al,a2,bl,b2;
  int x,y,n,i;
  rad=0.0174533;
  tsl=ts•rad;
  tel=te•rad;
  alpl=alp•rad;
  al=a•cos(tsl);
  bl=cos(alpl);
  a2=b•sin(tsl);
  b2=sin(alpl);
  r=(a>b) a:b;
  if (r<5.08)
    deg=0.015;
  else
   if (r<7.62)
     deg=0.06;
   else
    if (r<25.4)
      deg=0.075;
    else
      deg=0.15;
  dte=deg•25.4/r;
  if (tel<tsl)
    tel+=6.28319;
  n=(int)((tel-tsl)/dte+0.5);
  if (n==0)
    n=(int)(6.28319/dte+0.5);
  ta=tsl;
  x=xc+al•bl-a2•b2;
  y=yc+al•b2+a2•bl;
  moveto(x,y);
  for (i=1;i<=n;i++)
     {  ta+=dte;
        al=a•cos(ta);
        a2=b•sin(ta);
```

```
            x=xc+a1·b1-a2·b2;
            y=yc+a1·b2+a2·b1;
            lineto(x,y);
          }
    a1=a·cos(tel);
    a2=b·sin(tel);
    x=xc+a1·b1-a2*b2;
    y=yc+a1·b2+a2*b1;
    lineto(x,y);
    return(0);}
```

### 4. Bresenham 画圆算法

如图 2.2.5 所示，假设圆心坐标在坐标系原点，只产生第 I 象限的 1/8 圆弧，即从 $S(0,R)$ 到 $E(R/\sqrt{2},R/\sqrt{2})$ 之间的 45°圆弧。

此算法在第一步都选择一个离开实际圆周最近的点 $P_i(x_i,y_i)$，使其误差项

$$|D(P_i)|=|(x_i^2+y_i^2)-R^2|$$

在每一步都是极小值。与 Bresenham 直线生成算法一样，其基本方法是利用判别变量选择最近的点。判别变量的值仅用加、减和移位运算即可逐点计算出来。其符号用作判断。要做出什么样的判断呢？图 2.2.6 表示出像素栅格的一小部分，以及这个实际的圆弧穿过此栅格的各种可能的形式（从 $A$ 到 $E$）。

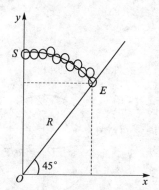

图 2.2.5 用 Bresenham 算法产生圆弧

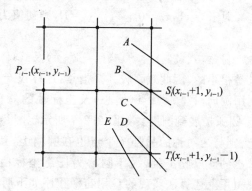

图 2.2.6 Bresenham 画圆算法的判别点

设 $P_{i-1}$ 已被选为 $x=x_{i-1}$ 时最靠近圆弧的点。当 $x=x_{i-1}+1$ 时，必须决定是 $T_i(x_{i-1}+1,y_{i-1}-1)$，还是 $S_i(x_{i-1}+1,y_{i-1})$ 更接近实际的圆弧。令

$$D(S_i)=[(x_{i-1}+1)^2+(y_{i-1})^2]-R^2$$

$$D(T_i)=[(x_{i-1}+1)^2+(y_{i-1}-1)^2]-R^2$$

它们分别代表从圆心（坐标原点）到 $S_i$ 或 $T_i$ 的距离平方与半径平方的差。如果 $|D(S_i)|\geqslant |D(T_i)|$，则 $T_i$ 比 $S_i$ 更接近实际的圆弧；反之，则应选 $S_i$。令

$$d_i=|D(S_i)|-|D(T_i)| \qquad (2-2-1)$$

显然，如果 $d_i\geqslant 0$，则选 $T_i$，且 $y_i=y_{i-1}-1$；如果 $d_i<0$，则选 $S_i$，且 $y_i=y_{i-1}$。

由于式(2-2-1)的计算要用到绝对值，所以比较麻烦。通过对图 2.2.6 所示几种情况的分析，可以简化这种计算。

对于情况 $C$,因为 $S_i$ 在圆外,所以有 $D(S_i)>0$,同时因为 $T_i$ 在圆内,故有 $D(T_i)<0$。式(2-2-1)可以改写成

$$d_i = D(S_i) + D(T_i) \tag{2-2-2}$$

即可直接根据式(2-2-2)中 $d_i$ 的正负来选择 $T_i$ 或 $S_i$。

对于情况 $A$ 和 $B$,由于 $|D(S_i)|<|D(T_i)|$,由式(2-2-1)得 $d_i<0$,故应选 $S_i$。从另一方面分析,由于 $T_i$ 在圆内,即 $D(T_i)<0$,$S_i$ 在圆内(情况 $A$)或圆上(情况 $B$),即 $D(S_i)\leqslant 0$,所以如果也用式(2-2-2)来计算 $d_i$,此值也小于零,故也得出选 $S_i$ 的结论。

对于情况 $D$ 和 $E$,由于 $|D(S_i)|>|D(T_i)|$,由式(2-2-1)得 $d_i>0$,应选 $T_i$。而此时 $S_i$ 在圆外,即 $D(S_i)>0$,$T_i$ 在圆上(情况 $D$)或圆外(情况 $T_i$),即 $D(T_i)\geqslant 0$,由式(2-2-2)得 $d_i>0$,也得出选后的结论。

因此,可以用式(2-2-2)代替式(2-2-1)。下面的工作是要推导一个递推公式,以简化 $d_i$ 的计算。根据定义及上述讨论可有

$$d_i = D(S_i) + D(T_i) = [(x_{i-1}+1)^2 + y_{i-1}^2] - R^2 + [(x_{i-1}+1)^2 + (y_{i-1}-1)^2] - R^2$$

用 $i+1$ 代替后得

$$d_{i+1} = [(x_i+1)^2 + y_i^2] - R^2 + [(x_i+1)^2 + (y_i-1)^2] - R^2$$

如果 $d_i<0$,选 $S_i$,则 $x_i=x_{i-1}+1, y_i=y_{i-1}$,得

$$d_{i+1} = d_i + 4x_{i-1} + 6 \tag{2-2-3}$$

如果 $d_i\geqslant 0$,选 $T_i$,则 $x_i=x_{i-1}+1, y_i=y_{i-1}-1$,得

$$d_{i+1} = d_i + 4(x_{i-1}-y_{i-1}) + 10 \tag{2-2-4}$$

对于 $i=1, x_0=0, y_{i-1}=y_0=R$,则初值为

$$d_1 = 3 - 2R \tag{2-2-5}$$

显然,式(2-2-3)、式(2-2-4)及式(2-2-5)的计算量是很小的,因此效率较高。当然,这样仅产生 1/8 的圆弧。利用圆周对坐标原点(圆心)及坐标轴的对称性,就可以将 45°圆弧扩展到圆周。如图 2.2.7 所示,如果点 $(x,y)$ 在圆周上,则与之对称的另外 7 个点也在圆周上,其坐标是很容易求出的。以此类推,对于圆心为任意坐标值的圆也不难实现。用上述算法实现的 C 语言源程序如下所列。

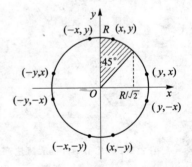

图 2.2.7 一个圆上的 8 个对称点

```
int Bres_Circle(int x0,y0,double r,int color)
{
    int x,y,d;
    x = 0;
    y = (int)r;
    d = (int)(3-2·r);
    while(x<y)
    {
        CirPot(x0,y0,x,y,color);
        if (d<0)
            d + =4·x+6;
```

```
        else
        {
            d + =4·(x-y)+10;
            y- -;
        }
        x+ +;
    }
    if (x = = y)
        CirPot(x0,y0,x,y,color);
    return(0);
}
int CirPot(int x0,int y0,int x,int y,int color)
{
    int old color;
    old color = setcolor(color);
    setpixel((x0+x),(y0+y));
    setpixel((x0+y),(y0+x));
    setpixel((x0+y),(y0-x));
    setpixel((x0+x),(y0-y));
    setpixel((x0-x),(y0-y));
    setpixel((x0-y),(y0-x));
    setpixel((x0-y),(y0+x));
    setpixel((x0-x),(y0+y));
    setcolor(oldcolor);
    return(0);
}
```

## 2.2.2 二次曲线的参数拟合法

**1. 二次曲线的一般参数方程**

对于一般的二次多项式,从理论上讲,必定存在着对应的参数方程。当构造出的参数向量方程为

$$Q(t) = \frac{at^2 + bt + c}{1 + e_1 t + e_2 t^2} \quad t \in [0,1] \quad (2-2-6)$$

式中,$a,b,c$ 为常数向量;$e_1,e_2$ 为常数。其所对应的代数方程为

$$\begin{cases} x(t) = \dfrac{a_x t^2 + b_x t + c_x}{1 + e_1 t + e_2 t^2} \\ y(t) = \dfrac{a_y t^2 + b_y t + c_y}{1 + e_1 t + e_2 t^2} \end{cases} \quad t \in [0,1] \quad (2-2-7)$$

这里,$a_x,b_x,c_x,a_y,b_y$ 和 $c_y$ 为参数方程的系数。可以利用这种形式的参数方程来描述椭圆、抛物线、双曲线等二次曲线。

通常,若给定 3 个控制点 $P_0$、$P_1$、$P_2$,并规定曲线的边界条件为:

当 $t=0$ 时,曲线过 $P_0$ 点,且切于 $\overline{P_0P_1}$;

当 $t=1$ 时,曲线过 $P_2$ 点,且切于 $\overline{P_1P_2}$。

将边界条件代入式(2-2-7),可得到下列关系式

$$\begin{cases} c_x = x_0 \\ c_y = y_0 \\ \dfrac{a_x + b_x + c_x}{1 + e_1 + e_2} = x_2 \\ \dfrac{a_y + b_y + c_y}{1 + e_1 + e_2} = y_2 \\ b_x - e_1 x_0 = k(x_1 - x_0) \\ b_y - e_1 y_0 = k(y_1 - y_0) \\ \dfrac{(2a_x + b_x)(1 + e_1 + e_2) - (a_x + b_x + c_x)(e_1 + 2e_2)}{(1 + e_1 + e_2)^2} = l(x_2 - x_1) \\ \dfrac{(2a_y + b_y)(1 + e_1 + e_2) - (a_y + b_y c_y)(e_1 + 2e_2)}{(1 + e_1 + e_2)^2} = l(y_2 - y_1) \end{cases}$$

从而可解出

$$\left.\begin{aligned} k &= 2 + e_1 \\ l &= \frac{2 + e_1}{1 + e_1 - e_2} \\ c_x &= x_0 \\ c_y &= y_0 \\ b_x &= -2x_0 + (2 + e_1)x_1 \\ b_y &= -2y_0 + (2 + e_1)y_1 \\ a_x &= x_0 - (2 + e_1)x_1 + (1 + e_1 + e_2)x_2 \\ a_y &= y_0 - (2 + e_1)y_1 + (1 + e_1 + e_2)y_2 \end{aligned}\right\} \quad (2-2-8)$$

因此,只要给定 3 个坐标点 $P_0$、$P_1$、$P_2$,就可以确定曲线的位置。再给定 $e_1$、$e_2$,便可确定曲线的形状。一般可以用判别式 $d = e_1^2 - 4e_2$ 来表示曲线的类型:若 $d=0$,为抛物线;$d>0$,为双曲线;$d<0$,为椭圆。如要绘制二次曲线,还应给定步长 $dt$,使 $t$ 从 0 到 1 变化,求出每点的 $x$、$y$ 坐标后,再用直线段相连。

**2. 抛物线的参数拟合**

当 $e_1 = e_2 = 0$ 时,则式(2-2-6)变为

$$Q(t) = \boldsymbol{a}t^2 + \boldsymbol{b}t + \boldsymbol{c} \qquad t \in [0,1] \qquad (2-2-9)$$

所对应的代数方程为

$$\begin{cases} x(t) = a_x t^2 + b_x t + c_x \\ y(t) = a_y t^2 + b_y t + c_y \end{cases} \qquad t \in [0,1] \qquad (2-2-10)$$

若已知 3 个控制点 $P_0(x_0, y_0)$、$P_1(x_1, y_1)$、$P_2(x_2, y_2)$,则由其决定的抛物线参数方程的系数可由式(2-2-8)求得

$$\left.\begin{array}{l}c_x = x_0 \\ c_y = y_0 \\ b_x = 2(x_1 - x_0) \\ b_y = 2(y_1 - y_0) \\ a_x = x_2 - 2x_1 + x_0 \\ a_y = y_2 - 2y_1 + y_0\end{array}\right\} \quad (2-2-11)$$

下面讨论抛物线曲线的两个重要性质。如图 2.2.8 所示，设参数 $t=1/2$ 时，曲线上的点为 $P_m(x_m, y_m)$、$P_0$、$P_2$ 点的连线的中点为 $C$，其坐标值为 $((x_0+x_2)/2$ 和 $(y_0+y_2)/2)$。

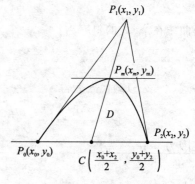

图 2.2.8 抛物线曲线

**性质 1** 由于曲线在 $t=1/2$ 处的切线平行于 $\overline{P_0 P_2}$，所以

$$y'_x\big|_{t=1/2} = \frac{y'_t}{x'_t}\bigg|_{t=1/2} = \frac{2a_y t + b_y}{2a_x t + b_x}\bigg|_{t=1/2} = \frac{a_y + b_y}{a_x + b_x}$$

将式(2-2-11)代入，则有

$$y'_x\big|_{t=1/2} = \frac{y_2 - y_0}{x_2 - x_0}$$

也即证明了，曲线在 $t=1/2$ 处的切线与 $\overline{P_0 P_2}$ 直线平行。

**性质 2** 由于 $p_m$ 点为 $\overline{P_1 C}$ 直线的中点，所以当 $t=0$ 时，则 $x=x_0$，$y=y_0$；当 $t=1/2$ 时，$x=x_m, y=y_m$；当 $t=1$ 时，$x=x_2, y=y_2$。将其代入式(2-2-10)中，则得

$$\begin{cases} x_0 = c_x \\ y_0 = c_y \\ x_m = \frac{1}{4}a_x + \frac{1}{2}b_x + c_x \\ y_m = \frac{1}{4}a_y + \frac{1}{2}b_y + c_y \\ x_2 = a_x + b_x + c_x \\ y_2 = a_y + b_y + c_y \end{cases}$$

可以解出

$$\left.\begin{array}{l}c_x = x_0 \\ c_y = y_0 \\ b_x = 4x_m - x_2 - 3x_0 \\ b_y = 4y_m - y_2 - 3y_0 \\ a_x = 2(x_2 - 2x_m + x_0) \\ a_y = (y_2 - 2y_m + y_0)\end{array}\right\} \quad (2-2-12)$$

又因为曲线在 $P_0$ 点的斜率为

$$y'_x\big|_{t=0} = \frac{y'_t}{x'_t}\bigg|_{t=0} = \frac{b_y}{b_x}$$

将式(2-2-12)代入，得

$$y'_x|_{t=0} = \frac{4y_m - y_2 - 3y_0}{4x_m - x_2 - 3x_0}$$

又因为

$$y'_x|_{t=0} = \frac{y_1 - y_0}{x_1 - x_0}$$

所以

$$\frac{4y_m - y_2 - 3y_0}{4x_m - x_2 - 3x_0} = \frac{y_1 - y_0}{x_1 - 3x_0}$$

而曲线在 $p_2$ 处的斜率为

$$y'_x|_{t=1} = \frac{2a_y + b_y}{2a_x + b_x}$$

将式(2-2-12)代入后得

$$y'_x|_{t=1} = \frac{4(y_2 - 2y_m + y_0) + 4y_m - y_2 - 3y_0}{4(x_2 - 2x_m + x_0) + 4x_m - x_2 - 3x_0}$$

又因为

$$y'_x|_{t=1} = \frac{y_2 - y_1}{x_2 - x_1}$$

所以

$$\frac{4(y_2 - 2y_m + y_0) + 4y_m - y_2 - 3y_0}{4(x_2 - 2x_m + x_0) + 4x_m - x_2 - 3x_0} = \frac{y_2 - y_1}{x_2 - x_1}$$

从而可解出

$$\begin{cases} x_m = \left(x_1 + \dfrac{x_0 + x_2}{2}\right)/2 \\ y_m = \left(y_1 + \dfrac{y_0 + y_2}{2}\right)/2 \end{cases}$$

式中,$[(x_0+x_2)/2,(y_0+y_2)/2]$即$\overline{p_1 p_2}$直线的中点 $C$ 的坐标。上式即说明了 $P_m$($t=1/2$ 处曲线上的点) 为 $\overline{P_1 C}$ 之中点,即$\overline{P_1 P_m} = \overline{P_m C}$。由此可以得出结论:$P_0$、$P_1$、$P_2$ 与 $p_0$、$p_m$、$p_2$ 的3点所构成的抛物线是等价的,前者由式(2-2-11)确定系数,后者由式(2-2-12)确定系数,而且后者产生的曲线通过给定的3点。

当给定 3 个点坐标后,根据式(2-2-11)或式(2-2-12)求出相应系数,便可绘制抛物线。由式(2-2-10)可得扫物线的离散化方程为

$$\begin{cases} x_i = a_x t_i^2 + b_x t_i + c_x \\ y_i = a_y t_i^2 + b_y t_i + c_y \end{cases}$$

式中,$t_i = i \cdot dt, i=1,2,\cdots,N$,而 $N$ 是离散化后所取点的个数,$dt$ 为相应的步长。为使 $t$ 从 $0\sim 1$ 变化,可令 $dt=1/N$。$N$ 的选取则可以根据经验,使 $N$ 正比于 $D/S$。这里 $S$ 为单位步长,$D$ 为图 2.2.8 中所示的 $\overline{P_m C}$ 的长度。$D$ 反映了抛物线曲率的大小,其值为

$$D = \frac{1}{4}\sqrt{a_x^2 + a_y^2}$$

下面所示为实现上述算法的 C 语言程序段。

```
Par(int xs,int ys,int xm,int ym,int xe,int ye)
{   double d, dl,ax,ay,bx,by;
```

```
int n,i;
ax=(xe-2·xm+xs)·2.0;
ay=(ye-2·ym+ys)·2.0;
bx=(xe-xs-ax);
by=(ye-ys-ay);
n=sqrt(ax·ax+ay·ay);
n=sqrt(n·100.0);
moveto(xs,ys);
d=1.0/n
dl=d;
for(i=0;i<=n;i++)
{   lineto((int)(ax·dl·dl+bx·dl+xs),(int)(ay·dl·dl+by·dl+ys));
    dl+=d;
}
lineto(xe,ye);
return(0);
}
```

用上述离散化公式求得的 $x_i,y_i$,因 $i=1,2,\cdots,N$,共需 $4N$ 次乘法,$4N$ 次加法。若 $t$ 在 $0\sim 1$ 闭区间内取等步长,即 $dt=t_{i+1}-t_i=t_i-t_{i-1}=\cdots$,则可以得到递推公式,从而减少计算工作量。若把 $P_i$ 写成 $P_i=(at_i+b)t_i+c$,则有

$$P_i-P_{i-1}=adt(t_i+t_{i-1})+bdt, \quad P_{i+1}-P_i=adt(t_{i+1}+t_i)+bdt$$

且

$$(P_{i+1}-P_i)-(P_i-P_{i-1})=2adt^2, \quad 令 u=2adt^2$$

则

$$P_{i+1}=P_i+P_i-P_{i-1}-u$$

也即

$$\begin{cases} x_{-1}=(a_x dt-b_x)dt+c_x \\ x_0=c_x \\ x_{i+1}=x_i+x_i-x_{i-1}+u_1 \end{cases}$$

及

$$\begin{cases} y_{-1}=(a_y dt-b_y)dt+c_y \\ y_0=c_y \\ y_{i+1}=y_i+y_i-y_{i-1}+u_2 \end{cases}$$

式中 $\quad u_1=2a_x dt^2, \quad u_2=2a_y dt^2, \quad i=1,2,\cdots,N$

因此,共需 7 次乘法和 $6N$ 次加法。

**3. 双曲线的参数拟合**

当 $e_1=1,e_2=0$ 时,式(2-2-6)变为

$$Q(t)=\frac{at^2+bt+c}{1+t} \quad t\in[0,1]$$

所对应的代数方程为

$$\begin{cases} x(t)=\dfrac{a_x t^2+b_x t+c_x}{1+t} \\ y(t)=\dfrac{a_y t^2+b_y t+c_y}{1+t} \end{cases}$$

若给定 3 点坐标,则其决定的双曲线参数方程的系数可由式(2-2-8)求得

$$\begin{cases} c_x = x_0 \\ c_y = y_0 \\ b_x = -2x_0 + 3x_1 \\ b_y = -3y_0 + 3y_1 \\ a_x = x_0 - 3x_1 + 2x_2 \\ a_y = y_0 - 3y_1 + 2y_2 \end{cases}$$

再给定离散的步数 $N$，令 $dt=1/N$，$t_i=i dt$，$i=1,2,\cdots,N$，就可求出各点坐标 $x_i,y_i$，依次连接各点得到的直线集，即可逼近所要曲线。

**4. 椭圆的参数拟合**

当 $e_1=0$，$e_2=1$ 时，式 (2-2-6) 变为

$$Q(t) = \frac{at^2+bt+c}{1+t^2} \qquad t \in [0,1]$$

所对应的代数方程为

$$\begin{cases} x(t) = \dfrac{a_x t^2 + b_x t + c_x}{1+t^2} \\ y(t) = \dfrac{a_y t^2 + b_y t + c_y}{1+t^2} \end{cases}$$

若给定 3 点坐标，则其决定的椭圆参数方程的系数可由式 (2-2-8) 求出

$$\begin{cases} c_x = x_0 \\ c_y = y_0 \\ b_x = -2x_0 + 2x_1 \\ b_y = -2y_0 + 2y_1 \\ a_x = x_0 - 2x_1 + 2x_2 \\ a_y = y_0 - 2y_1 + 2y_2 \end{cases}$$

# 2.3 自由曲线

在汽车、飞机、轮船等的计算机辅助设计中，复杂曲线和曲面的设计是一个主要问题。所谓复杂曲线和曲面，指的是形状比较复杂的、不能用二次方程描述的曲线和曲面。汽车车身、飞机机翼和轮船船体等的曲线和曲面均属于这一类，一般称为自由曲线和自由曲面，本节先讨论自由曲线，而自由曲面将在第 5 章中讨论。

在自由曲线设计中，经常碰到的有以下两类问题：一类是由已知的离散点来决定曲线；另一类是已知自由曲线（并且可以显示出来），如何通过交互方式予以修改，使其满足设计者的要求。要解决这两类问题，首先必须研究自由曲线的数学表示形式。完全通过给定点列（称型值点）来构造曲线的方法称为曲线的拟合。求给定型值点之间曲线上的点称为曲线的插值。求出几何形状上与给定型值点列的连线相近似的曲线称为曲线的逼近，这种曲线不必通过型值点列。

在上一节，曾用参数方程来讨论二次曲线的拟合问题；在这一节，参数方程将成为描述自由曲线的主要形式。例如，二维曲线上的一个点用 $p=[x(t),y(t),z(t)]$ 表示，三维空间曲线

上的一个点用 $p=[x(t),y(t),z(t)]$ 表示。

用参数方程来描述自由曲线有什么优点呢？

第一，被描述的自由曲线的形状本质上与坐标系的选取无关。如若要使系列的点与其所在坐标系无关，则参数方程正好突出了自由曲线本身的这一性质。

第二，参数方程将自变量和因变量完全分开，使得参数变化对各因变量的影响可以明显地表示出来。

第三，任何曲线在坐标系中都会在某一位置上出现垂直的切线，因而导致无穷大斜率。而在参数方程中，可以用对参数求导来代替，即 $\dfrac{\mathrm{d}y}{\mathrm{d}x}=\dfrac{\mathrm{d}y/\mathrm{d}t}{\mathrm{d}x/\mathrm{d}t}$，从而避免了这一问题。前面这一关系式还说明，斜率与切线矢量的长度无关，即

$$\frac{\mathrm{d}y}{\mathrm{d}x}=\frac{k\cdot \mathrm{d}y/\mathrm{d}t}{k\cdot \mathrm{d}x/\mathrm{d}t}=\frac{l\cdot \mathrm{d}y/\mathrm{d}t}{l\cdot \mathrm{d}y/\mathrm{d}t}=\cdots$$

第四，用参数方程表示曲线时，因为参变量是规范化的，即将其值限制在由 0～1 这一闭区间之内(用 $t\in[0,1]$ 表示)，因而所表示的曲线总是有界的，不需要另设其他的几何数据来定义其边界。

空间一条自由曲线可以用三次参数方程表示，即

$$\left.\begin{aligned}x(t)&=a_x t^3+b_x t^2+c_x t+d_x\\y(t)&=a_y t^3+b_y t^2+c_y t+d_y\\z(t)&=a_z t^3+b_z t^2+c_z t+d_z\end{aligned}\right\} \quad (2-3-1)$$

式中，$t$ 为参数，且 $0\leqslant t\leqslant 1$。当 $t=0$ 时，对应曲线段的起点；$t=1$ 时，对应曲线段的终点。为什么用三次参数方程来表示自由曲线呢？这是因为，既要使曲线段的端点通过特定的点，又使曲线段在连接处保持位置和斜率的连续性，而三次参数方程是能表示这种曲线的最低阶次的方程。当然，用更高次的参数方程也是可以的，但是计算较为复杂，而且会产生不必要的扭摆。

## 2.3.1 抛物线参数样条曲线

抛物线参数样条曲线完全通过给定的型值点列，其基本方法是：给定 $N$ 个型值点 $P_1,P_2,\cdots,P_N$，对相邻 3 点 $P_i,P_{i+1},P_{i+2}$ 及 $P_{i+1},P_{i+2},P_{i+3}(i=1,\cdots,N-2)$，反复用抛物线算法拟合，然后再对此相邻抛物线曲线在公共区间 $P_{i+1}$ 到 $P_{i+2}$ 范围内，用权函数 $t$ 与 $1-t$ 进行调配，使其混合为一条曲线，可表示为

$$S=\sum_{i=1}^{N-2}[(1-t)S_i+tS_{i+1}] \quad t\in[0,1]$$

式中，$S_i$ 即 $P_i,P_{i+1},P_{i+2}$ 的 3 点决定抛物曲线；$S_{i+1}$ 为 $P_i,P_{i+1},P_{i+2},P_{i+3}$ 的 3 个决定抛物线曲线。混合后的 $S$ 曲线在 $P_{i+1}$ 到 $P_{i+2}$ 公共段内，是 $S_i$ 的后半段与 $S_{i+1}$ 的前半段加数混合的结果。$S$ 曲线在某公段内的具体参数方程可写为

$$\begin{cases}x=(1-2t_2)(a_{1x}t_1^2+b_{1x}t_1+c_{1x})+2t_2(a_{2x}t_2^2+b_{2x}t_2+c_{2x})\\y=(1-2t_2)(a_{1y}t_1^2+b_{1y}t_1+c_{1y})+2t_2(a_{2y}t_2^2+b_{2y}t_2+c_{2y})\end{cases}$$

式中

$$t_2\in[0,0.5],\quad t_1=t_2+0.5\in[0.5,1]$$

式中：$a_{1x}、b_{1x}、c_{1x}、a_{1y}$ 和 $c_{1y}$ 为 $S_i$ 段曲线的系数，由 $P_i,P_{i+1},P_{i+2}$ 的 3 点决定；参变量为 $t_1$，在公共段范围内，即 $t_1=0.5～1$。

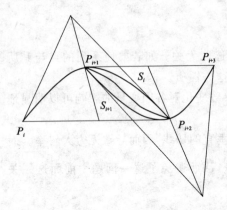

$a_{2x}$、$b_{2x}$、$c_{2x}$、$a_{2y}$ 和 $c_{2y}$ 为 $S_{i+1}$ 段曲线的系数,由 $P_{i+1}$,$P_{i+2}$,$P_{i+3}$ 的 3 点决定;参变量为 $t_2$,在公共段范围内,即 $t_2=0\sim 0.5$。显然:

当 $t_1=0.5$,$t_2=0$ 时,$S=S_i$;

当 $t_1=1.0$,$t_2=0.5$ 时,$S=S_{i+1}$。

抛物线参数样条如图 2.3.1 所示。

请读者自己证明:用这种方法拟合的自由曲线,在 $P_2$ 到 $P_{N-1}$ 各已知点的左、右侧能达到一阶导数连续,即 $C^{(1)}$ 连续。而当曲线两端没有一定的端点条件限制时,则曲线两端各有一段曲线不是加权混合的形式,而拟合只是 $S_1$ 段的前半段和 $S_{N-2}$ 段的后半段,如图 2.3.2 所示。

图 2.3.1 抛物线参数样条曲线(1)

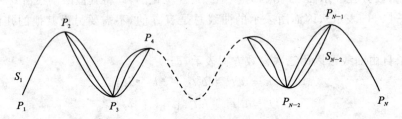

图 2.3.2 抛物线参数样条曲线(2)

## 2.3.2 Hermite 曲线

**1. 参数方程**

为了用三次参数方程描述一条自由曲线段,必须根据给定条件求出式(2-3-1)中的系数。Hermite 曲线是给定曲线段的两个端点坐标 $P_0$,$P_1$ 以及两端点处的切线矢量 $\boldsymbol{R}_0$,$\boldsymbol{R}_1$ 来描述曲线的。将式(2-3-1)写成矩阵形式

$$Q(t) = \begin{bmatrix} t^3 & t^2 & t & 1 \end{bmatrix} \begin{bmatrix} a \\ b \\ c \\ d \end{bmatrix} \qquad (2-3-2)$$

其 $x$ 分量可表示为

$$x(t) = \begin{bmatrix} t^3 & t^2 & t & 1 \end{bmatrix} \begin{bmatrix} a \\ b \\ c \\ d \end{bmatrix}_x$$

若令

$$\boldsymbol{T} = \begin{bmatrix} t^3 & t^2 & t & 1 \end{bmatrix}, \quad \boldsymbol{C}_x = \begin{bmatrix} a & b & c & d \end{bmatrix}_x^{\mathrm{T}}$$

则

$$x(t) = \boldsymbol{T} \cdot \boldsymbol{C}_x \qquad (2-3-2)$$

另外

$$x'(t) = [3t^2 \quad 2t \quad 1 \quad 0]C_x \qquad (2-3-4)$$

将给定边界条件

$$x(0) = P_{0x}, \quad x(1) = P_{1x}, \quad x'(0) = R_{0x}, \quad x'(1) = R_{1x}$$

代入式(2-3-3)、式(2-3-4)后得

$$P_{0x} = [0 \quad 0 \quad 0 \quad 1]C_x, \quad P_{1x} = [1 \quad 1 \quad 1 \quad 1]C_x$$
$$R_{0x} = [0 \quad 0 \quad 1 \quad 0]C_x, \quad R_{1x} = [3 \quad 2 \quad 1 \quad 0]C_x$$

用矩阵方程可表示为

$$\begin{bmatrix} P_0 \\ P_1 \\ R_0 \\ R_1 \end{bmatrix} = \begin{bmatrix} 0 & 0 & 0 & 1 \\ 1 & 1 & 1 & 1 \\ 0 & 0 & 1 & 0 \\ 3 & 2 & 1 & 0 \end{bmatrix} C_x \qquad (2-3-5)$$

对式(2-3-5)两端乘以 $4 \times 4$ 矩阵的逆阵,可得

$$C_x = \begin{bmatrix} 2 & -2 & 1 & 1 \\ -3 & 3 & -2 & -1 \\ 0 & 0 & 1 & 0 \\ 1 & 0 & 0 & 0 \end{bmatrix} \begin{bmatrix} P_0 \\ P_1 \\ R_0 \\ R_1 \end{bmatrix}_x \qquad (2-3-6)$$

令

$$M_h = \begin{bmatrix} 2 & -2 & 1 & 1 \\ -3 & 3 & -2 & -1 \\ 0 & 0 & 1 & 0 \\ 1 & 0 & 0 & 0 \end{bmatrix} \qquad (2-3-7)$$

即 Hermite 矩阵为常数,以及

$$G_h = [P_0 \quad P_1 \quad R_0 \quad R_1]^T \qquad (2-3-8)$$

为 Hermite 几何矢量,则式(2-3-6)可表示为

$$C_x = M_h \cdot G_{hx}$$

式(2-3-2)可表示为

$$Q(t) = T \cdot M_h \cdot G_h \qquad t \in [0,1] \qquad (2-3-9)$$

显然,只要给定 $G_h$,就可在 $0 \leqslant t \leqslant 1$ 范围内求内 $Q(t)$,对于不同的初始条件,$G_h$ 是不同的,而 $T$、$M_h$ 均是相同的。

**2. 调和函数**

式(2-3-9)中的 $T \cdot M_h$ 称为调和函数。如令其为 $F_h(t)$,则 $Q(t) = F_h(t) \cdot G_h = [F_{h1}(t) \quad F_{h2}(t) \quad F_{h3}(t) \quad F_{h4}(t)] \cdot G_h = F_{h1}(t) \cdot P_0 + F_{h2}(t) \cdot P_1 + F_{h3}(t) \cdot R_0 + F_{h4}(t) \cdot R_1$,各分量如下

$$F_{h1}(t) = 2t^3 - 3t^2 + 1, \qquad F_{h3}(t) = -2t^3 + 3t^2$$
$$F_{h3}(t) = t^3 - 2t^2 + t, \qquad F_{h4}(t) = t^3 - t^2$$

这些分量对 $Q(0)$、$Q(1)$、$Q'(0)$、$Q'(1)$ 起作用,使在整个参数域范围内产生曲线的值,从而构成赫米特曲线。调和函数有如下重要性质:

(1) 调和函数仅与参数值 $t$ 有关,而与初始条件无关;

(2) 调和函数对于物体空间三个坐标值 $(x,y,z)$ 是相同的;

(3) 当处于参数域的边界时,调和函数各分量中仅有一个起作用。即 $t=0$ 时, $F_{h1}(t) = 1$,

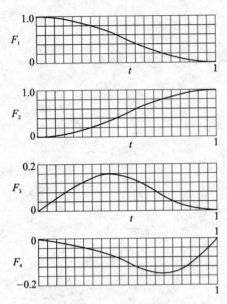

而 $F_{h2}(t)=F_{h3}(t)=F_{h(4)}=0$；当 $t=1$ 时，$F_{h2}(t)=1$，而 $F_{h1}(t)=F_{h3}(t)=F_{h4}(t)=0$。

图 2.3.3 表示 Hermite 曲线的调和函数随参数 $t$ 而变化的曲线。以后将会看到，不同类型的三次参数曲线的调和函数也是不同的。

**3. 切线矢量**

下面再讨论一下两端点处的切线向量对曲线形状的影响。

在图 2.3.4 中，$Q'(0)$、$Q'(1)$ 表示起点及终止点处的切线向量。令单位矢量

$$E_0 = \frac{Q'(0)}{|Q'(0)|}, \quad E_1 = \frac{Q'(1)}{|Q'(1)|}$$

于是有

$$|E_0| = \sqrt{E_{0x}^2 + E_{0y}^2 + E_{0z}^2} = 1$$

$$|E_1| = \sqrt{E_{1x}^2 + E_{1y}^2 + E_{1z}^2} = 1$$

如果令 $|Q'(0)| = k_0$，$|Q'(1)| = k$

图 2.3.3 Hermite 曲线的调和函数

则有 $Q'(0) = k_0 \cdot E_0$，$Q'(1) = k_1 \cdot E_1$

同时可得

$$G_h = \begin{bmatrix} Q(0) & Q(1) & k_0 E_0 & k_1 E_1 \end{bmatrix}^T$$

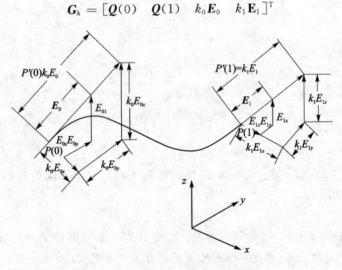

图 2.3.4 Hermite 曲线的切线向量

显然，如果切线向量的方向和长度都是已知的，那么它的三个分量也就全部确定了，并由式(2-3-9)即可决定 Hermite 曲线。如果仅仅给出切线的方向，即该切线向量的方向余弦，而未给出切线向量的长度，就不能确定 Hermite 曲线。尽管曲线的端点及端点处切线的方向是一定的，由于切线向量的长度不同(随 $k_0$ 和 $k_1$ 而变化)，Hermite 曲线会具有完全不同的形状。图 2.3.5 表示了当 $k_1=10$，$k_0$ 由 10 变化到 80 时对 Hermite 曲线的影响。图中曲线的参数为

$$Q(0) = P_0 = \begin{bmatrix} x_0 & y_0 & z_0 \end{bmatrix} = \begin{bmatrix} 4.0 & 4.0 & 0.0 \end{bmatrix}$$

$$Q(1) = P_1 = \begin{bmatrix} x_1 & y_1 & z_1 \end{bmatrix} = \begin{bmatrix} 24.0 & 4.0 & 0.0 \end{bmatrix}$$
$$Q'(0) = R_0 = k_0 \begin{bmatrix} E_{0x} & E_{0y} & E_{0x} \end{bmatrix} = k_0 \begin{bmatrix} 0.8320 & 0.5547 & 0.0 \end{bmatrix}$$
$$Q'(1) = R_1 = k_1 \begin{bmatrix} E_{1x} & E_{1y} & E_{1x} \end{bmatrix} = k_1 \begin{bmatrix} 0.8320 & -0.5547 & 0.0 \end{bmatrix}$$

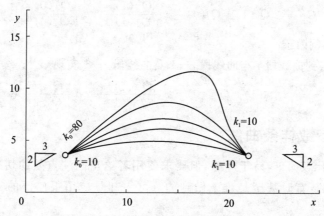

图 2.3.5 切线向量的长度对 Hermite 曲线形状的影响

### 4. 自由曲线的连接

当许多自由曲线段首尾相接构成一条自由曲线时,如何保证曲线连接处具有合乎要求的连续性是一个关键问题。当曲线段 1 的端点和曲线段 2 的端点不相重合时,这两个曲线段是不连续的,实际上它们仍然是两个曲线段,如图 2.3.6(a)所示。如果两个曲线段具有一个公共的端点,那么这两个曲线段是连续的,且在连接处至少为 $C^{(0)}$ 连续,图 2.3.6(b)所示。如果这两个曲线段不仅具有公共的端点,而且在连接处其切线向量共线,那么这两个曲线段就为 $G^{(1)}$ 连续,图 2.3.6(c)所示。$C^{(2)}$ 连续的必要条件之一是两曲线连接处的曲率相等。

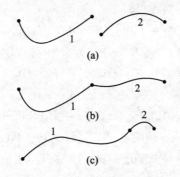

图 2.3.6 自由曲线连续性示意图

假设两条不相连的 Hermite 参数曲线段 1 和 3 的边界条件 $G_{h1}$、$G_{h3}$ 已经给定,如果要使参数曲线段 2 与曲线段 1、3 之间的连接均为 $C^{(1)}$ 连接,那么曲线段 2 的边界条件 $G_{h2}$ 为

$$G_{h1} = \begin{bmatrix} Q_1(0) & Q_1(1) & Q_1'(0) & Q_1'(1) \end{bmatrix}^T$$
$$G_{h3} = \begin{bmatrix} Q_3(0) & Q_3(1) & Q_3'(0) & Q_3'(1) \end{bmatrix}^T$$

式中,各符号的下标表示参数曲线段的序号。为了保证曲线段 1、2 之间及 2、3 之间的 $C^{(1)}$ 连续,必须有

$$Q_2(0) = Q_1(1), \qquad Q_2(1) = Q_3(0)$$

$$Q_2'(0) = a\frac{Q_1'(1)}{|Q_1'(1)|}, \qquad Q_2'(1) = b\frac{Q_3'(0)}{|Q_3'(0)|}$$

于是可得

$$\boldsymbol{G}_{h2} = \begin{bmatrix} Q_1(1) & Q_3(0) & a\dfrac{Q_1'(1)}{|Q_1'(1)|} & b\dfrac{Q_3'(0)}{|Q_3'(0)|} \end{bmatrix}^{\mathrm{T}}$$

式中,$a,b$ 是正的比例因子。

与此类似,可得到曲线段 $i$ 与曲线段 $i-1$ 及曲线段 $i+1$ 实现 $C^{(1)}$ 连续的条件为

$$\boldsymbol{G}_{hi} = \begin{bmatrix} Q_{i-1}(1) & Q_{i+1}(0) & a\dfrac{Q_{i-1}'(1)}{|Q_{i-1}'(1)|} & b\dfrac{Q_{i+1}'(0)}{|Q_{i+1}'(0)|} \end{bmatrix}^{\mathrm{T}}$$

### 2.3.3 三次参数样条曲线

Hermite 曲线比较简单,易于理解,但要求使用者给出两端点处的切线向量作为初始条件,这是很不方便的,有时甚至是难于做到的。可它却是应用很广泛的三次参数样条曲线的基础。

什么是样条及样条曲线呢?在汽车、飞机、轮船等的设计中,常常碰到这样一个问题:平面上给出一组离散的有序点列,要求用一条光滑曲线把这些点顺序连接起来。长期以来,绘图员常常用一根富有弹性的均匀细木条或有机玻璃条,用压铁将它压在各型值点处,从而强迫它通过这些点,最后沿这根被称为"样条"的细木条画出所需要的光滑曲线,这就是样条曲线。若把小木条看成弹性细梁,压铁看成作用于梁上的集中载荷,则按上述方法画出的光滑曲线在力学上即可模拟弹性细梁在外加集中载荷作用下的弯曲变形曲线。下面我们可以看到,对于这种弯曲变形曲线分段来说,和 Hermite 曲线是一样的。

**1. Hermite 曲线的二阶导数形式**

由式(2-3-9)知,Hermite 曲线可写成

$$Q(t) = F_{h1}(t)Q(0) + F_{h2}(t)Q(1) + F_{h3}(t)Q'(0) + F_{h4}(t)Q'(1) \qquad (2-3-10)$$

式中:$Q(0)=P_0$, $Q(1)=P_1$, $Q'(0)=R_0$, $Q'(1)=R_1$,对式(2-3-10)两侧对 $t$ 求导,得

$$Q'(t) = F_{h1}'(t)Q(0) + F_{h2}'(t)Q(1) + F_{h3}'(t)Q'(0) + F_{h4}'(t)Q'(1)$$

二次对 $t$ 求导,得

$$Q''(t) = F_{h1}''(t)Q(0) + F_{h2}''(t)Q(1) + F_{h3}''(t)Q'(0) + F_{h4}''(t)Q'(1)$$

式中:$F_{h1}''(t)=12t-6$, $F_{h2}''(t)=-12t+6$, $F_{h3}''(t)=6y-4$, $F_{h4}''(t)=6t-2$,故有

$$Q''(0) = -6Q(0) + 6Q(1) - 4Q'(0) - 2Q'(1) \qquad (2-3-11)$$

$$Q''(1) = 6Q(0) - 6Q(1) + 2Q'(0) + 4Q'(1) \qquad (2-3-12)$$

将上述两方程联立求解,得出 $Q'(0)$ 及 $Q'(1)$ 为

$$Q'(0) = -Q(0) + Q(1) - \frac{1}{6}(2Q''(0) + Q''(1)) \qquad (2-3-13)$$

$$Q'(1) = -Q(0) + Q(1) + \frac{1}{6}(2Q''(0) + Q''(1)) \qquad (2-3-14)$$

将式(2-3-13)及式(2-3-14)代入式(2-3-10)可得

$$Q(t) = (1-t)Q(0) + tQ(1) + \frac{1}{6}(-t^3 + 3t^2 - 2t)Q''(0) + \frac{1}{6}(t^3 - t)Q''(1)$$

$$(2-3-15)$$

这就是以曲线段两个端点的位置向量及端点处的二阶导数表示的三次参数方程。同时，该方程也给出一组新的调和函数。根据力学原理，经分析可知，由式(2-3-15)表示的三次参数曲线的 $y$ 坐标值对应于弹性细梁的变形 $\delta$，三次参数曲线的一阶导数对应于弹性细梁的斜率而二阶导数则对应于弹性细梁的曲率。如果用式(2-3-15)的三次参数曲线方程来描述弹性细梁的变形曲线，则其结果与力学中给出的弹性细梁变形方程是完全一致的。因此可以用 Hermite 三次参数曲线来描述传统的样条曲线。

**2. 连续的三次参数样条曲线**

现有几个点组成的一组离散点列 $P_1,P_2,\cdots,P_{i-1},P_i,P_{i+1},\cdots,P_n$（见图 2.3.7），现要求将一系列 Hermite 三次系数曲线段连接起来，使其通过这些点列，构成一条三次参数样条曲线，且在所有曲线的连接处均具有位置、切线向量和二阶导数的连续性。

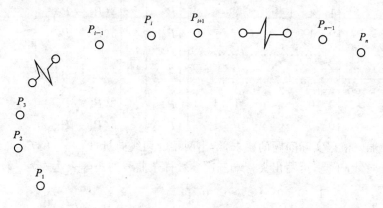

**图 2.3.7 一组离散点列**

可以假定，上述点列中的每相邻两点 $P_1,P_{i+1}(1\leqslant i\leqslant n-1)$，若组成 Hermite 曲线的一对起点和终点，那么，$n$ 个点共有 $n-1$ 段曲线，第 $i$ 段曲线的起点和终点分别为 $P_1$ 和 $P_{i+1}$。

式(2-3-11)和式(2-3-12)给出 Hermite 三次参数曲线两个端点处的二阶导数，对于第 $i$ 段曲线而言，此两式中的 $Q(0)$ 即为 $P_1$，$Q(1)$ 即为 $P_{i+1}$。由此可得第 $i$ 段 Hermite 参数曲线两个端点处的二阶导数为

$$P''_i = -6P_i + 6P_{i+1} - 4P'_i - 2P'_{i+1} \qquad (2-3-16)$$

$$P''_{i+1} = 6P_i + 6P_{i+1} - 2P'_i - 4P'_{i+1} \qquad (2-3-17)$$

式中：$P'_i$ 为曲线在 $P_i$ 点的切线向量，$P''_i$ 为曲线在 $P_i$ 点的二阶导数。同理，第 $i+1$ 段曲线也有如下类似的两个式子

$$P''_{i+1} = -6P_{i+1} + 6P_{i+2} - 4P'_{i+1} - 2P'_{i+2} \qquad (2-3-18)$$

$$P''_{i+2} = 6P_{i+1} - 6P_{i+2} + 2P'_{i+1} + 4P'_{i+2} \qquad (2-3-19)$$

因为相邻曲线段的公共端点处二阶导数连续，故式(2-3-17)和式(2-3-18)右端应相等，即

$$6P_1 - 6P_{i+1} + 2P'_i + 4P'_{i+1} = -6P_{i+1} + 6P_{i+2} - 4P'_{i+1} - 2P'_{i+2}$$

化简后得

$$P'_i + 4P'_{i+1} + P'_{i+2} = 3(P_{i+2} - P_i) \qquad (2-3-20)$$

对于 $n$ 个点，可以得出 $n-2$ 个类似的方程，即有 $1\leqslant i\leqslant n-2$。不过，这组联立方程中有 $n$ 个未知数。为了求解这组联立方程，还必须给出两个边界条件，即给出此三次样条曲线起点和终点处的切线向量或二阶导数。曲线两端的边界条件有多种形式，要根据实际问题的物理要求对

曲线两端给出的约束条件而定。常用的约束条有自由端、夹持端和抛物端三种,现分别叙述如下:

(1) 自由端 在这种情况下,两端点处的二阶导数为零,即 $P_0''=P_n''=0$。
由式(2-3-16)可得出
$$2P_1'+P_2'=3(P_2-P_1) \tag{2-3-21}$$
由式(2-3-17)可得出
$$P_{n-1}'+2P_n'=3(P_n-P_{n-1}) \tag{2-3-22}$$
于是,由式(2-3-20)、式(2-3-21)和式(2-3-22)可写出自由端三次参数样条曲线的矩阵表示式为

$$\begin{bmatrix} 2 & 1 & 0 & 0 & \cdots & 0 \\ 1 & 4 & 1 & 0 & \cdots & 0 \\ 0 & 1 & 4 & 1 & 0 & \cdots & 0 \\ & \cdots \cdots \cdots \cdots \cdots \\ & \cdots \cdots \cdots \cdots \cdots \\ 0 & 0 & \cdots & 1 & 4 & 1 \\ 0 & 0 & \cdots & 0 & 1 & 2 \end{bmatrix} \begin{bmatrix} P_1' \\ P_2' \\ P_3' \\ \vdots \\ \vdots \\ P_{n-1}' \\ P_n' \end{bmatrix} = \begin{bmatrix} 3(P_2-P_1) \\ 3(P_3-P_1) \\ 3(P_4-P_2) \\ \vdots \\ \vdots \\ 3(P_n-P_{n-2}) \\ 3(P_n-P_{n-1}) \end{bmatrix} \tag{2-3-23}$$

(2) 夹持端 根据实际问题的要求,给出两端的切线向量,即 $\boldsymbol{P}_1'=K_1\boldsymbol{E}_1, \boldsymbol{P}_n'=k_n\boldsymbol{E}_n$。式中,$\boldsymbol{E}_1, \boldsymbol{E}_n$ 为单位向量,于是,可写出夹持端三次参数样条曲线的矩阵表达式为

$$\begin{bmatrix} 1 & 0 & 0 & \cdots & 0 \\ 1 & 4 & 1 & 0 & \cdots & 0 \\ & \cdots \cdots \cdots \cdots \cdots \\ & \cdots \cdots \cdots \cdots \cdots \\ 0 & \cdots & 0 & 1 & 4 & 1 \\ 0 & 0 & \cdots & 0 & 1 \end{bmatrix} \begin{bmatrix} P_1' \\ P_2' \\ \vdots \\ \vdots \\ P_{n-1}' \\ P_n' \end{bmatrix} = \begin{bmatrix} k_1\boldsymbol{E}_1 \\ 3(P_3-P_1) \\ 3(P_4-P_2) \\ \vdots \\ 3(P_n-P_{n-2}) \\ k_n\boldsymbol{E}_n \end{bmatrix} \tag{2-3-24}$$

(3) 抛物端 假设曲线的第一段和第 $n-1$ 段(末段)为抛物线,也就是说,此二段曲线的二阶导数为常数,即 $P_1''=P_2'', P_{n-1}''=P_n''$。因此,可由式(2-3-16)及式(2-3-17)得出如下关系式
$$P_1'+P_2'=2(P_2-P_1), \qquad P_{n-1}'+P_n'=2(P_n-P_{n-1})$$
于是,可写出抛物端三次参数样条曲线的矩阵表达式为

$$\begin{bmatrix} 1 & 1 & 0 & 0 & \cdots & 0 \\ 1 & 4 & 1 & 0 & \cdots & 0 \\ & \cdots \cdots \cdots \cdots \cdots \\ & \cdots \cdots \cdots \cdots \cdots \\ 0 & 0 & 0 & \cdots & 1 & 4 & 1 \\ 0 & 0 & 0 & \cdots & 0 & 1 & 1 \end{bmatrix} \begin{bmatrix} P_1' \\ P_2' \\ \vdots \\ \vdots \\ P_{n-1}' \\ P_n' \end{bmatrix} = \begin{bmatrix} 2(P_2-P_1) \\ 3(P_3-P_1) \\ 3(P_4-P_2) \\ \vdots \\ 3(P_n-P_{n-2}) \\ 2(P_n-P_{n-1}) \end{bmatrix} \tag{2-3-25}$$

如果给定其他类型的边界条件,也可推导出相应的三次参数样条曲线的矩阵。在得出三次参数样条曲线的矩阵表达式后,即可用"追赶法"或其他方法求解此三对角方程组,得出各型值点处的切线向量 $\boldsymbol{P}_i'(1\leqslant i\leqslant n)$。将各点的切线向量连同点的位置向量 $\boldsymbol{P}_i(1\leqslant i\leqslant n)$ 依次分段

代入 Hermite 三次参数曲线方程式(2-3-10),按照作图需要计算出各线段内的若干插值点,并依次用直线相连,即可画出所求的三次参数样条曲线。

最后还要说明一点的是,在以上讨论的三次参数样条曲线中,每一曲线参数值 $t$ 的取值范围均为 0～1。这一最简单的办法只适用于型值点分布比较均匀的场合,当型值点间的间隔极不均匀时,其效果就很差,在间隔较大的一段,曲线相当扁平而靠近弦线,在间隔很小的一段,曲线可能出现扭曲。解决这一问题的办法是:全曲线段端点之间的弦长等于其参数值 $t$,即 $t \in [0, L_i]$。式中 $L_i$ 为第 $i$ 段曲线两端点间的弦长。这时,可以推导出曲线段的调和函数为

$$F_{h1}(t) = 2\frac{t^3}{L_i^3} - 3\frac{t^2}{L_i^2} + 1, \quad F_{h2}(t) = -2\frac{t^3}{L_i^3} + 3\frac{t^2}{L_i^2}$$

$$F_{h3}(t) = \frac{t^3}{L_i^3} - 2\frac{t^2}{L_i^2} + \frac{t}{L_i}, \quad F_{h4}(t) = \frac{t^3}{L_i^3} - \frac{t^2}{L_i^2}$$

若取 $t = dL_i$,则

$$F_{h3}(t) = (d^3 - 2d^2 + d), \quad F_{h4}(t) = (d^3 - d^2)$$

均与弦长 $L_i$ 有关。这就是说,以弦长为参数值 $t$ 时,作用于切线向量的调和函数与弦长本身成正比,从而改善了曲线形状。关于这一问题,有兴趣的读者可参阅有关文献。

### 2.3.4 Bezier 曲线

前面讨论过的三次参数样条曲线通过了给定的型值点,但是在工程设计中,开始给出的型值点以及由此而产生的样条曲线有时尚不能满足性能或美观的要求,需要加以修改。参数样条曲线不能直观表示出应该如何修改以及如何控制曲线的形状。如果改变了一个或多个型值点,则可能出现并非所希望的曲线形状。因此,样条曲线作为外形设计的工具,还缺少灵活性和直观性。针对这一问题,法国雷诺汽车公司的 Bezier 提出了一种新的参数曲线表示方法,称为 Bezier 曲线。这种方法能使设计者比较直观地意识到所给条件与所产生的曲线之间的关系,能比较方便地通过修改输入参数来改变曲线的形状和阶次。此外,这种方法所用数学工具比较简单,易于为广大设计师和绘图员所接受。

Bezier 曲线是通过一组多边折线的各顶点惟一地定义出来的。在多边折线的各顶点中,只有第一点和最后一点在曲线上,其余的顶点则用以定义曲线的阶次和形状。曲线的形状趋向于多边折线的形状,改变多边折线顶点的位置和改变曲线形状有密切的联系。因此,多边折线又称为特征多边形,其顶点称为控制点。图 2.3.8 表示出 Bezier 曲线及其特征多边形。

**1. Bezier 曲线的数学表示式**

Bezier 曲线的数学基础是在第一个和最后一个端点之间进行插值的多项式调和函数。通常,将 Bezier 曲线段以参数方程表示为

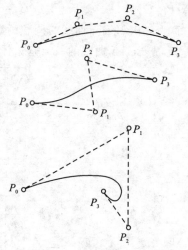

**图 2.3.8 Bezier 曲线及其特征多边形**

$$Q(t) = \sum_{i=0}^{n} P_i B_{i,n}(t) \quad t \in [0,1] \tag{2-3-26}$$

这是一个 $n$ 次多项式,具有 $n+1$ 项。式中,$P_i(i=0,1,\cdots,n)$ 表示特征多边形 $n+1$ 个顶点的位置向量,$B_{i,n}(t)$ 是伯恩斯坦(Berstein)多项式,称为基底函数,可表示为

$$B_{i,n}(t) = \frac{n!}{i!(n-i)!} t^i (1-t)^{n-i} \quad i = 0,1,\cdots,n \tag{2-3-27}$$

注意:当 $i=0$ 和 $t=0$ 时,$t^i=1$,$0!=1$。

由式(2-3-26)及式(2-3-27)可推出一次、二次及三次 Bezier 曲线的数学表示式。

(1) 一次 Bezier 曲线:若 $n=1$,为一次多项式,有两个控制点,则

$$Q(t) = \sum_{i=0}^{1} P_i B_{i,1}(t) = (1-t)P_0 + tP_1 \quad t \in [0,1] \tag{2-3-28}$$

这说明,一次 Bezier 曲线是连接起点 $P_0$ 和终点 $P_1$ 的直线段。

(2) 二次 Bezier 曲线:若 $n=2$,为二次多项式,有三个控制点,则

$$Q(t) = \sum_{i=0}^{2} P_i B_{i,2}(t) = (1-t)^2 P_0 + 2t(1-t)P_1 + t^2 P_2 =$$
$$(P_2 - 2P_1 + P_0)t^2 + 2(P_1 - P_0)t + P_0 \quad t \in [0,1] \tag{2-3-29}$$

如令 $a=P_2-2P_1+P_0$,$b=2(P_1-P_0)$,$c=P_0$,则式(2-3-29)为:$Q(t)=at^2+bt+c$,此式即为一条抛物线。说明二次 Bezier 曲线为抛物线,其矩阵形式为

$$Q(t) = \begin{bmatrix} t^2 & t & 1 \end{bmatrix} \begin{bmatrix} 1 & -2 & 1 \\ -2 & 2 & 0 \\ 1 & 0 & 0 \end{bmatrix} \begin{bmatrix} P_0 \\ P_1 \\ P_2 \end{bmatrix} \quad t \in [0,1]$$

(3) 三次 Bezier 曲线:若 $n=3$,为三次多项式,有四个控制点,则有

$$Q(t) = \sum_{i=0}^{3} P_i B_{i,3}(t) = (1-t)^3 P_0 + 3t(1-t)^2 P_1 + 3t^2(1-t) P_2 + t^3 P_3 =$$
$$B_{0,3}(t)P_0 + B_{1,3}(t)P_1 + B_{2,3}(t)P_2 + B_{3,3}(t)P_3 \tag{2-3-30}$$

式中:$B_{0,3}(t)=(1-t)^3$,$B_{1,3}(t)=3t(1-t)^2$,$B_{2,3}(t)=3t^2(1-t)$,$B_{3,3}(t)=t^3$

称为三次 Bezier 曲线的调和函数,构成图 2.3.9 所示的 4 条曲线。这 4 条曲线均是三次曲线,形成 Bezier 曲线的一组基。任何三次 Bezier 曲线都是这 4 条曲线的线性组合。

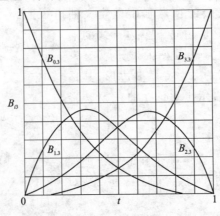

**图 2.3.9  三次 Bezier 曲线的调和函数**

式(2-3-32)可用矩阵形式表示为

$$Q(t) = \begin{bmatrix} t^3 & t^2 & t & 1 \end{bmatrix} \begin{bmatrix} -1 & 3 & -3 & 1 \\ 3 & -6 & 3 & 0 \\ -3 & 3 & 0 & 0 \\ 1 & 0 & 0 & 0 \end{bmatrix} \begin{bmatrix} P_0 \\ P_1 \\ P_2 \\ P_3 \end{bmatrix} \quad t \in [0,1]$$

可记为
$$Q(t) = \boldsymbol{T} \cdot \boldsymbol{M}_b \cdot \boldsymbol{G}_b$$

式中
$$\boldsymbol{T} = \begin{bmatrix} t^3 & t^2 & t & 1 \end{bmatrix}$$

且
$$\boldsymbol{M}_b = \begin{bmatrix} -1 & 3 & -3 & 1 \\ 3 & -6 & 3 & 0 \\ -3 & 3 & 0 & 0 \\ 1 & 0 & 0 & 0 \end{bmatrix}$$

为三次 Bezier 曲线系数矩阵。而

$$\boldsymbol{G}_b = \begin{bmatrix} P_0 & P_1 & P_2 & P_3 \end{bmatrix}^{\mathrm{T}}$$

为三次 Bezier 曲线的四个控制点的位置矢量。

**2. Bezier 曲线的性质**

(1) 端点及端点切线：由式(2-3-26)可得出 Bezier 曲线两端点的值。

当 $t=0$ 时：
$$Q(0) = \sum_{i=0}^{n} P_i B_{i,n}(0) = P_0 B_{0,n}(0) + P_1 B_{1,n}(0) + \cdots + P_n B_{n,n}(0) = P_0$$

当 $t=1$ 时：
$$Q(1) = \sum_{i=0}^{n} P_i B_{i,n}(1) = P_0 B_{0,n}(1) + P_1 B_{1,n}(1) + \cdots + P_n B_{n,n}(1) = P_n$$

这说明，Bezier 曲线通过特征多边形的起点和终点。

将对式(2-3-27)参数 $t$ 求导，得

$$B'_{i,n}(t) = \frac{n!}{i!(n-i)!} \left[ i \cdot t^{i-1}(1-t)^{n-i} - (n-i)(1-t)^{n-i-1} t^i \right] =$$

$$\frac{n(n-1)!}{(i-1)![(n-1)-(i-1)]!} t^{i-1} \cdot (1-t)^{(n-1)-(i-1)} -$$

$$\frac{n(n-1)!}{i![(n-1)-i]!} t^i \cdot (1-t)^{(n-1)-i} = n[B_{i-1,n-1}(t) - B_{i,n-1}(t)]$$

故由式(2-3-26)可得

$$Q'(t) = n \sum_{i=0}^{n} P_i [B_{i-1,n-1}(t) - B_{i,n-1}(t)] =$$

$$n\{(p_1 - P_0)B_{0,n-1}(t) + (P_2 - P_1)B_{1,n-1}(t) + \cdots + (P_n - P_{n-1}B_{n-1,n-1}(t)\} =$$

$$n \sum_{i=0}^{n} (P_i - P_{i-1}) B_{i-1,n-1}(t)$$

在起始点，当 $t=0, B_{0,n-1}=1$ 时，其余项均为 0，故有

$$Q'(0) = n(P_1 - P_0) \tag{2-3-31}$$

在终止点，当 $t=1, B_{n-1,n-1}(1)=1$ 时，其余项均为 0，故有

$$Q'(1) = n(P_n - P_{n-1}) \qquad (2-3-32)$$

对于三次 Bezier 曲线,在 $n=3$ 时,所以

$$\begin{cases} Q'(0) = 3(P_1 - P_0) \\ Q'(1) = 3(P_3 - P_2) \end{cases}$$

这是一个很重要的性质,它说明 Bezier 曲线在始点和终点处的切线方向与特征多边形的第一条边及最后一条边的走向一致。

(2) 对称性:假如保持 $n$ 次 Bezier 曲线诸顶点的位置不变,而把次序颠倒过来,即下标为 $i$ 的点 $(P_i)$ 改为下标为 $n-i$ 的点 $(P_{n-i})$,则此时曲线仍不变,只不过曲线的走向相反而已。这一性质可证明如下。

由伯恩斯坦多项式可以导出

$$B_{i,n}(t) = \frac{n!}{i!(n-i)!} t^i (1-t)^{n-i} = B_{n-i,n}(1-t)$$

记次序颠倒以后的顶点为 $P_i^*$,则有

$$P_i^* = P_{n-i} \qquad i = 0, 1, 2, \cdots, n$$

此时,设新的 Bezier 曲线为 $Q^*(t) = \sum_{i=0}^{n} P_i^* B_{i,n}(t) = \sum_{i=0}^{n} P_{n-i} B_{i,n}(t)$

令 $n-i=k$,则 $i=n-k$,且 $i=0$ 时, $k=n$ 及 $i=Q(1-t)$。

(3) 凸包性:由于

$$\sum_{i=0}^{n} B_{i,n}(t) = \sum_{i=0}^{n} \frac{n!}{i!(n-i)!} t^i (1-t)^{n-i} = [(1-t)+t]^n = 1$$

所以,当 $t$ 在 $[0,1]$ 区间内变化时,对于任何一个 $t$ 值,伯恩斯坦多项式各项之均为 1,且有

$$B_{i,n}(t) = \frac{n!}{i!(n-i)!} t^i (1-t)^{n-i} \geqslant 0$$

因此, $B_{i,n}(t)$ 构成了 Bezie 曲线的权函数。对于某一 $t$ 值, $Q(t)$ 是特征多边形各顶点 $p_i(i=0,1,\cdots,n)$ 的加权平均,权因子依次是, $B_{i,n}(t),(i=0,1,\cdots,n)$ 且均为正数。在几何图形上,这意味着 Bezier 曲线各点均应落在特征多边形各顶点构成的凸包之中,此处凸包是指包含所有顶点的最小凸多边形。用数学归纳法可以证明这一结论。

(4) 几何不变性:曲线的形状仅与特征多边形各顶点的相对位置有关,而与坐标系的选择无关。

### 3. 三次 Bezier 样条曲线

由前面所讨论的 Bezier 曲线段的数学表示式及其性质可以看出,对于形状比较复杂的曲线来说,只用一段三次 Bezier 曲线来描述就不够了。一种办法是增加顶点的个数,从而也就增加了 Bezier 曲线的阶次,但是高次 Bezier 曲线计算比较复杂,而且还有许多问题有待于理论上解决。因此,工程上往往使用另一种方法,即用分段三次 Bezier 样条曲线来描述。将分段三次 Bezier 曲线连接起来构成三次 Bezier 样条曲线,其关键问题是如何保证接边处具有 $C^1$ 及 $C^2$ 的连续性。

设两 Bezier 曲线段 $Q_1(t)$ 及 $Q_2(t)$,其多边折线顶点分别为 $P_0, P_1, P_2, P_3$,而且 $P_3=P_0$。若要求两曲线段在连接点 $P_3(R_0)$ 处实现 $C^1$ 连续(如图 2.3.10 所示),那么应该具备什么条件呢?

因 $Q'_1 = 3(P_3 - P_2)$，$Q'_2(0) = 3(R_1 - R_0)$，为实现 $C^1$ 连续，应使 $Q'_2(0) = Q'_1(1)$，亦即

$$R_1 - R_0 = (P_3 - P_2) \quad (2-3-33)$$

式中为一比例因子。这就是说，实现 $C^1$ 连续的条件是 $P_2$、$P_3(R_0)$，$R_1$ 在一条直线上，而且 $P_2$、$R_1$ 应在 $P_3(R_0)$ 的两侧。两曲线实现 $C^2$ 连续的充要条件为：

① 在连接处两曲线的密切平面重合；
② 在连接处两曲线的曲率相等。

关于这一问题不再作进一步的讨论，有兴趣的读者可阅读有关的参考文献。

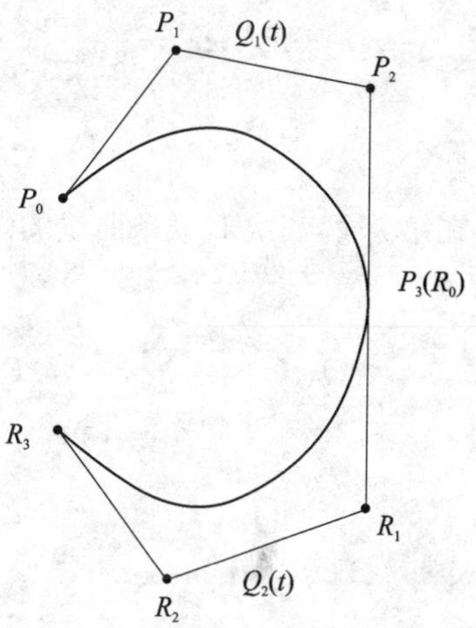

## 2.3.5 B 样条曲线

以伯恩斯坦多项式为基础的 Bezier 曲线具有许多优点，但是也存在以下两个问题：

图 2.3.10　曲线的 $C^1$ 连续值

第一，特征多边形顶点的数量决定了 Bezier 曲线的阶次，即 $n$ 个顶点的特征多边形必然产生 $n-1$ 次 Bezier 曲线，这是不够灵活的。

第二，Bezier 曲线段不具备局部修改的可能性。因为 $B_{i,n}(t)$ 在参数的整个开区间 $(0,1)$ 内均不为零。所以，曲线段在开区间内任何一点的值均要受到全部顶点的影响，改变其中某一顶点的位置对整个曲线均有影响。

为了克服上述缺点，在 1972 年到 1974 年期间，人们用 B 样条基替换了伯恩基多项式，构造出等距节点的 B 样条曲线。B 样条曲线除保持了 Bezier 曲线的直观性和凸包性等优点之外，还可以进行局部修改，且曲线更逼近特征多边形。此外，曲线的阶次也与顶点数无关，因而更为方便灵活。由于以上原因，B 样条曲线和曲面得到越来越广泛的应用。

**1. B 样条曲线的数学表达式**

(1) 一般形式：若给定 $N = m + n + 1$ 个顶点（$m$ 为最大段号，$n$ 为阶次），则第 $i$ 段（$i = 0, 1, \cdots, m$）、$n$ 次等距分割的 B 样条曲线函数可表示为

$$Q_{i,n}(t) = \sum_{l=0}^{n} p_{i+l} F_{l,n}(t) \quad l = 0, 1, \cdots, n \quad (2-3-34)$$

式中，基底函数为

$$F_{l,n}(t) = \frac{1}{n!} \sum_{j=0}^{n-l} (-1)^j C_{n+1}^j (t + n - l - j)^n$$

而

$$C_n^j = \frac{n!}{j!(n-j)!}$$

所以，$P_{i+l}$ 定义为第 $i$ 段曲线特征多边形的 $n+1$ 个顶点。

(2) 三次 B 样条曲线：由于 $n = 3$，所以，$l = 0, 1, 2, 3$，此时所对应的基底函数分别为

$$F_{0,3}(t) = \frac{1}{3!} \sum_{j=0}^{3} (-1)^j C_4^j (t + 3 - j)^3 = \frac{1}{6}(-t^3 + 3t^2 - 3t + 1)$$

$$F_{1,3}(t) = \frac{1}{3!} \sum_{j=0}^{2} (-1)^j C_4^j (t + 2 - j)^3 = \frac{1}{6}(3t^3 - 6t^2 + 4)$$

$$F_{2,3}(t) = \frac{1}{3!}\sum_{j=0}^{1}(-1)^j C_4^j (t+1-j)^3 = \frac{1}{6}(-3t^3+3t^2+3t+1)$$

$$F_{3,3}(t) = \frac{1}{3!}\sum_{j=0}^{0}(-1)^j C_4^j (t-j)^3 = \frac{1}{6}t^3$$

则在第 $i$ 段，三次 B 样条曲线的矩阵形式可表示为

$$Q_{i,3}(t) = \sum_{l=0}^{3} F_{l,3}(t) P_{i+l} = \frac{1}{6}\begin{bmatrix} t^3 & t^2 & t & 1 \end{bmatrix} \begin{bmatrix} -1 & 3 & -3 & 1 \\ 3 & -6 & 3 & 0 \\ -3 & 0 & 3 & 0 \\ 1 & 4 & 1 & 0 \end{bmatrix} \begin{bmatrix} P_i \\ P_{i+1} \\ P_{i+2} \\ P_{i+3} \end{bmatrix}$$

$$(2-3-35)$$

若令

$$\boldsymbol{T} = \begin{bmatrix} t^3 & t^2 & t & 1 \end{bmatrix}$$

则

$$\boldsymbol{M}_s = \frac{1}{6}\begin{bmatrix} -1 & 3 & -3 & 1 \\ 3 & -6 & 3 & 0 \\ -3 & 0 & 3 & 0 \\ 1 & 4 & 1 & 0 \end{bmatrix}$$

$$\boldsymbol{G}_{si} = \begin{bmatrix} P_i & P_{i+1} & P_{i+2} & P_{i+3} \end{bmatrix}^\mathrm{T}$$

式(2-3-35)可记为

$$Q_{i,3}(t) = \boldsymbol{T}\boldsymbol{M}_s\boldsymbol{G}_{si}$$

对式(2-3-35)再对 $t$ 一次求导，可得

$$Q'_{i,3}(t) = \frac{1}{2}\begin{bmatrix} t^2 & t & 1 \end{bmatrix} \begin{bmatrix} -1 & 3 & -3 & 1 \\ 2 & -4 & 2 & 0 \\ -1 & 0 & 1 & 0 \end{bmatrix} \begin{bmatrix} P_i \\ P_{i+1} \\ P_{i+2} \\ P_{i+3} \end{bmatrix} \quad (2-3-36)$$

对式(2-3-36)再次求导后得

$$Q''_{i,3}(t) = \begin{bmatrix} t & 1 \end{bmatrix} \begin{bmatrix} -1 & 3 & -3 & 1 \\ 1 & -2 & 1 & 0 \end{bmatrix} \begin{bmatrix} P_i \\ P_{i+1} \\ P_{i+2} \\ P_{i+3} \end{bmatrix} \quad (2-3-37)$$

由式(2-3-35)、式(2-3-36)和式(2-3-37)可得端点性质为

$$\left.\begin{aligned} Q_{i,3}(0) &= \frac{1}{6}(P_i + 4P_{i+1} + P_{i+2}) = \frac{1}{3}(P_{i+1}^* + 2P_{i+1}) \\ Q_{i,3}(1) &= \frac{1}{6}(P_{i+1} + 4P_{i+2} + P_{i+3}) = \frac{1}{3}(P_{i+2}^* + 2P_{i+2}) \end{aligned}\right\} \quad (2-3-38)$$

$$\left.\begin{aligned} Q'_{i,3}(0) &= \frac{1}{2}(P_{i+2} - P_i) \\ Q'_{i,3}(1) &= \frac{1}{2}(P_{i+3} - P_{i+1}) \end{aligned}\right\} \quad (2-3-39)$$

$$\left.\begin{aligned} Q''_{i,3}(0) &= (P_i - 2P_{i+1} + P_{i+2}) = 2(P_{i+1}^* - P_{i+1}) \\ Q''_{i,3}(1) &= (P_{i+1} - 2P_{i+2} + P_{i+3}) = 2(P_{i+2}^* - P_{i+2}) \end{aligned}\right\} \quad (2-3-40)$$

式中

$$\begin{cases} P_{i+1}^* = \dfrac{P_i + P_{i+2}}{2} \\ P_{i+2}^* = \dfrac{P_{i+1} + P_{i+3}}{2} \end{cases}$$

为了考查 B 样条曲线段在连接处的连续性,不仅需要计算出第 $i$ 段曲线终点处的 $Q_{i,3}(1)$,$Q'_{i,3}(1)$ 及 $Q''_{i,3}(1)$,且还要求出第 $i+1$ 段始点处的 $Q_{i+1,3}(0)$,$Q'_{i+1,3}(0)$ 及 $Q''_{i+1,3}(0)$。由式(2-3-39)、式(2-3-40)及式(2-3-40)可得

$$\left.\begin{aligned} Q_{i+1,3}(0) &= \frac{1}{6}(P_{i+1} + 4P_{i+2} + P_{i+3}) \\ Q'_{i+1,3}(0) &= \frac{1}{2}(P_{i+3} - P_{i+1}) \\ Q''_{i+1,3}(0) &= (P_{i+1} - 2P_{i+2} + P_{i+3}) \end{aligned}\right\} \quad (2-3-41)$$

比较式(2-3-38)~式(2-3-41)可知:$Q_{i,3}(1) = Q_{i+1,3}(0)$,$Q'_{i,3}(1) = Q'_{i+1,3}(0)$ 及 $Q''_{i,3}(1) = Q''_{i+1,3}(0)$。

以上结果告诉我们,三次 B 样条曲线在连接处一阶导数、二阶导数都是连续的,也即,三次 B 样条曲线具有二阶导数的连续性。将此结论加以推广,即可得出 $n$ 次 B 样条曲线具有 $n-1$ 阶导数连续的论断。由于实际工作中用得最多的是三次 B 样条曲线,很少应用高于三次的 B 样条曲线。因此,有关高次 B 样条曲线的问题,我们就不讨论了。式(2-3-38)~式(2-3-41)的几何图如图 2.3.11 所示。

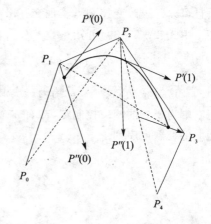

图 2.3.11　三次 B 样条曲线端点特性

(3) 局部性:由式(2-3-35)可以看出,每一段三次 B 样条曲线由四个控制点的位置向量来决定。同时也可看出,在三次 B 样条曲线中,改变一个控制点的位置,最多影响四个曲线段。因而,通过改变控制点的位置就可对 B 样条曲线进行局部修改,这是一个非常重要的性质。

(4) 扩展性:从式(2-3-35)可以看出,如果增加一个控制点,就相应地增加了一段 B 样条曲线。此时,原有的 B 样条曲线不受影响,而且新增的曲线段与原曲线的连接处具有一阶、二阶导数连续的特性,这一点是由 B 样条曲线本身的性质所保证的,不需要附加任何条件。因而要对原有的 B 样条曲线加以扩展是很方便的。图 2.3.11 表示了这一性质。

## 2. 三次 B 样条曲线的边界条件和反算拟合

假定 B 样条曲线的控制顶点序列 $P_i(i=0,1,\cdots,n)$ 已经给定,相应的三次 B 样条曲线如图 2.3.12 所示。如果要使曲线以 $P_0$ 为起始点且切于向量 $\boldsymbol{P_0P_1}$,同时以 $P_n$ 为终点且切于向量 $\boldsymbol{P_{n-1}P_n}$,那么只需在始端和终端各增加一个顶点 $P_{-1}$ 及 $P_{n+1}$ 使得向量 $\boldsymbol{P_{-1}P_0} = \boldsymbol{P_0P_1}$,$\boldsymbol{P_{n-1}P_n} = \boldsymbol{P_nP_{n+1}}$,这样在始端和终端所增加的 B 样条曲线段即可满足上述要求。这一结论可证明如下。

先证明始端特性:因为

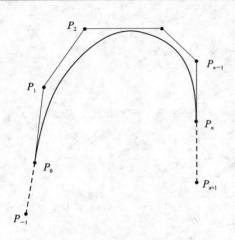

图 2.3.12 三次 B 样条曲线边界条件

$$Q_{i,3}(0) = \frac{1}{6}(P_i + 4P_{i+1} + P_{i+2})$$

对于所增加的第 $i(=-1)$ 段曲线段的起始点为

$$Q_{-1,3}(0) = \frac{1}{6}(P_{-1} + 4P_0 + P_1) = P_0$$

又因为 $\quad Q'_{i,3}(0) = \frac{1}{2}(P_{i+2} - P_i)$

所以 $\quad Q'_{-1,3}(0) = \frac{1}{2}(P_1 - P_{-1}) = P_1 - P_0$

至此,可证明终端特性也满足要求。

所谓反算拟合,就是在给定一系列型值点 $B_i(i=0,1,\cdots,n-3)$,反求三次 B 样条曲线的控制顶点 $P_i(i=0,1,\cdots,n-1)$,从而决定一条三次 B 样条曲线使其通过一系列的型值点($n-2$ 个)。这个问题在实际工程中是很有用的,因为用三次 B 样条曲线来表示所需要的曲线,不仅可以显示输出,而且可以通过改变控制点实现交互修改。

由式(2-3-39)可知

$$Q_{i,3}(0) = \frac{1}{6}(P_i + 4P_{i+1} + P_{i+2}) \qquad i = 0,1,\cdots,n-3$$

在这组联立方程中,左端为三次 B 样条各曲线段的端点,即 $B_i$ 共有 $n-2$ 个,是已知的。而右端为要求的相应控制点,却有 $n$ 个。为此,必须补充两个边界条件,方可由此方程组解出相应的控制点序列 $P_i$。

## 2.4 字符的生成

### 2.4.1 基础知识

区域填充即给出一个区域的边界,要求对边界范围内的所有像素单元赋予指定的颜色代码。区域填充中最常用的是多边形填色,本节中就以此为例讨论区域填充算法。

多边形填色给出一个多边形的边界,要求对多边形边界范围内的所有像素单元赋予指定的色代码。要完成这个任务,一个首要的问题,是判断一个像素是在多边形内还是外。数学上提供的方法是"扫描交点的奇偶数判断"法:

(1) 将多边形画在纸上。

(2) 用一根水平扫描线自左向右通过多边形而与多边形之边界相交。扫描线与边界相交奇次数后进入该多边形,相交偶次数后走出该多边形。图 2.4.1 示出这类情况:扫描线与多边形相交四点。相交 $a$ 点之后入多边形;交 $b$ 点(第 2 交点)之后出多边形;交 $c$ 点(第 3 交点)之后又入多边形;交 $d$ 点(第 4 交点)之后又出多边形。

上述方法似乎能完满地解决问题,但事实并非如此。因为直线在光栅化后变成了占有单位空间的离散点。图 2.4.1 中的 $A$ 点处和 $B$、$C$ 处,在光栅化后变成图 2.4.2 所示的情况。此时,使用上述判断法则,在 $A$、$B$、$C$ 处发现错判现象。在 $A$ 处,扫描线通过一点后以为入了多边形,其实此时已出多边形。结果是在 A 点之后的扫描线段上全都错误地填上色。在 B 和 C 处,因为光栅化后,使得扫描线通过交点的个数发生变化而同样导致填色错误。因此,原始的奇偶判断方法需要加以周密地改善,才能成为计算机中实用的填色算法。

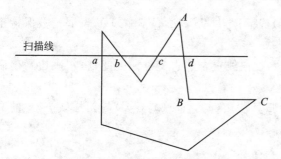

图 2.4.1 扫描线与多边形相交

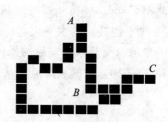

图 2.4.2 光栅化后直线变为离散点

填色算法分为两大类:

(1) 扫描线填色(scan-line filling)算法。这类算法建立在多边形边界的矢量形式数据之上,可用于程序填色,也可用于交互填色。

(2) 种子填色(seed filling)算法。这类算法建立在多边形边界的图像形式数据之上,并还需提供多边形边界内一点的坐标。所以,它一般只能用于人-机交互填色,而难以用于程序填色。

## 2.4.2 扫描线填色算法

**1. 算法的基本思想**

多边形以 $n$,$x\_array$,$y\_array$ 形式给出,其中 $x\_array$,$y\_array$ 中存放着多边形的 $n$ 个顶点的 $x$,$y$ 坐标。扫描线填色算法的基本思想是:用水平扫描线从上到下扫描由点线段构成的多段构成的多边形。每根扫描线与多边形各边产生一系列交点。将这些交点按照 $x$ 坐标进行分类,将分类后的交点成对取出,作为两个端点,以所填的色彩画水平直线。多边形被扫描完毕后,填色也就完成。

上述基本思想中,有几个问题需要解决或改善。它们是:

(1) 左、右顶点处理 当以 1、2、3 的次序画多边形外框时,多边形的左顶点和右顶点如图 2.4.3(a)、(b)所示的顶点 2。它们具有以下性质:

左顶点 2          $y_1 < y_2 < y_3$

右顶点 2          $y_1 > y_2 > y_3$

其中 $y_1$、$y_2$、$y_3$ 是三个相邻的顶点的 $y$ 坐标。

当扫描线与多边形的每个顶点相交时,会同时产生 2 个交点,这是因为一个顶点同属于多边形之两条边的端点。这时,如果所交的顶点是左顶点或右顶点,填色就会因奇偶计数出错而出现错误。因此,对多边形的所有左、右顶点作如下处理:

左、右顶点的入边(以该顶点为终点的那条边)也就是 1,2 边之终点删去。即对于左顶点:入边 $(x_1,y_1)(x_2,y_2)$ 修改为

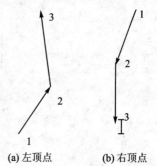

图 2.4.3 左、右顶点处理

$(x_1,y_1)(x_2-\frac{1}{m},y_2-1)$；对于右顶点：入边$(x_1,y_1)(x_2,y_2)$修改为$(x_1,y_1)(x_2+\frac{1}{m},y_2+1)$；

其中$m=\frac{y_2-y_1}{x_2-x_1}$，即入边之斜率。

对于多边形的上顶点($y_2>y_1$ & $y_2>y_3$)或下顶点($y_2<y_1$ & $y_2<y_3$)，奇偶记数保持正确，因此不必修改，保持相邻边原状不变。

(2) 水平边处理　水平边($y_1=y_2$)与水平扫描线重合法求交点。因此，将水平边画出后删去，不参加求交及求交以后的操作。

(3) 扫描线与边的求交点方法　采用递归算法边$(x_1,y_1)(x_2,y_2)$与扫描线$i+1$的交点为

$$\begin{cases} y_{i+1}=y_i-1 \\ x_{i+1}=x_i-\dfrac{x_2-x_1}{y_2-y_1} \end{cases}$$

此式表示交点不为$x_1$，$y_1$时，否则交点为$x_1$，$y_1$。由上式可知，求交点只需做两个简单的减法。

(4) 减少求交计算　采用活性边表对于一根扫描线而言，与之相交的边只占多边形全部边的一部分。因此，在基本算法思想中，每根扫描线与多边形所有边求交的操作是一种浪费，需要加以改善。活性边表(active list of side)的采用将多边形的边分成两个子集：与当前扫描线相交的边的集合，以及与当前的扫描线不相交的边的集合。后者不必求交，这样就提高了算法的效率。

活性边表的构成方法是：

1) 将经过左、右顶点处理及剔除水平边后的多边形之各边按照 max $y$ 值排序，存入一个线性表中。表中每一个元素代表一根边。第一个元素是 max $y$ 值最大的边，最后一个元素是 max $y$ 值最小的边。图 2.4.4 (a)中的多边形所形成的线性表如(b)所示。其中 $F$ 点和 $B$ 点的 $y$ 值相等，且为全部多边形的 max $y$ 的最大值。因此 $FG$，$FE$，$AB$，$BC$ 等四边排在表之首。而 $C$ 点的 $y$ 值大于 $E$ 点的 $y$ 值，所以，$CH$ 排在 $DE$ 前面，其余类推。在 max $y$ 值相等的边之间，按任意次序排列。

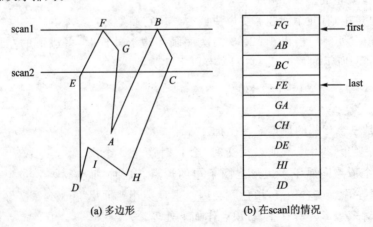

图 2.4.4　活性边表及其指针的表示

2) 在上述线性表上加入两个指针 first 和 last，即形成活性边表。这两个指针之间是与当前扫描线相交的边的集合和已经处理完(即扫描完)的边的集合。这两者的区分方法是在处理完的边上加上记号：$\Delta y=0$。在 last 指针以后的是尚未与当前扫描线相交的，在 first 指针以前的是已经处理完了的边。对于图 2.4.4 (a)中扫描线 scan1 的情况下，图 2.4.4 (b)中列出 first，last 的位置。如果扫描线由上而下移到了 scan2 的位置，则活性边表的 first 应指向 AB，last 应指向 CH。每根扫描线只需与位于 first，last 之间的，而且 $\Delta y$ 不为 0 的边求交即可。这就缩小了求交的范围。

3) 活性边表中每个元素的内容包括：
- 边的 max $y$ 值，记为 y_top；
- 与当前扫描线相交点的 $x$ 坐标值，记为 x_int；
- 边的 $y$ 方向当前总长。初始值为 $|y_2-y_1|$，记为 $\Delta y$；
- 边的斜率倒数：$\dfrac{x_2-x_1}{y_2-y_1}$，记为 x_change_per_scan。

4) 活性边在每根扫描线扫描之后刷新。刷新的内容有 2 项：
- 调整 first 和 last 指针字间的参加求交的边元素之值：$\Delta y=\Delta y-1$；x_int = x_int - x_change_per_scan；
- 调整 first 和 last 指针，以便让新边进入激活范围，处理完的边退出激活范围：当 first 所指边的 $\Delta y=0$ 时，first=first+1；当 last 所指的下一条边的 y_top 不小于下一扫描线的 $y$ 值时，last=last+1。

**2. 扫描线填色程序**

在图 2.4.5 所示出扫描线填色算法的程序中，主程序名为 fill_area(count，$x$，$y$)，其中参数 $x$，$y$ 是两个一维数组，存放多边形顶点(共 count 个)的 $x$ 和 $y$ 坐标。它调用 8 个子程序，彼此的调用关系如图 2.4.5 所示。

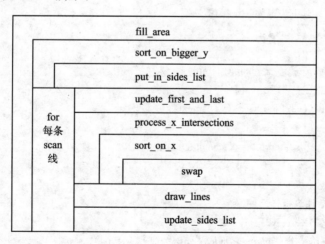

图 2.4.5　fill_area 的程序结构

各子程序的功能为：

typedef struct {

int y_top；

```c
    float x_int;
    int delta_y;
    float x_change_per_scan;
} EACH_ENTRY;
    EACH_ENTRY sides [MAX_POINT];
int x[MAX_POINT], y[MAX_POINT];
int side_count, first_s, last_s, scan, bottomscan, x_int_count, r;
fill_area(count, x, y)
int count, x[ ], y[ ];
{
sort_on_bigger_y(count);
first_s=1;
last_s=1;
for (scan=sides[1].y_top; scan>bottomscan ?; scan − −)
    {       update_first_and_last(count, scan);
            process_x_intersections(scan, first_s, last_s);
            draw_lines (scan, x_int_count, first_s);
            update_sides_list ( );
        }
}
void put_in_sides_list(entry, x1, y1, x2, y2, next_y)
int entry, x1, y1, x2, y2, next_y;
{int maxy;
float x2_temp, x_change_temp;
x_change_temp = (float) (x2−x1) / (float) (y2−y1);
x2_temp =x2; /* 以下为退缩一点操作. */
if ((y2>y1) && (y2<next_y)) {
            y2 − − ;
            x2_temp − = x_change_temp;
            }
else {      if ((y2<y1) && (y2>next_y)) {
                y2++;
                x2_temp+=x_change_temp;
                        }
        }
/* 以下为插入活性表操作. */
maxy = (y1 > y2)? y1: y2;
while (( entry >1) && (maxy > sides [entry −1].y_top))
                {
                    sides[entry]=sides [entry ?];
                    entry − −;
                }
sides[entry].y_top=maxy;
```

```
                sides[entry]. delta_y = abs(y2-y1)+1;
        if (y1>y2)
                        sides[entry]. x_int = x1;
        else{
                        sides[entry]. x_int=x2_temp;
                        sides[entry]. x_change_per_scan=x_change_temp;
            }
    }
    void sort_on_bigger_y(n)
    int n;
    {
    int k, x1, y1;
    side_count=0;
    y1=y[n];
    x1=x[n];
    bottomscan=y[n];
        for (k=1; k<n+1; k++)
           {
                if (y1 != y[k]) {
                            side_count ++;
                        put_in_sides_list(side_count, x1, y1, x[k], y[k]y[k+1]);
                           }
            else {
                            move ((short)x1, (short)y1);
                            line((short)x[k], (short)y1, status);
                    }
                if (y[k] <bottomscan) bottomscan=y[k];
                y1=y[k]; x1=x[k];
           }
    }
    void update_first_and_last(count, scan)
    int count, scan;
    {
    while((sides[last_s+1]. y_top>=scan) && (last_s <count)) last_s ++;
    while(sides[first_s]. delta_y == 0) first_s ++;
    }
        void swap(x, y)
    EACH_ENTRY x, y;
    {
    int i_temp;
    float f_temp;
    i_temp=x. y_top; x. y_top=y. y_top; y. y_top=i_temp;
    f_temp=x. x_int; x. x_int=y. x_int; y. x_int=f_temp;
```

```
i_temp=x. delta_y; x. delta=y. delta_y; y. delta_y=i_temp;
f_temp=x. x_change_per_scan; x. x_change_per_scan=y. x_change_per_scan;
 y. x_change_per_scan=f_temp;
change_per_scan=f_temp;
}
   void sort_on_x(entry, first_s)
int entry, first_s;
{
while((entry > first_s) && (sides[entry]. x_int < sides[entry-1]. x_int))
         {
                swap (sides[entry], sides[entry-1]);
                entry --;
         }
}
void process_x_intersections(scan, first_s, last_s)
int scan, first_s, last_s;
{
int k;
x_int_cout=0;
for(k=first_s; k<last_s+1; k++)
{
if(sides[k]. delta_y >0) {
                    x_int_count ++;
                    sort_on_x(k, first_s);
}
}
}
   void draw_lines(scan, x_int_count, index)
int scan, x_int_count, index;
{
int k, x, x1, x2;
for (k=1; k< (int) (x_int_count/2+1.5); k++)
{
         while(sides[index]. delta_y == 0) index ++;
         x1=(int)(sides[index]. x_int +0.5);
         index ++;
         while(sides[index]. delta_y == 0) index ++;
         x2 = (int) (sides [index]. x_int +0.5);
         move((short)x1, (short)scan);
         line((short)x2, (short)scan, status);
         index ++;
}
}
```

```
void update_sides_list( )
{
    int k;
    for (k=first_s; k<last_s +1; k++)
    {
        if(sides[k].delta_y >0)
        {
            sides[k].delta_y − −;
            sides[k].x_int − = sides[k].x_change_per_scan;
        }
    }
}
```

(1) sort_on_bigger_y 子程序的主要功能是按照输入的多边形,建立起活性边表。操作步骤是:对每条边加以判断,如非水平边则调用 put_in_side_list 子程序放入活性边中;如是水平边则直接画出。

(2) put_in_sides_list 子程序的主要功能是将一条边存入活性边表之内。操作步骤是:对该边判别是否左顶点或右顶点,如果是将入边之终点删去,按照 y_top 的大小在活性边表中找到该点的合适位置,在该边的位置中填入数据。

(3) update_first_and_last 子程序的主要功能是刷新活性边表的 first 和 last 两根指针的所指位置,以保证指针指出激活边的范围。

(4) process_x_intersections 子程序的主要功能是对活性边表中的激活边(即位于 first 和 last 之间的,并且 $\Delta y$ 不为 0 的边)按照 x_int 的大小排序。操作步骤是:从 first 到 last,对每一根 $\Delta y$ 不为 0 的边,调用 sort_on_x 子程序排入活性边表中的合适位置。

(5) sort_on_x 子程序主要功能是将一条边 sides[entry],在活性边表的 first 到 entry 之间按 x_int 的大小插入合适位置。操作步骤是:检查位于 entry 的边的 x_int 是否小于位置 entry−1 的边的 x_int,如是,调用 swap 子程序交换两条边的彼此位置。

(6) swap 子程序的主要功能是交换活性边表中两条相邻位置边的彼此位置。

(7) draw_lines 子程序的主要功能是在一条扫描线位于多边形内的部分,填上指定的色彩。操作步骤是:在活性边表的激活边范围内,依次取出 $\Delta y$ 不为 0 的两边的 x_int,作为两个端点$(x_1, scan),(x_2, scan)$,画一条水平线。

(8) update_sides_list 子程序的主要功能是刷新活性边表内激活边的值:$\Delta y = \Delta y − 1$,x_int = x_int − x_chang_per_scan。

## 2.4.3 种子填色算法

种子填色又称边界填色(Boundary Filling)。它的功能是:给出多边形光栅化后的边界位置及边界色代码 boundary,以及多边形之内的一点$(x, y)$位置,要求将颜色 color 填满多边形。

通常采用的填法有两种:四邻法(4−connected)和八邻法。四邻法是已知$(x, y)$(图 2.4.6(a)的黑色像素)是多边形内的一点,即种子,据此向上下左右四个方向测试(图 2.4.6(a)中打叉的像素)、填色、扩散。四邻法的缺点是有时不能通过狭窄区域,因而不能填满多边形。如图 2.4.6(b)所示,左下角方形中的种子(打点的像素)不能扩散到右上角的方形中,因为采用四邻法通不过中间的狭窄区域。八邻法是已知$(x, y)$(图 2.4.6 (c)中黑色的像素)为多边形内的一点,据此可向周围的八个方向(图 2.4.6(c)中打叉的像素)测试、填色、扩散。八邻法的缺点是有时要填出多边形的边界。如图 2.4.6(d)所示的边界,按八邻法就会将色彩涂出多边形。由于填不满往往比涂出更易于补救,因此四邻法比八邻法用的更普遍。

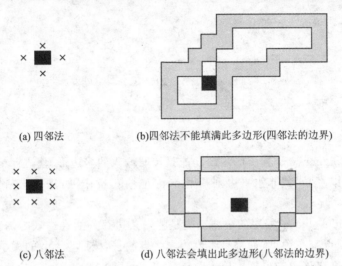

(a) 四邻法　　　　(b)四邻法不能填满此多边形(四邻法的边界)

(c) 八邻法　　　　(d) 八邻法会填出此多边形(八邻法的边界)

图 2.4.6　四邻法和八邻法种子

四邻法种子填色基本程序如下所列。这种程序书写简洁,但运行效率不高,因为包含有多余的判断。在它的基础上可以写出各种改进的算法。四邻法种子填色程序为:

```
void seed_filling (x, y, fill_color, boundary_color)
int x, y, fill_color, boundary_color;
{
int c;
c=inquire_color(x, y);
if((c<> boundary_color) && (c<> fill_color))
{
set_pixel(x, y, fill_color);
seed_filling(x+1, y, fill_color, boundary_color);
seed_filling(x-1, y, fill_color, boundary_color);
seed_filling(x, y+1, fill_color, boundary_color);
seed_filling(x, y-1, fill_color, boundary_color);
}
}
```

## 2.5　区域填充

在计算机图形学中,字符可以用不同的方式表达和生成。常用的方法有点阵式、矢量式和编码式。

## 2.5.1 点阵式字符

点阵式字符将字符表示为一个矩形点阵,由点阵中点的不同值表达字符的形状。常用的点阵大小有 $5\times7$、$7\times9$、$8\times8$、$16\times16$ 等。图 2.5.1(a)所示的字母"P"的点阵式表示例子。在这种 $8\times8$ 网格中的字型比较粗糙,但当点阵变大时,字型可以做得非常漂亮。

使用点阵式字符时,需将字库中的矩形点阵复制到 buffer 中指定的单元中去。在复制过程中,可以施加变换,以获得简单的变化。图 2.5.1(b)~(d)列出了 P 字母原型的一些变化例子。相应的变换算法是:

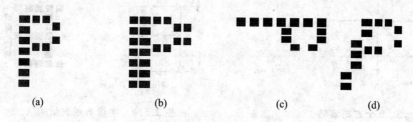

图 2.5.1　点阵式字符及其变化

图(b)变成粗体字。算法是:当字符原型中的每个像素被写入帧缓存寄存器的指定位置 $xi,yi$ 时,同时被写入 $xi+1,yi$。图(c)为旋转 $90°$。算法是:把字符原型中每个像素的 $x,y$ 坐标彼此交换,并使 $y$ 值改变符号后,再写入帧缓存寄存器的指定位置。图(d)斜体字。算法是:从底到顶逐行复制字符,每隔 $n$ 行,左移一单元。

此外,还可以对点阵式字符作比例缩放等其他一些简单的变换。但是对点阵式字符作任意角度的旋转等变换,是比较困难的操作。

由于光栅扫描显示器的普遍使用,点阵式字符表示已经成为一种字符表示的主要形式。从字库中读出原字型,经过变换复制到 buffer 中去的操作,经常制成专门的硬件来完成。这就大大加快了字符生成的速度。

## 2.5.2 矢量式字符

矢量式字符将字符表达为一个点坐标的序列,相邻两点表示一条矢量,字符的形状便由矢量序列刻画。图 2.5.2 示出用矢量式表示的字符"B"。"B"是由顶点序列$\{a,b,c,d,e,f,e,g,h,i,j,k,a,l\}$的坐标表达。

图 2.5.2　矢量式表示字符"B"

调用矢量式字符的过程相当于输出一个 polyline。由于矢量式字符具有和图形相一致的数据结构,因而可以接受任何对于图形的操作,如放大、旋转,甚至透视。而且,矢量式字符不仅用于显示,也可用于绘图机输出。

## 2.5.3 方向编码式字符

方向编码式字符用有限的若干种方向编码来表达一个字符,常用的如 8 个方向编码。图 2.5.3 示出 8 个方向的编码为 0~7,其中编码为偶数和 0 的固定长度为 1,编码为奇数的固定长度为 $\sqrt{2}$。一个字符可以表示为一连串方向码。图 2.5.4(a)示出字母"B"的方向矢量构成。这样，"B"就表示为 8 方向编码：{000012344400012344440666666}。方向编码式字符很容易被填入帧缓存寄存器中予以显示(图 2.5.4(b))，方向编码所占的空间比较小，它也能接受一些特定的变换操作，如按比例在 $x$ 和 $y$ 两个方向放大或缩小以及以 45°角为单位的旋转，但难以进行任意角度的旋转。

方向编码既可用于字符的显示，也可用于字符的绘图机输出。

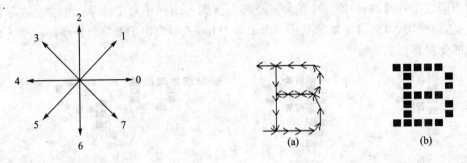

图 2.5.3　8 个方向编码　　　　　　　　图 2.5.4　字母 B 的矢量构成

## 2.5.4　轮廓字型技术

当对输出字符的要求较高时(如排版印刷)，需要使用高质量的点阵字符。对于 GB 2312—1980 所规定的 6 763 个基本汉字，假设每个汉字是 $72×72$ 点阵，那么一个字库就需要 $72×72×6\ 763/8=4.4$ MB 存储空间；不但如此，在实际使用时，还需要多种字体(如基本体、宋体、仿宋体、黑体、楷体等)，每种字体又需要多种字号。可见，直接使用点阵字符方法将耗费巨大的存储空间。因此把每种字体、字号的字符都存储一个对应的点阵，在一般情况下是不可行的。

解决这个问题一般采用压缩技术。对字型数据压缩后再存储，使用时，将压缩的数据还原为字符位图点阵。压缩方法有多种。最简单的有黑白段压缩法，这种方法简单，还原快，不失真，但压缩较差，使用起来也不方便，一般用于低级的文字处理系统中。另一种方法是部件压缩法。这种方法压缩比大，缺点是字型质量不能保证。三是轮廓字型法，这种方法压缩比大，且能保证字符质量，是当今国际上最流行的一种方法，基本上也被认为是符合工业标准化的方法。

轮廓字型法采用直线、或者二/三次 Bezier 曲线的集合来描述一个字符的轮廓线。轮廓线构成一个或若干个封闭的平面区域。轮廓线定义加上一些指示横宽、竖宽、基点、基线等的控制信息，就构成了字符的压缩数据。这种控制信息用于保证字符变倍时引起的字符笔画原来的横宽/竖宽变大变小时，其宽度在任何点阵情况下永远一致。采用适当的区域填充算法，可以从字符的轮廓线定义产生的字符位图点阵，区域填充算法可以用硬件实现，也可以用软件实现。

由美国 Apple 和 Microsoft 公司联合开发的 TrueType 字型技术就是一种轮廓字型技术，已被用于为 Windows 中文版生成汉字字库。当前占领电子印刷市场的主要是我国北大方正和华光电子印刷系统，用的字型技术是汉字字型轮廓矢量法。这种方法能够准确地把字符的信息描述下来，保证了还原的字符质量，又对字型数据进行了大量的压缩。调用字符时，可以任意地放大、缩小或进行花样变化，基本上能满足电子印刷中字型质量的要求。轮廓字型技术有着广泛的应用。到目前为止在印刷行业中使用最多，随着 MS-Windows 的大量使用，在 CAD，图形学等领域也将变得越来越重要。

## 2.6 图形的剪裁

本节中,我们讨论一个二维矩形区域的剪裁,这个矩形区域称为窗口。当窗口被确定之后,只有窗口内的物体才能显示出来。窗口之外的物体都是不可见的。因此,可以不参加标准化转换及随后的显示操作,从而节约处理时间。剪裁(clipping)是裁去窗口之外物体的一种操作。

### 2.6.1 直线的剪裁

直线和窗口的关系可以分为如下三类(见图 2.6.1):

图中 a 的整条直线在窗口之内。此时,不需剪裁,显示整条直线。

图中 b 的整条直线在窗口之外,此时,不需剪裁,不显示整条直线。

图中 c 的部分直线在窗口之内,部分在窗口之外。此时,需要求出直线与窗框之交点,并将窗口外的直线部分剪裁掉,显示窗口内的部分。

直线剪裁算法有两个主要步骤:首先将不需剪裁的直线挑出,并删去其中在窗外的直线。然后,对其余直线,逐条与窗框求交点,并将窗外部分删去。下面介绍的直线剪裁算法是由 Cohen 及 Sutherland 提出的。

Cohen - Sutherland 直线剪裁算法以区域编码为基础,将窗口及其周围的 8 个方向以 4 位的二进制数进行编码。4 个位分别代表窗外上、下、右、左空间的编码值。如左上区域编码为 1001,右上区域编码为 1010。窗内编码为 0000,如图 2.6.2 所示。

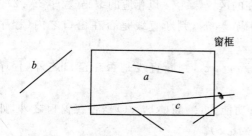

图 2.6.1  直线与窗口的关系图

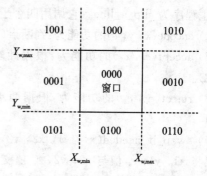

2.6.2  直线剪裁算法中的区域编码

图 2.6.2 所示的编码方法将窗口及其邻域分为 5 个区域:

内域　区域(0000);
上域　区域(1001,1000,1010);
下域　区域(0101,0100,0110);
左域　区域(1001,0001,0101);
右域　区域(1010,0010,0110)。

这就带来两个优点:

(1) 容易将不需剪裁的直线挑出。规则是:如果一条直线的两端在同一区域,则该直线不需剪裁,否则,该直线为可能剪裁直线。

(2) 对可能剪裁的直线缩小了与之求交的边框范围。规则是:如果直线的一个端点在上(下、左、右)域,则此直线与上边框求交,然后删去上边框以上的部分。该规则对直线的另一端点也适用。这样,一条直线至多只需与两条边框求交。

因此,Cohen-Sutherland 的区域编码剪裁算法是一个简明高速的直线剪裁算法。算法的主要思想是依次对每条直线 $P_1P_2$ 作如下处理:

1) 对直线两端点 $P_1$,$P_2$ 按各自所在的区域编码。$P_1$ 和 $P_2$ 的编码分别记为:

$$C_1(P_1) = \{a_1, b_1, c_1, d_1\} \qquad C_2(P_2) = \{a_2, b_2, c_2, d_2\}$$

其中 $a_i$,$b_i$,$c_i$,$d_i$ 取值域为$\{1, 0\}$,$i = \{1, 2\}$。

2) 如果 $a_i = b_i = c_i = d_i = 0$,则显示整条直线,取出下一条直线,返1);否则如果 $[(a_1 \cap a_2) \cup (b_1 \cap b_2) \cup (c_1 \cap c_2) \cup (d_1 \cap d_2) = 1]$,则取出下一条直线,返1)。

3) 如果 $a_1 \cup a_2 = 1$,则求直线与窗左边($x = Xw,\min$)之交点,并删去交点以左部分;如果 $b_1 \cup b_2 = 1$,则求直线与窗右边($x = Xw,\max$)之交点,并删去交点以右部分;如果 $c_1 \cup c_2 = 1$,则求直线与窗下边($y = Yw,\min$)之交点,并删去交点以下部分;如果($d_1 \cup d_2 = 1$),则求直线与窗上边($y = Yw,\max$)之交点,并删去交点以上部分。

4) 返1)。

上述算法思想由程序 2.6.1 实现。其中参数与变量的含义为:

x1, y1, x2, y2:输入直线两端坐标;

code1, code2:两端点的编码,各四位;

done:是否剪裁完毕的标志,True:剪裁完;

display:是否需显示的标志,True:显示直线 x1, y1, x2, y2;

m:直线之斜率。

主程序为 clip_a_line。它调用四个子程序,功能分别为:

1) encode(x, y, $c$)的功能为:判断点(x, y)所在的区域,赋予 $c$ 以相应的编码(程序 2.6.2)。

2) accept($c_1$, $c_2$)的功能为:根据两端点的编码 $c_1$,$c_2$,判断直线是否在窗口之内(程序 2.6.3)。

3) reject($c_1$, $c_2$)的功能为:根据两端点的编码 $c_1$,$c_2$,判断直线是否在窗口之外(程序 2.6.4)。

4) swap_if_needed(x1, y1, x2, y2, $c_1$, $c_2$);功能为:判断(x1, y1)是否在窗口之外,如否,则将 x1, y1, $c_1$ 值与 x2, y2, $c_2$ 值交换(程序 2.6.5)。

```
clip_a_line(x1, y1, x2, y2, xw_min, xw_max, yw_min, yw_max)
int x1, x2, y1, y2; xw_min, xw_max, yw_min, yw_max;
{
int i, code1[4], code2[4], done, display;
float m;
int x11, x22, y11, y22, mark;
done = 0;
display = 0;
while(done = = 0)
    {
        x11=x1; x22=x2; y11=y1; y22=y2;
        encode(x1, y1, code1, xw_min, xw_max, yw_min, yw_max);
        encode(x2, y2, code2, xw_min, xw_max, yw_min, yw_max);
```

```
                if(accept(code1, code2))
                        {
                                done=1;
                                display=1;
                                break;
                        }
        else
                if(reject(code1, code2))
                        {
                                done=1;
                                break;
                        }
        mark=swap_if_needed(code1, code2);
        if(mark==1)
                        {
                                x1=x22;
                                x2=x11;
                                y1=y22;
                                y2=y11;
                        }
        if(x2==x1) m=-1;
        else
                                m=(float)(y2-y1) / (float) (x2-x1);
        if(code1[2])
                        {
                                x1+=(yw_min-y1) /m;
                                y1=yw_min;
                        }
        else if (code1[3])
                {
                        x1 -=(y1-yw_max) /m;
                        y1=yw_max;
                }
                else if (code1[0])
                                {
                                        y1 -=(x1-xw_min) · m;
                x1 = xw_min;
                                else if (code[1])
                                        {
                                                y1+=(xw_max-x1) · m;
                                                x1=xw_max;
                                        }
```

```
        }
if(display = =1) line (x1, y1, x2, y2);
}
```

程序 2.6.1

```
   encode (x, y, code, xw_min, xw_max, yw_min, yw_max)
int x, y, code[4], xw_min, xw_max, yw_min, yw_max;
{
int i;
for (i=0; i<4; i++) code[i]=0;
if (x<xw_min) code[0]=1;
else if (x>xw_max) code[1]=1;
if(y>yw_max)code[3]=1;
else if (y<yw_min) code[2]=1;
}
```

程序 2.6.2

```
accept(code1, code2)
int code1[4], code2[4];
{
int i, flag;
   flag=1;
for(i=0; i<4; i++)
{
if((code1[i]= = 1) || (code2[i] = = 1))
{
    flag=0;
    break;
}
}
return(flag);
}
```

程序 2.6.3

```
   reject(code1, code2)
int code1[4], code2 [4];
{
int i, flag;
   flag=0;
for(i=0; i<4; i++)
{
if((code1[i] = =1) && (code2 [i])= =1))
{
```

```
            flag=1;
            break;
            }
        }
    return(flag);
    }
```

程序 2.6.4

```
    swap_if_needed(code1, code2)
int code1[4], code2[4];
{
int i, flag1, flag2, tmp;
flag1=1;
for(i=0; i<4; i++)
            if(code1[i] = = 1)
                {
                    flag1=0;
                    break;
                }
        flag2=1;
        for(i=0; i<4; i++)
            if (code2[i]= = 1)
                {
                    flag2=0;
                    break;
                }
            if ((flag1= =0)&&(flag2= = 0))return(0);
            if ((flag1= =1)&&(flag2= =0))
                {
                    for(i=0; i<4; i++)
                        {
                            tmp=code1[i];
                            code1[i]=code2[i];
                            code2[i]=tmp;
                        }
rtrurn(1);
}
return(0);
}
```

程序 2.6.5

## 2.6.2 多边形的剪裁

多边形的剪裁比直线剪裁复杂。如果套用直线剪裁算法对多边形的边作剪裁的话，剪裁后的多边形之边就会成为一组彼此不连贯的折线,从而给填色带来困难(图 2.6.3(b))。多边形剪裁算法的关键在于:通过剪裁,不仅要保持窗口内多边形的边界部分,而且要将窗框的有关部分按一定次序插入多边形之保留边界之间,从而使剪裁后的多边形之边仍旧保持封闭状态,填色算法得以正确实现(见图 2.6.3(c))。

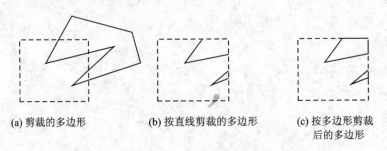

(a) 剪裁的多边形　　　(b) 按直线剪裁的多边形　　　(c) 按多边形剪裁后的多边形

图 2.6.3　多边形剪裁

下面介绍的多边形剪裁算法是 Sutherland 和 Hodgman 提出的,它的基本思想是:

(1) 令多边形的顶点按边线顺时针走向排序:$P_1$, $P_2$, $\cdots$, $P_n$,如图 2.6.4(a)所示。各边先与上窗边求交。求交后删去多边形在窗之上的部分,并插入上窗边及其延长线的交点之间的部分(图 2.6.4(b)中的(3,4)),从而形成一个新的多边形。然后,新的多边形按相同方法与右窗边相剪裁。如此重复,直至与各窗边都剪裁完毕。图 2.6.4(c)、(d)、(e)示出上述操作后所生成的新多边形的情况。

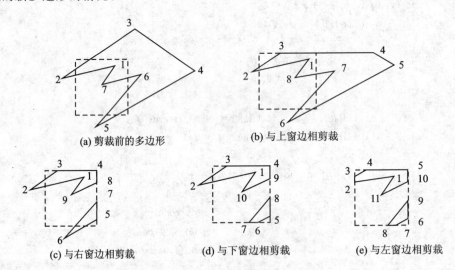

(a) 剪裁前的多边形　　　　　(b) 与上窗边相剪裁

(c) 与右窗边相剪裁　　(d) 与下窗边相剪裁　　(e) 与左窗边相剪裁

图 2.6.4　多边形剪裁的步骤

(2) 多边形与每一条窗边相交,即生成新的多边形顶点序列的过程,是一个对多边形各顶点依次处理的过程。设当前处理的顶点为 $P$,先前顶点为 $S$,多边形各顶点的处理规则如下:

如果 $S$, $P$ 均在窗边之内侧,那么,将 $P$ 保存。

如果 $S$ 在窗边内侧,$P$ 在外侧,那么,求出 $SP$ 边与窗边的交点 $I$,保存 $I$,舍去 $P$。

如果 $S$, $P$ 均在窗边之外侧,那么,舍去 $P$。

如果 $S$ 在窗边之外侧,$P$ 在内侧,那么,求出 $SP$ 边与窗边的交点 $I$,依次保存 $I$ 和 $P$。

上述四种情况在图 2.6.5(a)、(b)、(c)、(d)中分别示出。基于这四种情况,可以归纳对当

前点 $P$ 的处理方法为:

(1) $P$ 在窗边内侧,则保存 $P$;否则不保存。

(2) $P$ 和 $S$ 在窗边非同侧,则求交点 $I$,并将 $I$ 保存,并插入 $P$ 之前,或 $S$ 之后。

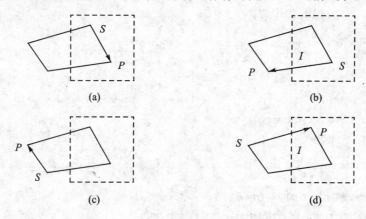

**图 2.6.5 多边形的新顶点序列的生成规则**

程序 2.6.6 执行上述算法思想。它的主程序 clip_polygon 含有输入参数: $x$, $y$ 是两个长为 $n$ 的数组,存放多边形顶点坐标;$Xw,max, Xw,min, Yw,max, Yw,min$ 是窗口的边界。

输出参数:一个剪裁后的多边形,顶点仍放在 $x$, $y$ 数组之中,长度为修改了的 $n$。

clip-polygon 调用两个子程序:

(1) clip_single_edge(edge, type, n_in, y_in, n_out, x_out, y_out)功能为将多边形与一条窗边 edge 相剪裁。其中输入参数为:

edge  窗边的值,可以是 $Xw,max, Yw,max, Xw,min, Yw,min$ 四种值中的一种;

type  窗边的类型,可以是 right, left, top, bottom 四种值中的一种;

xin, yin, nin  输入多边形顶点坐标及个数。

输出参数为:xout, yout, nout,是输出多边形的新顶点序列坐标及个数。

(2) test_intersection(edge, type, x1, y1, x2, y2, xout, yout, yes, is_in) 功能与参数含义是:

1) 判断当前点 $(x2, y2)$ 是否在所剪裁的窗边 edge 之内侧,如是,is_in 为 True;否则,is_in 为 False。

2) 判断 $(x2, y2)$ 与先前点 $(x1, y1)$ 是否分在 edge 之异侧,如是,yes 为 True;否则,yes 为 False。

3) 如果 yes=True,求出边 $(x1,y1)(x2,y2)$ 与 edge 之交点坐标,存入 xout, yout。

该程序的输出参数为 is_in, yes 和 x_out, y_out。

```
clip_polygon (Xwmax, Xwmin, Ywmax, Ywmin, n, x, y)
int Xwmax, Xwmin, Ywmax, Ywmin, n, * x, * y;
{
int * x1, * y1, n1;
/* 定义 right=1, bottom=2, left=3, top=4. */
clip_single_edge(Xwmax, right, n, x, y, &n1, &x1, &y1);
clip_single_edge(Ywmin, bottom, n1, x1, y1, &n, &x, &y);
```

```
clip_single_edge(Xwmin, left, n, x, y, &n1, &x1, &y1);
clip_single_edge(Ywmax, top, n1, x1, y1, &n, &x, &y);
}
```

### 程序 2.6.6  多边形剪裁主程序

```
clip_single_edge(edge, type, nin, xin, yin, nout, xout, yout)
int edge, type, nin, *xin, *yin, *nout, *xout, *yout;
{
int i, k, yes, is_in;
int x, y, x_intersect, y_intersect;
x=xin[nin]; y=yin[nin];
k=0;
    for(i=0; i<nin; i++){
        test_intersect(edge, type, x, y, xin[i], yin[i],
        &x_intersect, &y_intersect, &yes, &is_in);
/* yes 表示两点是否在 edge 之异侧;is_in 表示 xin[i], yin[i]
   是否在 edge 之内侧. */
    if (yes) {
        xout[k]=x_intersect;
        yout[k]=y_intersect;
        k++;
        }
    if(is_in) {
        xout[k]=xin[i];
        yout[k]=yin[i];
        k++;
        }
    x=xin[i];
    y=yin[i];
    }
}
```

### 程序 2.6.7  对多边形一条边的剪裁算法

```
    test_intersect(edge, type, x1, y1, x2, y2, xout, yout, yes, is_in)
int edge, type, x1, y1, x2, y2; *xout, *yout, *yes, *is_in;
{
float m;
is_in=yes=0;
m=(y2-y1)/(x2-x1);
switch(type)
{
case right :
        if (x2<edge) {
```

```
                        is_in=1;
                        if(x1>edge)yes=1;
                    }
                else if (x1<=edge)yes=1;
                break;
        case bottom:
                if(y2>=edge) {
                        is_in=1;
                        if(y1<edge)yes=1;
                    }
                else if (y1>=edge) yes=1;
                break;
        case left:
                if (x2>=edge) {
                        is_in=1;
                        if(x1<edge)yes=1;
                    }
                else if (x1>=edge)yes=1;
                break;
        case top :
                if(y2<=edge) {
                        is_in=1;
                        if(y1>edge)yes=1;
                    }
                else if (y1<=edge)yes=1;break;
        default : break;
    }
    if(yes){if((type==right) || (type==left)) {
                xout = edge; yout=y1+m·(xout-x1);
            }
    else {
                yout=edge; xout=x1+(yout-y1)/m;
        }
}
}
```

程序 2.6.8 test_intersect 程序

## 2.6.3 字符串的剪裁

字符串剪裁有以下三种可选择的方法。

**1. 字符串的有或无剪裁**

字符串的有或无剪裁效果如图 2.6.6 所示。其算法思想是：根据字符串所含字符的个数，及字符的大小、间隔、轨迹，求出字符串的外包盒(box)。以外包盒的边界极值与窗边极值比较而决定该字串的去留。

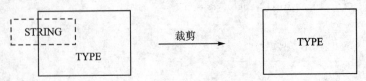

图 2.6.6　字符串的有或无剪裁

## 2. 字符的有或无剪裁(all-or-none-character)

字符的有或无剪裁效果如图 2.6.7 所示。其算法思想是：
(1) 先以字符串 box 与窗边比较而决定字符串的全删、全留或部分留；
(2) 对部分留的字符串中，逐个测量字符的 box 与窗边关系而决定该字符的去留。

图 2.6.7　字符的有或无剪裁

## 3. 字符的精密剪裁

字符的精密剪裁效果的算法思想是：
(1) 用字符串 box 与窗边相比较，决定字符串的全删、全留或部分删；
(2) 对部分留的字符串中，逐个测量字符的 box 与窗边的关系，决定字符的全删、全留或部分留；
(3) 对部分留的字符的每一笔画，用直线剪裁法对窗边进行剪裁。

# 习　题

1. 在图形设备上如何输出一个点？为输出一条任意斜率的直线，一般受到哪些因素影响？
2. 为什么说直线生成算法是二维图形生成技术的基础？
3. DDA 法生成直线的基本原理是什么？请画出用硬件实现对称 DDA 法的原理图。
4. 对于 Bresenham 直线生成算法，如何利用对称性并通过判别误差变量，同时从直线两端向直线中心画直线？又如何消除可能产生的误差？
5. 试对常用的 3 种直线生成算法的复杂性进行比较。
6. 实现直线的线宽为什么要考虑直线的斜率？不同斜率的粗线在连接处会出现怎样的情况？如何进行特殊处理？
7. 试讨论一下如何提高角度 DDA 法圆弧生成算法的效率。
8. 为什么说 Bresenham 画圆的算法效率较高？
9. 给定 3 个型值点或 3 个控制点生成的抛物线是同一条吗？为什么？
10. 用参数方程描述自由曲线具有什么优点？为什么通常都用三次参数方程来表示自由曲线？
11. 请证明用抛物线参数样条曲线拟合的自由曲线，在 $P_2 \sim P_{N-1}$ 各已知点的左、右侧能达到一阶导数连续。
12. 请给出 Hermite 形式曲线的曲线段 $i$ 与曲线段 $i-1$ 及曲线段 $i+1$ 实现 $C^{(1)}$ 连续的条件。
13. 什么是样条曲线？三次参数样条曲线在公共端点处满足 $C^{(2)}$ 连续的条件是什么？
14. 简述三次参数样条曲线常用的 3 种边界条件及其含义。

15. 当用三次参数样条曲线拟合型值点间的间隔极不均匀的自由曲线时,如何选择参数值来改善曲线的形状。
16. Bezier 形式曲线具有哪些特性? 试用 $n$ 的归纳法证明其凸包性。
17. 在由 B 样条曲线上的 $n$ 个型值点坐标反算其特征多边形的控制点列时,若曲线为封闭,请写出其边界条件及所求关系式。
18. 定义矢量字符一般需要哪几步? 为节省存储空间,通常多采用哪些措施来存储字符?
19. 显示一串字符都要进行哪些坐标计算?
20. 请用图说明,一个四连通区域的边界是八连通的,而一个八连通区域的边界则是四连通的。
21. 简述扫描线种子填充算法的算法思想及流程。已知一区域边界顶点如下所述:(1,1),(4,1),(4,3),(9,3),(9,1),(11,1),(11,6),(8,9),(1,9)及(1,1)。内部孔边界顶点为:(4,4),(9,4),(9,5),(7,7),(4,7)及(4,4)。种子 $S$ 为(5,7)。请用扫描线种子填充算法对其进行填充,写出每一条扫描线对应堆栈中的内容。
22. 请列出扫描线算法实现多边形区域填充所需的程序模块及主要功能。
23. 已知多边形各顶点坐标为:(2,2),(2,4),(8,6),(12,2),(8,1),(6,2)及(2,2)。在用扫描线算法对其实现扫描转换时,请写出 ET 及全部 AET 的内容。
24. 对(YX)及 $Y$-$X$ 填充算法作比较,并指出各自的优、缺点。
25. 区域填充都有哪些属性?
26. 习题图 2.1(a)所示的是黑、白相间的图案,习题图 2.1(b)为一封闭的三角形区域。用该图案填充三角形内部的区域。

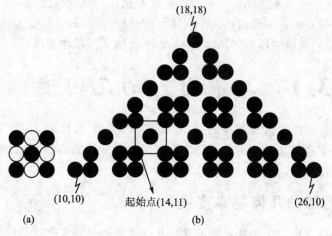

图 2.1 习题 26 的填充三角形区域

# 第 3 章 图形变换

建立了显示输入图形基元和它们的属性,有了相应的程序过程,就可以生成各种图形和图景模式。除此之外,在当前许多应用环境中,还需要改变或者处理显示图形,有时需要减少显示物体或者图形的尺寸,而把它们放在一个较大的显示区中,也可以重新安排图案各部分的位置和大小,来测试设计图案的各种现象,在动画设计中,又需要让显示物体在显示器上进行连续的运动。这些各种各样的处理方法,可以通过对显示物体中的各个坐标点加以适当的变换来完成。

从应用角度讲,图形变换可以分为两种:几何变换(geometrical transformation)和视像变换(viewing transformation)。几何变换是在坐标系不变的情况下,由形体的几何位置或者比例改变而引起的变换,例如图形的放缩、移动、旋转、变形等。几何变换是最通常的变换,也是图形变换的基础;视像变换也称为观察变换或取景变换,是将形体从原坐标系变换到便于观察的另一坐标系,是两个坐标系之间的变换。两种变换仅在对问题的提出和处理的角度不同,两者的数学基础和实际效果是一致的。这个问题可以这样理解,即几何变换是坐标系不动;形体相对坐标系在变化;而视像变换是形体本身不动,所处的坐标系在变换。

## 3.1 二维图形的几何变换

二维图形的几何变换包括最基本的变换,如平移、变比、旋转等,以及这些变换的组合变换。它们都是图形变换的基础。我们首先讨论实现这些变换的方法,然后考虑如何把这些变换功能引入图形软件中去。

### 3.1.1 二维图形的几何基本变换

被显示的物体本身由一组坐标点所定义。几何变换的过程实际就是针对这些点计算新的坐标位置的过程,可以按需要对物体进行指定大小和方向的变化。二维基本变换包括了三种变换,即平移、变比和旋转。这些变换采用的数学基础是线性方程组和矩阵,考虑到通用性,对二维图形变换采用 $3 \times 3$ 的矩阵。

**1. 平移变换(translation)**

平移是物体从一个位置到另一个位置的直线运动。把一个点从坐标位置 $(x,y)$ 平移到新的位置 $(x',y')$,只需在原坐标值加上一个平移距离,即 $d_x$ 和 $d_y$,那么

$$\left. \begin{array}{l} x' = x + d_x \\ y' = y + d_y \end{array} \right\} \quad (3-1-1)$$

式中,平移距离对 $(d_x, d_y)$ 也称之为平移矢量或者移动矢量。

要把一个多边形进行平移,需要对这个形体的每条线的端点坐标都加上一个指定的平移距离,如图 3.1.1 所示。图 3.1.1 中展示了一个多边形向一个新的位置平移的情况。其平移

距离由平移矢量(-20,50)所决定。由曲线给定的形体的平移需要改变形体的定义坐标,比如,要改变一个圆或者椭圆的位置,只需要平移它们的中心坐标,而在新的位置上重新绘制该图形即可。平移距离可以用任意实数给定,比如,正数、负数或者零都可以。如果一个形体的平移超过了设备坐标的显示限制,系统将送回出错信息,并把超过显示限制区的图形部分剪裁掉。也有在这种情况下显示出一个失真的畸变了的图形。如果一个图形系统不具有处理超限坐标的能力,图形将畸变或失真,因为坐标值超过了存储区位置而产生溢出,同时产生一种被称为卷绕(wrap around)的现象,即在一个方向上超出坐标限界的点将在显示设备的屏幕另一边显示出来,如图 3.1.2 所示。

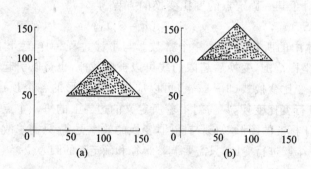

图 3.1.1 形体位置(a)平移到位置(b)

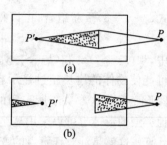

图 3.1.2 多边形的卷绕效应
超出的顶点卷绕至上部,
形成失真显示

### 2. 变比变换(scaling)

改变一个物体的大小的变换称为变比,也称为比例变换或者比例缩放。对一个多边形实施这种操作是把多边形的每一个边界顶点的坐标值$(x,y)$都乘上变比因子$S_x$和$S_y$。产生变换以后的坐标值为$(x',y')$,即

$$x' = x \cdot S_x, \qquad y' = y \cdot S_y \qquad (3-1-2)$$

式(3-1-2)中,变比因子$S_x$对形体在$x$方向上进行比例变化;$S_y$对形体在$y$方向上进行比例变化。变比因子$S_x$,$S_y$的值可以是任意正数。这两个值小于 1 时,形体尺寸减小;大于 1 时,形体被放大;当$S_x$,$S_y$的值都为 1 时,形体保持不变。如果$S_x$和$S_y$的数值相等,则产生均匀变比(uniform scaling),即变比形成的形体保持相对的比例关系。在实际应用中,很多时候都利用$S_x$和$S_y$的值不相等的情况。这样就可以从几个最基本的图形形状经过变比变换来进行修改,从而构造成另一些图形。图 3.1.3 中采用变比因子$S_x=2$,$S_y=1$,经变比将正方形变成了矩形。

如果利用式(3-1-2)重新绘制图形形体,图形中的每一条线的长度都按照$S_x$和$S_y$的值进行比例伸缩。此外,每一个顶点到坐标系统的原点的距离也进行了比例伸缩。如果是放大的形体,则可能移动到远离原点的位置。

如果不是针对原点,而是针对另外一个固定参考点,可以控制一个被变比的形体的位置,且这个点在变比变换后也保持不变。该点的坐标$(x_F,y_F)$可以选图形的一个顶点,或者一个形体的中心,也可以是另一位置点,如图 3.1.4 所示。多边形相对于固定点进行变比,每个顶点都相对这个固定点按比例伸缩一个距离,对于坐标为$(x,y)$的顶点,变比后的坐标$(x',y')$可以按下式计算

$$x' = x_F + (x - x_F)S_x, \qquad y' = y_F + (y - y_F)S_y \qquad (3-1-3)$$

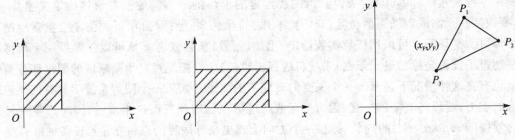

图 3.1.3 变比实例　　　　　　　　图 3.1.4 对任意点的变化

对式(3-1-3)重新组合,可以得到相对于某一固定点的变比变换的方程为

$$x' = x \cdot S_x + (1-S_x)x_F, \qquad y' = y \cdot S_y + (1-S_y)y_F \qquad (3-1-4)$$

式中,项$(1-S_x)x_F$和$(1-S_y)y_F$对形体中的所有点都是一个常数。与平移过程一样,变比操作可能使物体的增长超过显示容许的坐标范围,变换后超限的线可以被剪裁掉,也可以引起某种图形变形。这取决于所采用的系统,变比变换式(3-1-4)可以应用于多边形的各个顶点。其他类型的形体也可以采用这组方程进行变比变换,只需对沿着所定义的边界上的每一个点进行计算。这就是针对任意点的变换,对于标准的图形,如圆与椭圆,变换的效率更高,只需修改所定义方程中的距离参数即可,比如,对一个圆进行变比,只需要调整半径和确定新的圆心位置。

### 3. 旋转变换(rotation)

形体的各点沿着圆形路径进行的变换称之为旋转。可以用旋转角来指定这种类型的变换,它对多边形的每一个顶点都确定了一旋转量值。图 3.1.5 展示了一个点从位置$(x,y)$到位置$(x',y')$的位移,由相对于坐标原点的一个确定的旋转角$\theta$来确定。在图 3.1.5 中,角$\varphi$是该点与水平轴的初始夹角。这个点的旋转变换的方程就可以通过直角三角形的边与夹角的关系推出,可以写成

$$\left.\begin{array}{l} x' = r\cos(\varphi+\theta) = r\cos\varphi\cos\theta - r\sin\varphi\sin\theta \\ y' = r\sin(\varphi+\theta) = r\sin\varphi\cos\theta + r\cos\varphi\sin\theta \end{array}\right\} \qquad (3-1-5)$$

式中,$r$是该点与原点间的距离,由于

$$x = r\cos\varphi, \quad y = r\sin\varphi \qquad (3-1-6)$$

所以,式(3-1-5)又可简化成

$$\left.\begin{array}{l} x' = x\cos\theta - y\sin\theta \\ y' = y\cos\theta + x\sin\theta \end{array}\right\} \qquad (3-1-7)$$

式中,$\theta$取正值表示按逆时针方向旋转;$\theta$取负值表示按顺时针方向旋转。

同样,形体也可以绕任意点旋转,只需对式(3-1-7)进行修改,将坐标点$(x_r,y_r)$选作旋转参考点(或者称之为旋转中心——轴心(pivot)),相对于任意旋转点的旋转过程如图 3.1.6 所示,旋转坐标的变换方程可以从图中按三角变换关系得出

$$\left.\begin{array}{l} x' = x_r + (x-x_r)\cos\theta - (y-y_r)\sin\theta \\ y' = y_r + (y-y_r)\cos\theta + (x-x_r)\sin\theta \end{array}\right\} \qquad (3-1-8)$$

旋转变换的参考点可以设置在形体的边界内部或者外部的任意位置,如果参考点位于形体边界内部,结果是该形体绕这个内部点而旋转;如果参考轴心在边界外部,形体上所有的点都相对于这个轴心沿着一条圆形路径旋转显示。

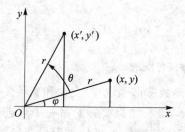
图 3.1.5 相对原点旋转

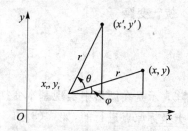
图 3.1.6 相对任意点旋转

由于旋转对形体上的每一个点都必须进行三角函数等运算,所以,运算所需时间就可能变得相当长。这种情况对那些需要进行大量坐标点变换或者许多重复旋转变换的应用来说,无疑是一个特别重要的问题。另外,对于动画图形以及多媒体应用,可能需要很小的旋转角度,所以,可以在旋转计算的效率上进行某些改进。比如,当旋转角非常小的时候(如小于 $10°$),三角函数可以用一个近似值来替换,对于小的角度,$\cos\theta$ 近似于 1,而 $\sin\theta$ 的值则非常接近于以弧度值表示的 $\theta$ 值。由这样的近似而引起的误差将随着旋转角度的减小而减小。此外,旋转的正方向被定为逆时针方向。如果要顺时针旋转,则可以用负角替换正角,再按三角替换公式变化形成变换矩阵。

## 3.1.2 二维图形几何变换的表示

利用基本变换的各种组合,可以用于多种应用环境。由一组形体定义建立的图形,需要对每一种形体进行变化、旋转和平移,以便把它们放置并标定在适当的图形位置。这一系列的变换可以逐次执行。首先,对定义形体的坐标进行变比,接着将变比后的坐标进行旋转,最后再把旋转得到的坐标平移到所需位置。然而,可以采用一种更为有效的计算最终坐标的方法。这就是采用矩阵方法直接从初始坐标计算得到最终坐标。把每一步的基本变换都用矩阵形式来表示,可以采用一种通用矩阵形式来表示变换方程,即首先把一个点用齐次坐标(homogeneous coordinates)来表示。也就是说,把一个二维的坐标位置点 $(x,y)$ 表示成一个三维的坐标点,即 $(x_h, y_h, W)$,这里

$$x_h = x \cdot W, \qquad y_h = y \cdot W \qquad (3-1-9)$$

式中,参数 $W$ 是一个非零值。它取决于所要表示的变换类型。对上一节所讨论的二维基本变换,设 $W=1$,这样,每一个二维坐标位置就都对应了一个齐次坐标形式 $[x \quad y \quad 1]$。

除此之外,$W$ 的其他取值,对于某些三维观察变换来说是非常有用的。详细讨论请见后续章节。采用齐次坐标来表示坐标位置,基本变换方程可以表示成矩阵的乘法运算。变换矩阵也可表示成一个 $3\times 3$ 的矩阵。这样,针对原点的平移、变比和旋转变换就可以用矩阵形式写成

(1) 平移变换

$$[x' \quad y' \quad 1] = [x \quad y \quad 1] \begin{bmatrix} 1 & 0 & 0 \\ 0 & 1 & 0 \\ d_x & d_y & 1 \end{bmatrix} \qquad (3-1-10)$$

(2) 变比变换

$$[x' \quad y' \quad 1] = [x \quad y \quad 1] \begin{bmatrix} S_x & 0 & 0 \\ 0 & S_y & 0 \\ 0 & 0 & 1 \end{bmatrix} \qquad (3-1-11)$$

(3) 旋转变换

$$[x' \quad y' \quad 1] = [x \quad y \quad 1] \begin{bmatrix} \cos\theta & \sin\theta & 0 \\ -\sin\theta & \cos\theta & 0 \\ 0 & 0 & 1 \end{bmatrix} \quad (3-1-12)$$

矩阵表示是在图形中实现基本变换的标准方法,在多数图形系统中,变比和旋转变换都总是相对于坐标原点进行的,如式(3-1-11)和式(3-1-12)。如果要针对另一个点进行旋转和变比变换,需要按一系列变换进行处理。对变比来说,需按照定点坐标来形成变换矩阵;对旋转来说,需按照轴心坐标来形成变换矩阵。当然,这些变换也可以用组合变换实现。

我们知道,采用 $2\times 2$ 矩阵就可以进行二维图形变换,但不能进行平移变换,所以,为描述二维变换的各种情况,可以采用 $3\times 3$ 的矩阵,并考虑一个通用的变换方程,包括了平移、变比、旋转等任意变换。这个通用矩阵可以表示为

$$[x' \quad y' \quad 1] = [x \quad y \quad 1] \begin{bmatrix} A & D & 0 \\ B & E & 0 \\ C & F & 1 \end{bmatrix} \quad (3-1-13)$$

用于计算变换后,坐标的显式方程为

$$x' = Ax + By + C, \qquad y' = Dx + Ey + F \quad (3-1-14)$$

可见,对形体上的每个坐标点,上述计算都要进行四次乘法和四次加法,只要所有单个矩阵已经构成了级联,这就是对于任何变换序列决定一对坐标值所需要的最大的计算数。如果没有级联,而采用单个矩阵变换,每一次都将经过上述计算,计算量将大大增加。因此,要有效实现变换,应对变换矩阵进行公式化,组合任意变换序列,并且按式(3-1-14)计算变换后的各个坐标。采用上述通用变换矩阵,可针对二维图形基本变换中任何一种变换。这里,采用了齐次坐标的概念,从而把平移包含进矩阵运算,利用三维坐标来研究二维坐标。一般来说,从 $n+1$ 维坐标来研究 $n$ 维坐标点的这种齐次坐标法,对问题的处理带来了极大的方便。从式(3-1-13)中可知,式(3-1-15)表示的矩阵是标准化的齐次坐标形式,参数 $A,B,C,D,E,F$ 的含义和作用,在前述变换章节中都有具体叙述。那么,矩阵中第三列三个元素的作用如何,则可以从式(3-1-16)中看出。

$$\begin{bmatrix} A & D & 0 \\ B & E & 0 \\ C & F & 1 \end{bmatrix} \quad (3-1-15)$$

$$\begin{bmatrix} A & D & P \\ B & E & Q \\ C & F & S \end{bmatrix} \quad (3-1-16)$$

如果设 $A=E=1, B=C=D=F=0$,变换式可写为

$$[x' \quad y' \quad H] = [x \quad y \quad 1] \begin{bmatrix} 1 & 0 & P \\ 0 & 1 & Q \\ 0 & 0 & S \end{bmatrix} \quad (3-1-17)$$

式中,坐标中引入了实数 $H$,得到

$$x' = x, \qquad y' = y, \qquad H = Px + Qy + S \quad (3-1-18)$$

很明显,这种变换对 $x$ 和 $y$ 值无影响,仅仅是对 $z$ 坐标(这里是 $H$)产生了变化。由于方程

$H=Px+Qy+S$ 是空间的一般平面方程,变换后的点刚好在此平面上。如果把 $H$ 认为是 $z$ 轴,参数 $P$、$Q$ 的作用则形成了图形的透视变换。关于透视变换的细节请参考后面内容。

### 3.1.3 错切变换

错切变换产生一种形体变形,表现为扭曲、拉伸,即错切现象;它好像一个物体具有若干可展开的展次而彼此之间进行了错移,所以,也叫错移变换。两个最常见的错切变换是 $x$ 方向上的错切和 $y$ 方向上的错切。前者可以用变矩阵式(3-1-19)完成,后者可以用变换矩阵式(3-1-20)完成。

$$\begin{bmatrix} 1 & 0 & 0 \\ SH_x & 1 & 0 \\ 0 & 0 & 1 \end{bmatrix} \quad (3-1-19)$$

$$\begin{bmatrix} 1 & SH_y & 0 \\ 0 & 1 & 0 \\ 0 & 0 & 1 \end{bmatrix} \quad (3-1-20)$$

式中,参数 $SH_x$ 可以是任意实数。这个变换只影响 $x$ 坐标,而 $y$ 坐标保持不变,形体上的每一个点的水平显示都呈现一个与 $y$ 坐标成比例的距离拉伸。如果 $SH_x$ 的值为 2,可以把图 3.1.7(a) 中的正方形变成图(b)中的平行四边形;如果 $SH_x$ 的值为负,则产生左向水平移动。类似地,$y$ 方向上的错切变换产生坐标位置的垂直移动,参数 $SH_y$ 也可以取任意实数,它将一个坐标位置的 $y$ 分量改变一个量值,这个量值与 $x$ 的值成比例变化,若 $SH_y$ 的值为 2,从而产生图 3.1.7(c) 所示的图形。

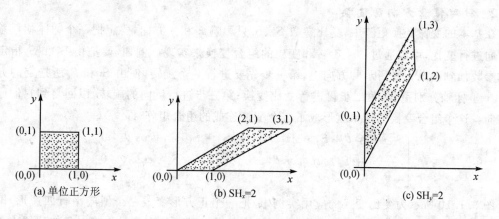

图 3.1.7 单位正方形的错切

### 3.1.4 组合变换

任何一组变换都可以表示成一个组合变换矩阵,只需要计算每一个单独变换的矩阵并求解出它们的乘积,形成这样一个变换矩阵的乘积的方法,通常称为矩阵的级联,或者组合。

**1. 针对任意定点的变换**

这里主要求解相对于任意定点的变换矩阵。例如,图 3.1.8(a) 中有一个三角形,它要针

对固定点 $(x_F, y_F)$ 变比(缩小)。可采用一种求解方法,即考虑三个顺序的变换,这些顺序分别如图 3.1.8(b)、(c)、(d)所示。

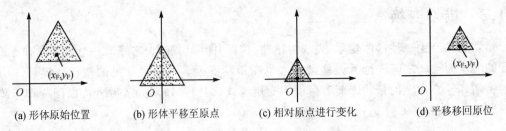

图 3.1.8　相对任意定点变比的变换顺序

由图可见,首先,将形体上所有坐标点平移,使该固定点移至坐标原点;然后,各坐标点相对于原点进行变比;最后,再进行一次平移,将固定点又移回到原来的位置上,这样,一个顺序的矩阵乘法就可以得到

$$\begin{bmatrix} 1 & 0 & 0 \\ 0 & 1 & 0 \\ -x_F & -y_F & 1 \end{bmatrix} \cdot \begin{bmatrix} S_x & 0 & 0 \\ 0 & S_y & 0 \\ 0 & 0 & 1 \end{bmatrix} \cdot \begin{bmatrix} 1 & 0 & 0 \\ 0 & 1 & 0 \\ x_F & y_F & 1 \end{bmatrix} = \begin{bmatrix} S_x & 0 & 0 \\ 0 & S_y & 0 \\ (1-S_x)x_F & (1-S_y)y_F & 1 \end{bmatrix}$$

上式右边即为相对任意点的变比变换矩阵,它是通过左边的三个基本变换矩阵级联得到的。这种求解变换矩阵的方式可应用于相对于任意定点的任何变换(如变比、平移、旋转等),即先将该任意点平移至原点,针对原点进行所要求的各种变换,然后再反向该点平移回去,由这种组合变换得到最后结果。

**2. 针对任意方向的变换**

在基本的变比变换矩阵中,变比参数 $S_x$、$S_y$ 只影响 $x$ 和 $y$ 方向,要想把一个物体朝任意一个方向进行变比,可以通过一个旋转和变比的组合变换来实现。例如,要把由 $S_1$ 和 $S_2$ 指定的变比参数加到图 3.1.9 所示的方向上,第一步先要进行一个旋转,使由 $S_1$ 和 $S_2$ 所指定的方向与 $x$、$y$ 坐标轴分别重合;第二步再进行变比变换;第三步进行反向的旋转,以回复到它们原来的方向。这个组合变换的结果就形成了三个变换连成的组合矩阵,即

$$\begin{bmatrix} S_1 \cdot \cos^2\theta + S_2 \cdot \sin^2\theta & (-S_1+S_2)\sin\theta\cos\theta & 0 \\ (-S_1+S_2)\sin\theta\cos\theta & S_1 \cdot \sin^2\theta + S_2 \cdot \cos^2\theta & 0 \\ 0 & 0 & 1 \end{bmatrix}$$

图 3.1.10 所示为变比变换的应用实例,是把一个正方形变成一个斜向平行四边形,即沿着这个正方形的对角线从点(0,0)到点(1,1)方向拉伸。这一组变换是先将对角线绕原点旋转到与 $y$ 轴重合,然后利用变比因子对其长度加倍。具体来说,就是在上式中,设 $\theta=45°$,$S_1=1$ 和 $S_2=2$ 来实现的。

矩阵的级联特性是十分重要且十分灵活的,上面组合矩阵的求得都利用了矩阵的级联特性。然而,必须注意矩阵的级联顺序,矩阵的乘法满足结合律,而不满足交换律。任意三个矩阵 $A$、$B$、$C$,它们的乘积 $A \cdot B \cdot C$ 的运算顺序可以先进行 $A \cdot B$ 的运算,也可以先进行 $B \cdot C$ 的运算,即

$$A \cdot B \cdot C = (A \cdot B) \cdot C = A \cdot (B \cdot C)$$

因此,可以按照任何一种顺序来计算组合矩阵。然而,组合矩阵不满足交换律,即矩阵乘

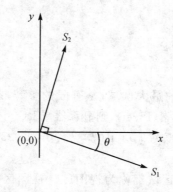

图 3.1.9 针对任意方向的变换

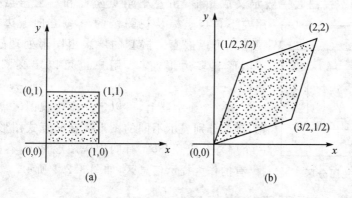

图 3.1.10 正方形变换成平行四边形

积 $A \cdot B$ 一般来说并不等于乘积 $B \cdot A$，这就是说，在平移和旋转一个形体时，必须仔细地考虑它们的处理顺序，也就是考虑组合矩阵的计算顺序，因为不同的顺序会有不同的结果。

## 3.2 窗口视图变换

### 3.2.1 用户域和窗口区

**1. 用户域**

用户域是指程序员用来定义草图的整个自然空间（WD）。人们所要描述的图形均在 WD 中进行定义。用户域是一个实数域，如用 $R \otimes W$ 表示该实数域的集合，则用户域 $WD = R \otimes W$。理论上说 WD 是连续无限的。

**2. 窗口区**

人们站在房间里的窗口旁往外看，只能看到窗口范围内的景物。人们选择不同的窗口，可以看到不同的景物。通常把用户指定的任一区域（W）叫做窗口。窗口区 W 小于或等于用户域 WD，任何小于 WD 的窗口区 W 都叫 WD 的一个子域。窗口区通常是矩形域，可以用其左下角点和右上角点坐标来表示；也可给定其左下角点坐标及矩形的长、宽来表示。

窗口可以嵌套，即在第一层窗口中可以再定义第二层窗口，在第 $i$ 层窗口中可以再定义第 $i+1$ 层窗口等。在某些情况下，根据需要，用户也可以用圆心和半径定义圆形窗口，或用边界表示多边形窗口。

## 3.2.2 显示器域和视图区

**1. 显示器域**

显示器域是设备输出图形的最大区域,是有限的整数域。如某图形显示器有 1 024×1 024个可编地址的光点,也称像素(Pixel),则显示器域 DC 可以定义为

$$DC \in [0:1\ 023] \times [0:1\ 023]$$

**2. 视图区**

任何小于或等于屏幕域的区域都称为视图区。视图区可由用户在显示器域中用设备坐标来定义。用户选择的窗口域内的图形要在视图区显示,也必须由程序转换成设备坐标系下的坐标值。视图区一般定义成矩形,由左下角点坐标和右上角点坐标来定义;或用左下角点坐标及视图区的 $x,y$ 方向上边框长度来定义。视图区可以嵌套。嵌套的层次由图形处理软件规定。相应于图形和多边形窗口,用户也可以定义圆形和多边形视图区。

在一个显示器上,可以定义多个视图区,分别作不同的应用,例如分别显示不同的图形。在交互式图形系统中,通常把一个屏幕分成几个区,有的用作图形显示,有的作为菜单项选择,有的作为提示信息区,如图 3.2.1 所示。

图 3.2.1 视图分区

## 3.2.3 窗口区和视图区的坐标变换

**1. 变换公式**

在用户坐标系下,窗口区的四条边分别定义为 $WXL$($X$ 左边界),$WXR$($X$ 右边界),$WYB$($Y$ 底边界),$WYT$($Y$ 顶边界),其相应的显示器中视图区的边框在设备坐标系下分别为 $VXL$、$VXR$、$VYB$、$VYT$,如图 3.2.2 所示,则在用户坐标系下的点 $(x_w, y_w)$ 对应显示器视图区中点 $(x_s, y_s)$,按照比例关系一一对应,其变换公式为

$$\frac{x_s - VXL}{x_w - WXL} = \frac{VXR - VXL}{WXR - WXL}, \quad \frac{y_s - VYB}{y_w - WYB} = \frac{VYT - VYB}{WYT - WYB}$$

$$\left. \begin{array}{l} x_s = \dfrac{VXR - VXL}{WXR - WXL} \cdot (x_w - WXL) + VXL \\ y_s = \dfrac{VYT - VYB}{WYT - WYB} \cdot (y_w - WYB) + VYB \end{array} \right\} \quad (3-2-1)$$

如令

$$a = (VXR - VXL)/(WXR - WXL)$$
$$b = VXL - WXL \cdot (VXR - VXL)/(WXR - WXL)$$
$$c = (VYT - VYB)/(WYT - WYB)$$
$$d = VYB - WYB \cdot (VYT - VYB)/(WYT - WYB)$$

则式(3-2-1)可简化为

$$\left. \begin{array}{l} x_s = a \cdot x_w + b \\ y_s = c \cdot y_w + d \end{array} \right\} \quad (3-2-2)$$

若求得了 $a,b,c,d$，把窗口区内的一点坐标转换成显示器视图区内的对应点坐标，只需两次乘法和加法运算。对于用户定义的一张整图，需要把图中每条线段的端点都用式(3-2-2)进行转换，才能形成屏幕上的相应视图，如图 3.2.2 所示。式(3-2-2)的矩阵式是

$$[x_s \quad y_s \quad 1] = [x_w \quad y_w \quad 1] \begin{bmatrix} a & 0 & 0 \\ 0 & c & 0 \\ b & d & 1 \end{bmatrix}$$

当 $a \neq c$ 时，即当 $x$ 方向图形的变化与 $y$ 方向不同时，视图区中的图形会有伸缩变化。当 $a=c=1, b=d=0$ 时，且窗口与视图区的坐标原点也相同，则在视图区产生与窗口区相同的图形。

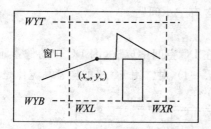
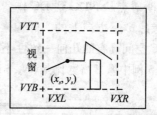

图 3.2.2 用户整图中的窗口与显示器中视图区的对应关系

当采用多窗口、多视图区时，需正确选择用户图形所在窗口以及输出图形所在视图区的参数，用式(3-2-2)实现用户图形从窗口到视图区的变换。窗口的适当选用，可以较方便地观察用户的整图和局部图形，便于对图形进行局部修改和图形质量评价。应用窗口技术的最大优点是能方便地显示用户感兴趣的图形部分。

**2. 变换过程**

用户定义的图形从窗口区到视图区的输出过程如图 3.2.3 所示。

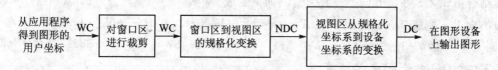

图 3.2.3 窗口—视图二维变换

与二维情况类似，常用的三维窗口有立方体、四棱锥体等。一般须经过三维裁剪后将落在三维窗口内的形体经投影变换，变成二维图形，再在指定的视图区内输出。其输出过程如图 3.2.4 所示。

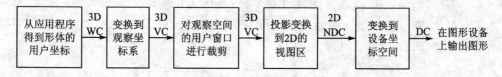

图 3.2.4 窗口—视图三维变换

## 3.2.4 从规格化坐标(NDC)到设备坐标(DC)的变换

在窗口—视图的二维变换和三维变换中都需要将规格化坐标变换成设备坐标，即显示器的像素坐标，此变换关系如图 3.2.5 所示。对于大多数微型计算机，$a=1, N_x=1\,024, N_y=768$。在 NDC 中的点 $(x_i, y_i)$ 经过平移 $(d_x, d_y)$ 和比例 $(s_x, s_y)$ 变换后，就可以得到 DC 中的点

$(x_o, y_o)$,其变换公式如下所述。

**1. 通常采用的公式**

$$\begin{cases} x_o = s_x \cdot x_i + d_x \\ y_o = s_y \cdot y_i + d_y \end{cases}$$

若 NDC 中的两点 $x_{i1}$ 和 $x_{i2}$ 变换到 DC 下为 $x_{o1}$ 和 $x_{o2}$,由于点从 NDC 到 DC 的变换是线性变换,则有 $s_x = (x_{o2} - x_{o1})/(x_{i2} - x_{i1})$;$d_x = x_{o1} - s_x \cdot x_{i1}$。则有变换式

$$\begin{cases} x_{DC} = s_x \cdot x_{NDC} + d_x \\ y_{DC} = s_y \cdot y_{NDC} + d_y \end{cases} \quad (3-2-3)$$

用式(3-2-3)对点从 NDC 到 DC 作变换隐含有三个问题。

(1) 要考虑 $x,y$ 方向上的实际像素数;

(2) NDC 空间具有的几何一致性不一定在 DC 空间中成立(因 DC 中的像素不一定是正方形,在图 3.2.5 例中像素高宽比是 $(N_x-1)/(N_y-1)$,对常用 PC 机的像素高宽比是 768/1 024;

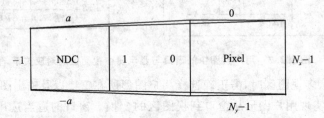

图 3.2.5 通常由 NDC 到 DC 的变换关系

(3) 在实际应用中 NDC 和 DC 的方向相反。下面对这些问题逐一进行讨论。

**2. 方向的考虑**

结合图 3.2.5 在 $x$ 方向上 $-1$ 变成 0,而 1 变成 $N_x-1$,$s_x = (N_x-1)/2$,$d_x = (N_x-1)/2$;在 $y$ 方向上 $a$ 变成 0,$-a$ 变成 $N_y-1$,$s_y = (N_y-1)/(-2a)$,$d_y = (N_y-1)/2$。对于本节实例,则 $s_x = (1\,024-1)/2 = 511.5$,$d_x = 511.5$;$s_y = (768-1)/(-2a) = -383.5$,$d_y = 383.5$。

**3. 对 DC 中像素中心的变换**

结合图 3.2.6,在空间 NDC 中的点变换到 DC 后应在相应位置的像素中心。在 $x$ 方向上,$-1$ 变成 $-0.5$,1 变成 $N_x-0.5$,$s_x = N_x/2$,$d_x = (N_x-1)/2$;在 $y$ 方向上,$a$ 变成 $-0.5$,$-a$ 变成 $N_y-0.5$,$s_y = -N_y/2a$,$d_y = (N_y-1)/2$。结合本节实例,则 $s_x = 512$,$d_x = 511.5$;$s_y = -384$,$d_y = 383.5$。在 DC 空间应对坐标取整,则在 $x$ 方向上,$-1$ 变成 0,1 变成 $N_x$,$s_x = N_x/2$,$d_x = N_x/2$ 在 $y$ 方向上,$a$ 变成 0,$-1$ 变成 $N_y$,$s_y = -N_y/2a$,$d_y = N_y/2a$。结合本节实例,$s_x = 512$,$d_x = 512$;$s_y = -384$,$d_y = 384$。

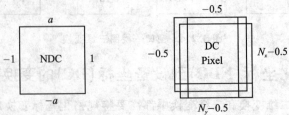

图 3.2.6 从 NDC 到 DC 像素中心的变换

经过取整处理后,在 NDC 中的 1.0 映射到 DC 中的 $N_x$ 处,而 $N_x$ 已超出屏幕的右边界。对此有两种处理办法。

(1) 把 1.0 作为不可显示值,把裁剪范围定义成 $-1.0 \leqslant x < 1.0$,即把 $x = 1.0$ 的值裁剪掉。但用户要画一条从 $-1.0$ 到 $1.0$ 的直线段,此时就不会得到正确的右边界。

(2) 在裁剪范围仍设成 $-1.0 \leqslant x < 1.0$,但把 1.0 对应的 $N_x$ 像素设置到 $N_x - 1$ 处,但这种方法会牺牲图形的精度。可以通过设置精度系数 $\varepsilon$,细化 DC 中的像素来较好地解决这类问题。

在 $x$ 方向上,$-1$ 变成 $0$,而 $1$ 变成 $N_x - \varepsilon$,$s_x = (N_y - \varepsilon)/2$,$d_x = (N_y - \varepsilon)/2$(3-2-4);在 $y$ 方向上,$a$ 变成 $0$,$-a$ 变成 $N_y - \varepsilon$,$s_y = (N_y - \varepsilon)/(-2a)$,$d_y = (N_y - \varepsilon)/2$。

$\varepsilon$ 值的确定可用数值分析法来定,也可简单地定义 $\varepsilon$ 为常数,如 $\varepsilon = 0.0001$。结合图 3.2.5 和本节实例,则有 $s_x = 511.9995$,$d_x = 511.9995$;$s_y = -383.9995$,$d_y = 383.9995$。

式(3-2-4)能正确地将 NDC 中的点变到 DC,实际上是从浮点数到整数经过截断误差处理的像素中心映射变换公式。过去大多数图形学教材和图形系统均用式(3-2-3)把 NDC 中的点变换到 DC,但要产生高质量的图形,此式存在上述问题。而用式(3-2-4)会有所改进,但还有两个问题需要作进一步处理,如点在 DC 中(子像素处)的定位和反走样像素的子采样。

## 3.3 三维图形的几何变换

### 3.3.1 变换矩阵

三维图形的几何变换矩阵可用 $T_{3D}$ 表示。其表示式为

$$T_{3D} = \begin{bmatrix} a_{11} & a_{12} & a_{13} & a_{14} \\ a_{21} & a_{22} & a_{23} & a_{24} \\ a_{31} & a_{32} & a_{33} & a_{34} \\ \hdashline a_{41} & a_{42} & a_{43} & a_{44} \end{bmatrix}$$

从变换功能上讲,$T_{3D}$ 可分为 4 个子矩阵。其中:$\begin{bmatrix} a_{11} & a_{12} & a_{13} \\ a_{21} & a_{22} & a_{23} \\ a_{31} & a_{32} & a_{33} \end{bmatrix}$ 产生比例、旋转、错切等几何变换;$\begin{bmatrix} a_{41} & a_{42} & a_{43} \end{bmatrix}$ 产生平移变换;$\begin{bmatrix} a_{14} \\ a_{24} \\ a_{34} \end{bmatrix}$ 产生投影变换;$[a_{44}]$ 产生整体比例变换。

### 3.3.2 平移变换

$$[x^* \ y^* \ z^* \ 1] = [x \ y \ z \ 1] \begin{bmatrix} 1 & 0 & 0 & 0 \\ 0 & 1 & 0 & 0 \\ 0 & 0 & 1 & 0 \\ T_x & T_y & T_z & 1 \end{bmatrix} =$$

$$[x + T_x \ y + T_y \ z + T_z \ 1]$$

如图 3.3.1 所示。

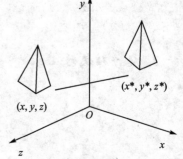

**图 3.3.1 平移变换**

### 3.3.3 比例变换

若比例变换的参考点为 $F(x_F, y_F, z_F)$，其变换距阵为

$$\begin{bmatrix} 1 & 0 & 0 & 0 \\ 0 & 1 & 0 & 0 \\ 0 & 0 & 1 & 0 \\ -x_F & -y_F & -z_F & 1 \end{bmatrix} \begin{bmatrix} s_x & 0 & 0 & 0 \\ 0 & s_y & 0 & 0 \\ 0 & 0 & s_z & 0 \\ 0 & 0 & 0 & 1 \end{bmatrix} \begin{bmatrix} 1 & 0 & 0 & 0 \\ 0 & 1 & 0 & 0 \\ 0 & 0 & 1 & 0 \\ x_F & y_F & z_F & 1 \end{bmatrix} =$$

$$\begin{bmatrix} s_x & 0 & 0 & 0 \\ 0 & s_y & 0 & 0 \\ 0 & 0 & s_z & 0 \\ (1-s_x) \cdot x_F & (1-s_y) \cdot y_F & (1-s_z) \cdot z_F & 1 \end{bmatrix}$$

与二维变换类似，相对于参考点 $F(x_F, y_F, z_F)$ 作比例变换、旋转变换的过程亦分为以下三步。

(1) 把坐标系原点平移至参考点 $F$。
(2) 在新坐标系下相对原点作比例、旋转变换。
(3) 将坐标系再平移回原点。

相对 $F$ 点作比例变化的过程如图 3.3.2 所示。

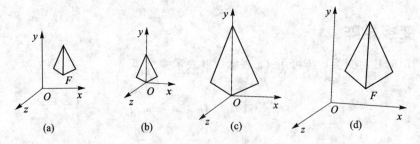

图 3.3.2 相对 $F$ 点作比例变换

### 3.3.4 绕坐标轴的旋转变换

在右手坐标系下，相对坐标系原点绕坐标轴旋转 $\theta$ 角的变换公式是如下。

**1. 绕 $x$ 轴旋转**

$$\begin{bmatrix} x^* & y^* & z^* & 1 \end{bmatrix} = \begin{bmatrix} x & y & z & 1 \end{bmatrix} \begin{bmatrix} 1 & 0 & 0 & 0 \\ 0 & \cos\theta & \sin\theta & 0 \\ 0 & -\sin\theta & \cos\theta & 0 \\ 0 & 0 & 0 & 1 \end{bmatrix}$$

**2. 绕 $y$ 轴旋转**

$$\begin{bmatrix} x^* & y^* & z^* & 1 \end{bmatrix} = \begin{bmatrix} x & y & z & 1 \end{bmatrix} \begin{bmatrix} \cos\theta & 0 & -\sin\theta & 0 \\ 0 & 1 & 0 & 0 \\ \sin\theta & 0 & \cos\theta & 0 \\ 0 & 0 & 0 & 1 \end{bmatrix}$$

## 3. 绕 z 轴旋转

$$[x^* \ y^* \ z^* \ 1] = [x \ y \ z \ 1] \begin{bmatrix} \cos\theta & \sin\theta & 0 & 0 \\ -\sin\theta & \cos\theta & 0 & 0 \\ 0 & 0 & 1 & 0 \\ 0 & 0 & 0 & 1 \end{bmatrix}$$

旋转变换的示意图如图 3.3.3 所示。

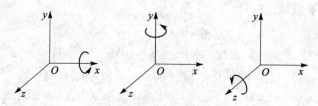

图 3.3.3 绕坐标轴旋转变换

### 3.3.5 绕任意轴的旋转变换

设旋转轴 $AB$ 由空间任意一点 $A(x_a, y_a, z_a)$ 及其方向数 $(a, b, c)$ 定义,空间一点 $P(x_P, y_P, z_P)$ 绕 $AB$ 轴旋转 $\theta$ 角到 $P^*(x_P^*, y_P^*, z_P^*)$,如图 3.3.4 所示。即要使

$$[x_P^* \ y_P^* \ z_P^* \ 1] = [x_P \ y_P \ z_P \ 1] \cdot \boldsymbol{R}_{ab}$$

式中 $\boldsymbol{R}_{ab}$ 为待求的变换矩阵。

求 $\boldsymbol{R}_{ab}$ 的基本思想是:以 $(x_a, y_a, z_a)$ 为新的坐标原点,并使 $AB$ 分别绕 $x$ 轴、$y$ 轴旋转适当角度与 $z$ 轴重合,再绕 $z$ 轴转 $\theta$ 角,最后再做上述变换的逆变换,使之回到原点的位置。

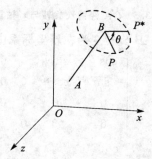

图 3.3.4 P 点绕 AB 轴旋转

(1) 使坐标原点平移到 $A$ 点,原来的 $AB$ 在新坐标系中为 $O'A$,其方向数仍为 $(a, b, c)$。

$$\boldsymbol{T}_A = \begin{bmatrix} 1 & 0 & 0 & 0 \\ 0 & 1 & 0 & 0 \\ 0 & 0 & 1 & 0 \\ -x_a & -y_a & -z_a & 1 \end{bmatrix}$$

(2) 让平面 $AO'A'$ 绕 $x$ 轴旋转 $\alpha$ 角,见图 3.3.5(a),$\alpha$ 是 $O'A$ 在 $yOz$ 平面上的投影 $O'A'$ 与 $z$ 轴的夹角,故有

$$v = \sqrt{c^2 + b^2} \quad \cos\alpha = c/v \quad \sin\alpha = b/v$$

$$R_x = \begin{bmatrix} 1 & 0 & 0 & 0 \\ 0 & \cos a & \sin a & 0 \\ 0 & -\sin a & \cos a & 0 \\ 0 & 0 & 0 & 0 \end{bmatrix} = \begin{bmatrix} 1 & 0 & 0 & 0 \\ 0 & c/v & b/v & 0 \\ 0 & -b/v & c/v & 0 \\ 0 & 0 & 0 & 1 \end{bmatrix}$$

经旋转 $a$ 角后，$OA$ 就在 $xOz$ 平面上了。

(3) 再让 $O'A$ 绕 $y$ 轴旋转 $\beta$ 角与 $z'$ 轴重合，见图 3.3.5(b)，此时从 $y'$ 轴往原点看，$\beta$ 角是顺时针方向，故 $\beta$ 取负值，故有

$$u = |OA| = \sqrt{a^2 + b^2 + c^2}$$

因 $OA$ 为单位矢量，故 $u=1$，所以 $\cos\beta = v/u = v$，$\sin\beta = -a/u = -a$。

$$R_y = \begin{bmatrix} \cos\beta & 0 & -\sin\beta & 0 \\ 0 & 1 & 0 & 0 \\ \sin\beta & 0 & \cos\beta & 0 \\ 0 & 0 & 0 & 1 \end{bmatrix} = \begin{bmatrix} v & 0 & a & 0 \\ 0 & 1 & 0 & 0 \\ -a & 0 & v & 0 \\ 0 & 0 & 0 & 1 \end{bmatrix}$$

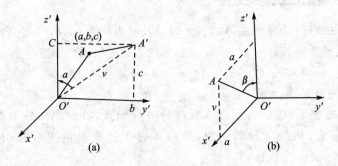

图 3.3.5　$O'A$ 经两次旋转与 $z'$ 轴重合

(4) 经以上三步变换后，$P$ 绕 $AB$ 旋转变为在新坐标系中 $P$ 绕 $z$ 轴转 $\theta$ 角了，故

$$R_z = \begin{bmatrix} \cos\theta & \sin\theta & 0 & 0 \\ -\sin\theta & \cos\theta & 0 & 0 \\ 0 & 0 & 1 & 0 \\ 0 & 0 & 0 & 1 \end{bmatrix}$$

(5) 求 $R_y, R_x, T_A$ 的逆变换

$$R_y^{-1} = \begin{bmatrix} \cos\beta & 0 & \sin\beta & 0 \\ 0 & 1 & 0 & 0 \\ -\sin\beta & 0 & \cos\beta & 0 \\ 0 & 0 & 0 & 1 \end{bmatrix} = \begin{bmatrix} v & 0 & -a & 0 \\ 0 & 1 & 0 & 0 \\ a & 0 & v & 0 \\ 0 & 0 & 0 & 1 \end{bmatrix}$$

$$R_x^{-1} = \begin{bmatrix} 1 & 0 & 0 & 0 \\ 0 & \cos a & -\sin a & 0 \\ 0 & \sin a & \cos a & 0 \\ 0 & 0 & 0 & 1 \end{bmatrix} = \begin{bmatrix} 1 & 0 & 0 & 0 \\ 0 & c/v & -b/v & 0 \\ 0 & b/v & c/v & 0 \\ 0 & 0 & 0 & 1 \end{bmatrix}$$

$$T_A^{-1} = \begin{bmatrix} 1 & 0 & 0 & 0 \\ 0 & 1 & 0 & 0 \\ 0 & 0 & 1 & 0 \\ x_a & y_a & z_a & 1 \end{bmatrix}$$

所以，$R_{ab} = T_A R_x R_y R_z R_y^{-1} R_x^{-1} T_A^{-1}$。

## 3.4 形体的投影变换

把三维物体变为二维图形表示的过程称为形体的投影变换。

### 3.4.1 投影变换分类

根据投影中心与投影平面之间距离的不同，投影可分为平行投影和透视投影。图 3.4.1 表示了平行投影与透视投影的各种分支投影。

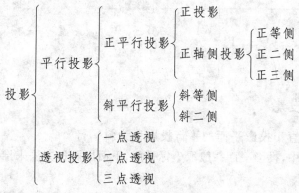

图 3.4.1 各分支投影图

平行投影的投影中心与投影平面之间的距离为无穷大，而对透视投影，该距离是有限的，不同投影的情况如图 3.4.2 所示。

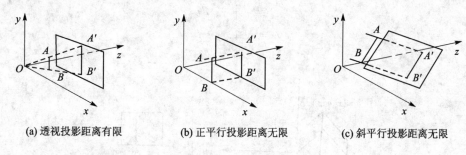

(a) 透视投影距离有限　　(b) 正平行投影距离无限　　(c) 斜平行投影距离无限

图 3.4.2 投影分类

### 3.4.2 正平行投影（三视图）

投影方向垂直于投影平面时称为正平行投影，人们通常说的三视图（正视图、俯视图、侧视图）均属正平行投影，如图 3.4.3 所示。三视图的生成就是把 $x,y,z$ 坐标系下的形体投影到 $z=0$ 的平面，变换到 $u,v,w$ 坐标系。一般还需将三个视图在一个平面上画出，这时就得到下面的变换公式,其中$(a,b)$为$u$、$v$坐标系下的值,$t_x,t_y,t_z$均如图中所示。

**1. 主(正)视图**

$$[u\ v\ w\ 1] = [x\ y\ z\ 1]\begin{bmatrix} -1 & 0 & 0 & 0 \\ 0 & 0 & 0 & 0 \\ 0 & 1 & 0 & 0 \\ a-t_x & b+t_z & 0 & 1 \end{bmatrix}$$

**2. 俯视图**

$$[u\ v\ w\ 1] = [x\ y\ z\ 1]\begin{bmatrix} -1 & 0 & 0 & 0 \\ 0 & -1 & 0 & 0 \\ 0 & 0 & 0 & 0 \\ a-t_x & b-t_y & 0 & 1 \end{bmatrix}$$

**3. 侧视图**

$$[u\ v\ w\ 1] = [x\ y\ z\ 1]\begin{bmatrix} 0 & 0 & 0 & 0 \\ 1 & 0 & 0 & 0 \\ 0 & 1 & 0 & 0 \\ a+t_y & b+t_z & 0 & 1 \end{bmatrix}$$

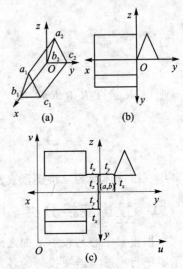

图 3.4.3 三视图

### 3.4.3 斜平行投影

把投影方向不垂直于投影平面的平行投影称为斜平行投影。在斜平行投影中,投影平面一般取坐标平面,下面用两种方法来推导斜平行投影的变换矩阵。

设定投影方向矢量为$(x_p,y_p,z_p)$,由此可定义任意方向的斜平行投影。若形体被投影到$xOy$平面上,形体上的一点为$(x,y,z)$,要确定它在$Oxy$平面上投影$(x_s,y_s)$。如图 3.4.4 所示,由投影方向矢量$(x_p,y_p,z_p)$,可得到投影线的参数方程为

$$x_s = x + x_p \cdot t$$
$$y_s = y + y_p \cdot t$$
$$z_s = z + z_p \cdot t$$

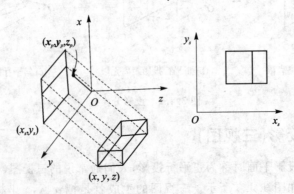

图 3.4.4 已知投影方向的斜平行投影

因为$(x_s, y_s, z_s)$在$z=0$的平面上,故$z_s=0$,则有$t=-z/z_p$,把$t$代入上述参数方程可得
$$x_s = x - x_p/z_p \cdot z$$
$$y_s = y - y_p/z_p \cdot z$$

若令$S_{xp}=x_p/z_p$, $S_{yp}=y_p/z_p$,则上述方程的矩阵式是

$$[x_s \quad y_s \quad z_s \quad 1] = [x \quad y \quad z \quad 1] = \begin{bmatrix} 1 & 0 & 0 & 0 \\ 0 & 1 & 0 & 0 \\ -S_{xp} & -S_{yp} & 0 & 0 \\ 0 & 0 & 0 & 1 \end{bmatrix}$$

式中$[x \quad y \quad z \quad 1]$表示在用户坐标系下的坐标,$[x_s \quad y_s \quad z_s \quad 1]$表示在投影平面上的坐标。

### 3.4.4 透视投影

透视投影的视线(投影线)是从视点(观察点)出发,视线是不平行的。透视投影按照主灭点的个数分为一点透视、二点透视和三点透视,一点透视和二点透视如图3.4.5所示。任何一束不平行于投影平面的平行线的透视投影将汇聚成一点,称之为灭点,在坐标轴上的灭点称为主灭点。主灭点数是和投影平面切割坐标轴的数量相对应的。如投影平面仅切割$z$轴,则$z$轴是投影平面的法线,因而只在$z$轴上有一个主灭点,而平行于$x$轴或$y$轴的直线也平行于投影平面,因而没有灭点。

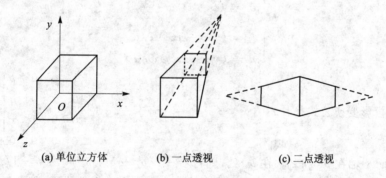

(a) 单位立方体　　　(b) 一点透视　　　(c) 二点透视

图3.4.5　单位立方体的一点透视和二点透视

**1. 简单的一点透视**

如图3.4.6所示,透视投影的视点(投影中心)为$P_c(x_c, y_c, z_c)$,投影平面为$Oxy$平面,形体上一点$P(x,y,z)$的投影为$(x_s, y_s)$,现推导求$(x_s, y_s)$的变换公式。

由$P_cP$可得到投影线方程

$$\begin{cases} x_s = x_c + (x - x_c)t \\ y_s = y_c + (y - y_c)t \\ z_s = z_c + (z - z_c)t \end{cases}$$

它与$Oxy$平面交于$(x_s, y_s, z_s)$,此时$z_s=0$,从而得到$t=-z_c/(z-z_c)$,把$t$代入投影线的前两个方程得

$$\begin{cases} x_s = (x_c z - x z_c)/(z - z_c) \\ y_s = (y_c z - y z_c)/(z - z_c) \end{cases}$$

上述变换可用齐次坐标矩阵表示

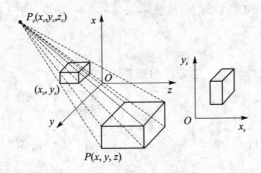

图 3.4.6 简单的一点透视投影

$$[x_s w_s \quad y_s w_s \quad z_s w_s \quad w] = [x \quad y \quad z \quad 1] \begin{bmatrix} 1 & 0 & 0 & 0 \\ 0 & 1 & 0 & 0 \\ -x_c/z_c & -y_c/z_c & 0 & -1/z_c \\ 0 & 0 & 0 & 1 \end{bmatrix} =$$

$$-\frac{z_c}{1}\left[x - \frac{zx_c}{z_c} \quad y - \frac{zy_c}{x_c} \quad 0 \quad 1 - \frac{z}{z_c}\right]$$

由上式可得

$$\begin{cases} w_s = (z - z_c)w \cdot \dfrac{1}{z_c} \\ x_s = (x_c z - xz_c)w/w_c \\ y_s = (y_c z - yz_c)w/w_c \end{cases}$$

三点透视投影变换公式是：$[x' \quad y' \quad z' \quad 1] = [x \quad y \quad z \quad 1] \begin{bmatrix} 1 & 0 & 0 & p \\ 0 & 1 & 0 & q \\ 0 & 0 & 1 & r \\ 0 & 0 & 0 & 0 \end{bmatrix}$，若投影中心

在 $x$ 轴的 $p_x$，而 $y$ 轴在 $p_y$ 和 $z$ 轴在 $p_z$ 处，则：$p = -1/p_x$, $q = -1/p_y$, $r = -1/p_z$。通常一点透视投影变换 $r \neq 0, p = q = 0$；二点透视投影变换 $p$、$q$、$r$ 中有一个数为零，其余两个数为非零；在三点透视投影变换中，$p$、$q$、$r$ 均为非零。

**2. 观察坐标系下的一点透视**

在简单一点透视投影变换中，由于投影平面取成坐标系中的一个坐标平面，因此用一个坐标系即可表示透视投影变换。在此方法中，引出变换公式形象直观，好理解；其缺点是投影平面被限定，用户的视点受到限制。但在透视投影中，人们往往要求物体不动，让视点在以形体为中心的球面上变化，来观察形体各个方向上的形状。如图 3.4.7 所示，$O_s X_s Y_s$ 为投影平面（或叫视平面），$O_e$ 为视点。解决的办法是引入一个过渡坐标系，称为观察坐标系。图中的视点作为观察坐标系的原点，视线方向中垂直于投影平面的方向作为 $Z_e$ 轴。在观察坐标系下，利用简单一点透视投影公式，即可求得形体上的一点 $(x_e, y_e, z_e)$ 在视平面（投影平面）上的投影 $(x_s, y_s)$。推导过程如下：此时，投影线方程为

$$\begin{cases} x = x_c + (x_w - x_c)t \\ y = y_c + (y_w - y_c)t \\ z = z_c + (z_w - z_c)y \end{cases}$$

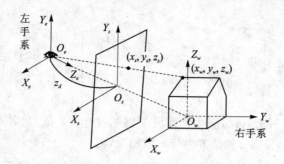

**图 3.4.7 观察坐标系下的一点透视**

此公式在观察坐标系下，$(x_c, y_c, z_c)$则为$(0,0,0)$，用户坐标系下的点$(x_w, y_w, z_w)$则为$(x_e, y_e, z_e)$，这样，上述公式就变为

$$\left. \begin{array}{l} x = x_e t \\ y = y_e t \\ z = z_e t \end{array} \right\}$$

现将$(x,y,z)$约束到视平面上，则

$$z_s = z_d, \quad t = z_d/z_e$$

$z_d$为视平面在观察方向上离视点的距离，所以在观察坐标系下一点透视的变换公式为

$$\left. \begin{array}{l} x = x_e z_d / z_e \\ y = y_e z_d / z_e \\ z = z_d \end{array} \right\}$$

上述变换可用齐次坐标矩阵表示，即

$$[X_s \quad Y_s \quad Z_s \quad H] = [x_e \quad y_e \quad z_e \quad 1] \begin{bmatrix} 1 & 0 & 0 & 0 \\ 0 & 1 & 0 & 0 \\ 0 & 0 & 1 & 1/z_d \\ 0 & 0 & 0 & 0 \end{bmatrix} =$$

$$[x_e \quad y_e \quad z_e \quad z_e/z_d]$$

通过以上分析，可以看到在观察坐标系下的透视变换公式很简单，只要将用户坐标系下的点坐标$(x_w, y_w, z_w)$变换为观察坐标系下的点坐标$(x_e, y_e, z_e)$，即求一个矩阵$T_{wv}$，使得$[x_e \quad y_e \quad z_e \quad 1] = [x_w \quad y_w \quad z_w \quad 1]T_{wv}$成立。求用户坐标系到观察坐标系的变换矩阵的一般方法在下节要详细介绍，这里先介绍一种针对图 3.4.8 所示情况（$Z_e$轴指向$O_w$，$X_e$轴在$Z_w=c$的平面上，视点$O_e$在点$(a,b,c)$）并将用户坐标系经过平移和旋转变换，使之与观察坐标系重合而求得复合变换矩阵$T_{wv}$的方法。矩阵$T_{wv}$的推导分为以下5步。

(1) 如图 3.4.8(a)所示，将用户坐标系的原点平移到视点，因为视点在用户坐标系下的坐标为$(a,b,c)$，所以

$$T_1 = \begin{bmatrix} 1 & 0 & 0 & 0 \\ 0 & 1 & 0 & 0 \\ 0 & 0 & 1 & 0 \\ -a & -b & -c & 1 \end{bmatrix}$$

(2) 如图 3.4.8(b)所示，令平移后的新坐标系绕$x'$轴逆向旋转 90°，则形体上的点顺转

90°,则

$$T_2 = \begin{bmatrix} 1 & 0 & 0 & 0 \\ 0 & \cos 90° & -\sin 90° & 0 \\ 0 & \sin 90° & \cos 90° & 0 \\ 0 & 0 & 0 & 1 \end{bmatrix} = \begin{bmatrix} 1 & 0 & 0 & 0 \\ 0 & 0 & -1 & 0 \\ 0 & 1 & 0 & 0 \\ 0 & 0 & 0 & 1 \end{bmatrix}$$

(3) 如图 3.4.8(c)所示,再将新坐标系绕 $y'$ 轴顺时针转 $\theta$ 角,此时 $\theta$ 角大于 $180°$,$\theta = 180° + \alpha$,形体顶点逆转 $\theta$ 角,使得 $z'$ 轴负方向与 $z$ 轴相交,则

$$\cos\theta = \frac{-b}{\sqrt{a^2+b^2}},\ \sin\theta = -\frac{a}{\sqrt{a^2+b^2}},\ 令\ v = \sqrt{a^2+b^2},\ 得$$

$$T_3 = \begin{bmatrix} -b/v & 0 & a/v & 0 \\ 0 & 1 & 0 & 0 \\ -a/v & 0 & -b/v & 0 \\ 0 & 0 & 0 & 1 \end{bmatrix}$$

(4) 如图 3.4.8(d)所示,再令新坐标系绕 $x'$ 轴顺时针转 $\varphi$ 角,使得 $z'$ 轴负方向指向用户坐标系的原点,则形体顶点逆转 $\varphi$,则

$$u = \sqrt{a^2+b^2+c^2},\ \cos\varphi = v/u,\ \sin\varphi = c/u$$

$$T_4 = \begin{bmatrix} 1 & 0 & 0 & 0 \\ 0 & v/u & c/u & 0 \\ 0 & -c/u & v/u & 0 \\ 0 & 0 & 0 & 1 \end{bmatrix}$$

(5) 如图 3.4.8(e)所示,右手坐标系变成左手坐标系,$z$ 轴反向,使 $z'$ 与 $z_e$ 重合,得

$$T_5 = \begin{bmatrix} 1 & 0 & 0 & 0 \\ 0 & 1 & 0 & 0 \\ 0 & 0 & -1 & 0 \\ 0 & 0 & 0 & 1 \end{bmatrix}$$

所以

$$T_{uv} = T_1 * T_2 * T_3 * T_4 * T_5 = \begin{bmatrix} -b/v & -ac/uv & -a/u & 0 \\ a/v & -bc/uv & -b/u & 0 \\ 0 & v/u & -c/u & 0 \\ 0 & 0 & u & 1 \end{bmatrix}$$

在引入观察坐标系后,设视点在 $(a,b,c)$,$Z_e$ 轴指向 $O_w$,$X_e$ 轴在 $Z_w = c$ 的平面上,形体的顶点坐标为 $(x_w, y_w, z_w)$,变换到观察坐标系下的坐标为 $(x_e, y_e, z_e)$,则用户坐标系到观察坐标系的变换公式的矩阵表达为

$$[x_e\ y_e\ z_e\ 1] = [x_w\ y_w\ z_w\ 1] \begin{bmatrix} -b/v & -ac/uv & -a/u & 0 \\ a/v & -bc/uv & -b/u & 0 \\ 0 & v/u & -c/u & 0 \\ 0 & 0 & u & 1 \end{bmatrix}$$

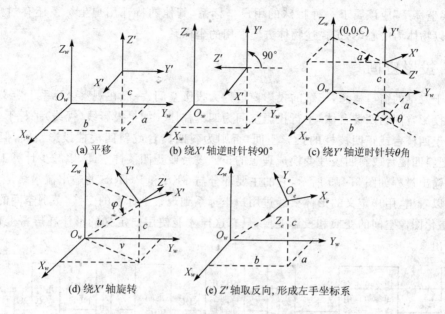

图 3.4.8 从用户坐标系到观察坐标系的变换过程

式中：

$$\begin{cases} x_e = -bv \cdot x_w + a/v \cdot y_w \\ y_e = -ac/uv \cdot x_w - bc/uv \cdot y_w + v/u \cdot z_w \\ z_e = -a/u \cdot x_w - b/u \cdot y_w - c/u \cdot z_w + u \end{cases}$$

假设视平面在观察方向上离视点的距离为 $z_s$，经透视投影到视平面上的坐标为 $(x_s, y_s)$，则透视投影变换公式为

$$x_s = x_e * z_s / z_e$$
$$y_s = y_e * z_s / z_e$$

在以上的推导过程中应注意下述 3 个问题：

(1) 一般先求出形体外接球，将用户坐标系的原点移到外接球的球心位置，以便视点在形体外接球面上移动时，保证能清楚地看到形体不同位置的形状。

(2) 当视平面上的投影图在屏幕上显示时，仍要做窗口视图变换，尤其是与三视图一起在屏幕上显示时，更要注意这种情况。

(3) 由于假定 $X_e$ 在 $Z_w = c$ 的平面上，所以，以上的变换中没有绕 $Z$ 轴旋转，也就是说，当视点运动时，我们的身体不左右倾斜。

另外，有关坐标系请大家注意以下两点：

(1) 观察坐标系也称为"眼睛坐标系"或"相机坐标系"。观察坐标系的定义是以视点作为原点，以观察平面法向 VPN 为 $Z_e$ 轴向，以观察者右边的方向 PREF 为 $X_e$ 轴，以观察者向上的方向 VUP 为 $Y_e$ 轴。

(2) 以上用到了用户坐标系，所谓"用户坐标系"是用户为了定义草图而用的坐标系，它是定义在用户域 (WD) 中的。对三维图形来说，用户域就是整个自然空间，是连续无限的实数域。为了定义草图或计算方便起见，可以定义多个"用户坐标系"，但最初的那个"用户坐标系"，可把它称为"世界坐标系"，其他"用户坐标系"的定义都是以"世界坐标系"为基础的。

"观察坐标系"应该属于一种特殊的用户坐标系,其他的特殊用户坐标系还有"物体坐标系",它是以物体为中心,为了描述物体方便而用的坐标系。

### 3.4.5 投影空间

相对于二维的窗口概念,三维的投影窗口称为投影空间,一般在观察坐标系下定义投影窗口。透视投影空间为四棱台体,平行投影空间为四棱柱体。如果投影线(视线)平行于坐标轴,通常得到正四棱台或正四棱柱的投影空间,否则为斜四棱台或斜四棱柱投影空间,但在输出时,总要把斜四棱台或斜四棱柱变换成理想的正四棱台或正四棱柱空间,以减少计算工作量。

图形输出过程如图 3.4.9 所示,它的主要部分与 GKS 和 PHIGS 的输出流水线是一致的。从图中可以看出,用户定义的形体要经过用户坐标系到观察坐标系的变换,裁剪空间的规格化变换,规格化图像空间的变换和投影变换,只有这样才能使用户定义的形体在屏幕上正确、迅速地显示出来。

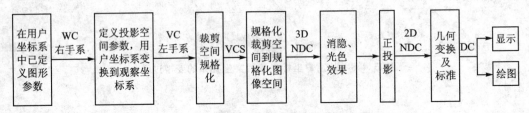

图 3.4.9 图形输出过程

**1. 透视投影空间的定义**

如图 3.4.10(a)所示,透视投影空间由下述 6 个参数定义:

(1) 投影中心 $O_e(x_e,y_e,z_e)$ 又称为视点,相当于观察者眼睛的位置坐标,改变投影中心坐标即从不同角度观察形体。

(2) 投影观察平面法向 $VPN(x_n,y_n,z_n)$,一般把观察平面法向作为观察坐标系的 $z_e$ 轴。

(3) 观察右向 $PREF(x_p,y_p,z_p)$,即观察者右边的方向,它和观察者向上的方向 $VUP$ 相互垂直,因而可选择 $PREF$ 为 $x_e$ 轴向,$VUP$ 为 $y_e$ 轴向,$x_e$、$y_e$ 可以在垂直 $z_e$ 且过视点的不同位置上,定义不同的 $x_e$(或 $y_e$),在投影平面上会产生旋转投影图的效果。

(4) 观察点 $O_e$ 到观察空间前、后截面的距离 $FD$ 和 $BD$,用来控制四棱台裁剪空间的长度和位置。

(5) 观察点 $O_e$ 到投影平面的距离 $VD$,用来控制投影图的大小。$VD$ 小,投影图小;$VD$ 大,则投影图大,一般要求 $VD>0$。

(6) 窗口中心 $O_w(WCU,WCV)$ 及窗口半边长 $WSU,WSV$,这是在投影平面上定义的,二维窗口的位置及大小。

以上参数可以分成两类:$O_e$、$VPN$、$VUP$、$PREF$ 属于第一类,用于确定观察坐标系;另一类参数用来在观察坐标系中定义裁剪空间。需要注意的是:窗口中心 $O_w$ 的三维坐标应该是 $(WCU,WCV,VD)$,如果 $WCU=WCV=0$,窗口中心与 $Z_e$ 轴重合,视见体(投影空间)是正四棱台,如图 3.4.13(c)所示;否则视见体是斜回棱台,如图 3.4.13(a)所示。

## 2. 平行投影空间的定义

如图 3.4.10(b) 所示,在观察坐标系下的平行投影空间可用四棱柱表示。通常由下述 5 个参数定义:

(1) 观察参考点 $VRP(x_r, y_r, z_r)$;

(2) 投影平面法向 $NORM(x_n, y_n, z_n)$;

(3) 观察参考点与前、后截面之间的距离 $FD, BD$;

(4) 投影平面上矩形窗口中心 $O_w(WCU, WCV)$ 及沿 $X_e, Y_e$ 方向上的半边长 $WSU, WSV$;

(5) 观察右向 $PREF(x_p, y_p, z_p)$。

上述参数与透视投影参数类似。但在平行投影时,投影平面无论在什么位置,都不会改变投影图的大小。为简便处理,可将后截面作为投影平面,从而不必再定义投影平面与 VRP 之间的距离。平行投影中投影线方向一般取成与 VRP 和窗口中心连线方向相平行,显然当 $WCU=WCV=0$ 时,投影线与投影平面相垂直,因而为正平行投影,其视见体(投影空间)是正四棱柱,如图 3.4.14(c) 所示;否则为斜平行投影,其视见体是斜四棱柱,如图 3.4.14(a) 所示。

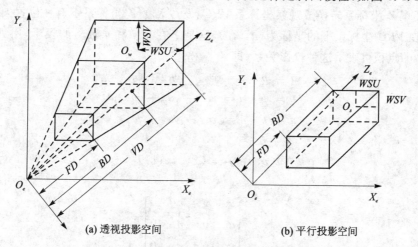

(a) 透视投影空间    (b) 平行投影空间

**图 3.4.10 投影空间的定义**

## 3.4.6 用户坐标系到观察坐标系的转换

如图 3.4.8 所示,图形输出时需要一系列的空间转换,包括从用户坐标系到观察坐标系、从裁剪空间到规范化投影空间、从规范化投影空间到规范化图像空间这三个转换。

为什么要这样做呢?至少有三个理由:① 遵行了国际标准,程序员层次交互式图形系统 (PHIGS)。② 随后的裁剪、投影操作容易进行,在规范化的图像空间,可以直接作正平行投影。③ Z 值大小代表了深度,有利于以后的消隐操作。

在 3.4.4 节中已经介绍了一种特殊情况下求用户坐标系到观察坐标系的变换矩阵的方法,这里介绍一种一般的求 $T_{uv}$ 的方法:单位矢量法。

(1) 取 $Z_e$ 轴向为观察平面法向 $VPN$,其单位矢量

$$n = VPN/|VPN| = (x_n/k, y_n/k, z_n/k) = (n_x, n_y, n_z), \quad k = (x_n^2 + y_n^2 + z_n^2)^{1/2}.$$

(2) 取 $X_e$ 轴向为观察右向 PREF，其单位矢量

$$u = PREF/|PREF| = (x_p/k_1, y_p/k_1, z_p/k_1) = (u_x, u_y, u_z), k_1 = (x_p^2 + y_p^2 + z_p^2)^{1/2}$$

(3) 取 $Y_e$ 轴向的单位矢量

$$v = u \times n = (u_y n_z - u_z n_y, u_z n_x - u_x n_z, u_x n_y - u_y n_x), v = (v_x, v_y, v_z)$$

将用户坐标系转换成观察坐标系分以下两步进行。首先，将用户坐标系 OXYZ 平移，使原点 O 与观察坐标系 VRC 的原点 O′ 重合，形成 O′X′Y′Z′ 坐标系（见图 3.4.11）。平移矩阵为

$$T_1 = \begin{bmatrix} 1 & 0 & 0 & 0 \\ 0 & 1 & 0 & 0 \\ 0 & 0 & 1 & 0 \\ -x_c & -y_c & -z_c & 1 \end{bmatrix}$$

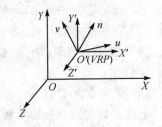

图 3.4.11　坐标系原点 O 平移到 O′

如果 $(x, y, z)$ 是原坐标系下的一个点的坐标，则这个点在新坐标系下的坐标 $(x', y', z')$ 为

$$(x', y', z', 1) = (x, y, z, 1) T_1 = (x - x_c, y - y_c, z - z_c, 1)$$

将 O′X′Y′Z′ 坐标系转换成观察坐标系 VRC：设 O′X′Y′Z′ 坐标系下有一位置矢量 $P(x, y, z)$，该矢量在 VRC 坐标系下的坐标为 $(u, v, n)$，这是 P 在 u、v 和 n 轴上的投影，用 P 与单位矢量 u、v 和 n 的点积可表示这种投影关系，即

$$u = p \cdot u = x u_x + y u_y + z u_z$$
$$v = p \cdot v = x v_x + y v_y + z v_z$$
$$n = p \cdot n = x n_x + y u_y + z u_z$$

也就是说

$$(u, v, n, 1) = (x, y, z, 1) T_2$$

式中

$$T_2 = \begin{bmatrix} u_x & v_x & n_x & 0 \\ u_y & v_y & n_y & 0 \\ u_z & v_z & n_z & 0 \\ 0 & 0 & 0 & 1 \end{bmatrix}$$

$T_2$ 是将 O′X′Y′Z′ 转换为 VRC 的转换矩阵。

综合以上两步，从用户坐标系到观察坐标系的转换矩阵可表示为

$$T_{uv} = T_1 T_2$$

经过 $T_{uv}$ 的转换，用户坐标系下定义的物体将被转换到观察坐标系。

### 3.4.7　规格化裁剪空间和图像空间

如果透视投影以斜四棱台，平行投影以斜四棱柱作为投影空间，则用面方程表示不规范，求交、裁剪的处理效率就不高。故把透视投影裁剪空间规格化为正四棱台，且其后截面在 $Z_e = 1$ 处，平行投影的裁剪空间规格化为正四棱柱，如图 3.4.12 所示。

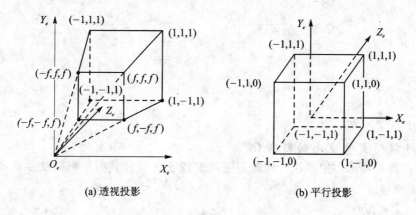

(a) 透视投影　　　　　　　　　(b) 平行投影

**图 3.4.12　规格化的裁剪空间**

### 1. 透视投影裁剪空间的规格化

这里的任务是要求把斜四棱台裁剪空间变成规格化的正四棱台裁剪空间的变换矩阵，以便使形体通过该矩阵变换后在正四棱台空间作裁剪和投影变换。这里结合图 3.4.13 来讨论变换矩阵 $T_{ps}$ 的求得。

（1）将用户坐标系变换到观察坐标系，由上述 $T_{wv}$ 变换实现，即 $T_1 = T_{wv}$。

（2）将裁剪空间的后截面变为 $Z_e = 1$ 的平面，即作 $Z_e$ 向的变比例变换，如图 3.4.13(b)所示，则

$$T_2 = \begin{bmatrix} 1 & 0 & 0 & 0 \\ 0 & 1 & 0 & 0 \\ 0 & 0 & 1/BD & 0 \\ 0 & 0 & 0 & 1 \end{bmatrix}$$

（3）作 $T_3$ 错切变换使投影中心与窗口中心的连线与 $Z_e$ 轴重合，从而使斜四棱台变为正四棱台，如图 3.4.13(c)所示，则

$$T_3 = \begin{bmatrix} 1 & 0 & 0 & 0 \\ 0 & 1 & 0 & 0 \\ -WCU \cdot \dfrac{BD}{VD} & -WCV \dfrac{BD}{VD} & 1 & 0 \\ 0 & 0 & 0 & 1 \end{bmatrix}$$

（4）经 $T_4$ 的比例变换，使裁剪空间的后截面介于 $-1 \leqslant x_e, y_e \leqslant 1$ 的范围内，如图 3.4.13(d)所示，$T_4$ 为

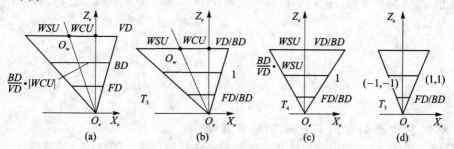

**图 3.4.13　透视投影裁剪空间的规格化变换图**

$$T_4 = \begin{bmatrix} \frac{1}{WSU} \cdot \frac{VD}{BD} & 0 & 0 & 0 \\ 0 & \frac{1}{WSV} \cdot \frac{VD}{BD} & 0 & 0 \\ 0 & 0 & 1 & 0 \\ 0 & 0 & 0 & 1 \end{bmatrix}$$

1]故 $T_{ps} = T_1 \cdot T_2 \cdot T_3 \cdot T_4$。

## 2. 平行投影裁剪空间的规格化

这里的任务是要求出把斜四棱柱裁剪空间变成正四棱柱裁剪空间的变换矩阵 $T_{pa}$，参考图 3.4.14 来推导。

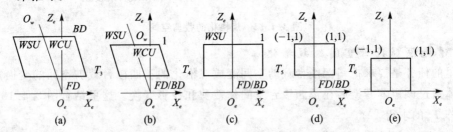

图 3.4.14 平行投影裁剪空间的规格化变换

(1) 将用户坐标系变换到观察坐标系，则 $T_1 = T_{uv}$。

(2) 将裁剪空间的后截面变换为 $Z_e = 1$ 的平面，即作 $Z_e$ 向的变比例变换，如图 3.4.14(b) 所示，同上节的 $T_2$ 变换矩阵。

(3) 作错切变换，使投影中心与窗口中心的连线与 $Z_e$ 轴重合，从而使斜四棱柱变为正四棱柱，如图 3.4.14(c) 所示，则

$$T_3 = \begin{bmatrix} 1 & 0 & 0 & 0 \\ 0 & 1 & 0 & 0 \\ -WCU & -WCV & 1 & 0 \\ 0 & 0 & 0 & 1 \end{bmatrix}$$

(4) 作变比例变换，使裁剪平面介于 $-1 \leqslant x_e, y_e \leqslant 1$ 之间，如图 3.4.14(d) 所示，则

$$T_4 = \begin{bmatrix} 1/WSU & 0 & 0 & 0 \\ 0 & 1/WSV & 0 & 0 \\ 0 & 0 & 1 & 0 \\ 0 & 0 & 0 & 1 \end{bmatrix}$$

(5) 沿 $Z_e$ 方向作平移、变比例，使裁剪空间介于 $0 \leqslant z_e \leqslant 1$ 之间，如图 3.4.14(e) 所示，则

$$T_5 = \begin{bmatrix} 1 & 0 & 0 & 0 \\ 0 & 1 & 0 & 0 \\ 0 & 0 & BD/(BD-FD) & 0 \\ 0 & 0 & -FD/(BD-FD) & 1 \end{bmatrix}$$

故
$$T_{pa} = T_1 \cdot T_2 \cdot T_3 \cdot T_4 \cdot T_5$$

## 3. 从规范化投影空间到图像空间的转换

做裁剪与投影之前，可以把斜四棱台或斜四棱柱规格化成正四棱台或正四棱柱，使裁剪算法得以简化。但从上两小节的分析可知，对于平行投影和透视投影，它们的裁剪与投影处理仍

不相同。为了使两种投影的处理一致化,引入图像空间的概念。若在图像空间中把投影中心移到无穷远处,这就意味着在裁剪空间中的透视投影会变成图像空间中的平行投影,如图3.4.15所示。此外,在规格化的图像空间中简化了投影线方程,从而简化了求交计算。

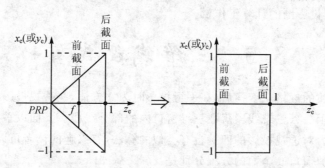

**图 3.4.15　规范化投影空间到图像空间的转换**

把透视投影的规格化裁剪空间转换成规格化图像空间是由下述三步实现的。

(1) 作 $T_1$ 变换,按照 $Z_e$ 的值成反比例放大视域体的 $X_e$、$Y_e$ 值,而 $Z_e$ 的值保持不变,使得前截面被放大到和后截面一样大。

$$T_1 = \begin{bmatrix} \dfrac{1}{Z_e} & 0 & 0 & 0 \\ 0 & \dfrac{1}{Z_e} & 0 & 0 \\ 0 & 0 & 0 & 0 \\ 0 & 0 & 0 & 1 \end{bmatrix}$$

(2) 作 $T_2$ 平移变换,使前截面 $Z_e = 0$,后截面 $Z_e = 1-f$。

$$T_2 = \begin{bmatrix} 1 & 0 & 0 & 0 \\ 0 & 1 & 0 & 0 \\ 0 & 0 & 1 & 0 \\ 0 & 0 & -f & 1 \end{bmatrix}$$

(3) 作 $T_3$ 比例变换,使 $Z_e$ 方向的厚度由 $(1-f)$ 变为 1。

$$T_3 = \begin{bmatrix} 1 & 0 & 0 & 0 \\ 0 & 1 & 0 & 0 \\ 0 & 0 & 1/(1-f) & 0 \\ 0 & 0 & 0 & 1 \end{bmatrix}$$

所以,透视投影的规格化裁剪空间到规格化图像空间的变换

$$T_{\text{image}} = T_1 * T_2 * T_3 = \begin{bmatrix} \dfrac{1}{Z_e} & 0 & 0 & 0 \\ 0 & \dfrac{1}{Z_e} & 0 & 0 \\ 0 & 0 & 1/(1-f) & 0 \\ 0 & 0 & -f/(1-f) & 1 \end{bmatrix}$$

经 $T_{\text{image}}$ 作用,正四棱台前截面顶点坐标变化是:$(f, f, f) \rightarrow (1, 1, 0)$,$(f, -f, f) \rightarrow (1, -1, 0)$,$(-f, f, f) \rightarrow (-1, 1, 0)$,$(-f, -f, f) \rightarrow (-1, -1, 0)$。后截面上的顶点不变,且投影

中心由原来的(0,0,0)变为无穷远点。

三维形体经 $T_{image}$ 变换后，在 $X_e, Y_e$ 方向上产生了不等比的变比变换。即 $Z_e$ 值小，则 $X_e$，$Y_e$ 的放大倍数大；$Z_e$ 值大，$X_e, Y_e$ 的放大倍数小。对这种形体作平行投影也会产生近大远小的效果，减少了透视投影图的计算工作量。

## 3.5 三维线段裁剪

三维窗口经上述的规格化变换后，在平行投影时为立方体，在透视投影时为四棱台。三维线段裁剪就是要显示一条三维线段落在三维窗口内的部分线段。下面以平行投影为例讨论三维线段的裁剪算法。对透视投影的四棱台有类似的算法，有兴趣的读者可以自行推导。

对于立方体裁剪窗口 6 个面的方程分别是：
$$-x-1=0; \quad x-1=0; \quad -y-1=0; \quad y-1=0; \quad -z-1=0; \quad z-1=0$$

空间任一条直线段 $P_1(x_1, y_1, z_1)$、$P_2(x_2, y_2, z_2)$。$P_1 P_2$ 端点和 6 个面的关系可转换为一个 6 位二进制代码表示，其定义如下：

第 1 位为 1　点在裁剪窗口的上面，即 $y>1$；否则第 1 位为 0；
第 2 位为 1　点在裁剪窗口的下面，即 $y<-1$；否则第 2 位为 0；
第 3 位为 1　点在裁剪窗口的右面，即 $x>1$；否则第 3 位为 0；
第 4 位为 1　点在裁剪窗口的左面，即 $x<-1$；否则第 4 位为 0；
第 5 位为 1　点在裁剪窗口的后面，即 $z>1$；否则第 5 位为 0；
第 6 位为 1　点在裁剪窗口的前面，即 $z<-1$；否则第 6 位为 0。

如同二维线段对矩形窗口的编码裁剪算法一样，若一条线段的两端点的编码者是零，则线段落在窗口的空间内；若两端点编码的逻辑与（逐位进行）为非零，则此线段在窗口空间以外；否则，需对此线段作分段处理，即要计算此线段和窗口空间相应平面的交点，并取有效交点。对任意一条三维线段的参数方程可写成

$$x = x_1 + (x_2 - x_1)t = x_1 + p \cdot t$$
$$y = y_1 + (y_2 - y_1)t = y_1 + q \cdot t \qquad t \in [0,1]$$
$$z = z_1 + (z_2 - z_1)t = z_1 + r \cdot t$$

裁剪空间 6 个平面方程的一般表达式为

$$ax + by + cz + d = 0$$

把直线方程代入平面方程求得

$$t = -(ax_1 + by_1 + cz_1 + d)/(a \cdot p + b \cdot q + c \cdot r)$$

如求一条直线与裁剪空间上平面的交点，即将 $y-1=0$ 代入，得 $t=(1-y_1)/q$，如 $t$ 不在 $0 \sim 1$ 的闭区间内，则交点在裁剪空间以外；否则将 $t$ 代入直线方程可求得

$$x = x_1 + \frac{1-y_1}{q} \cdot p \qquad z = z_1 + \frac{1-y_1}{q} \cdot r$$

这时三维线段与裁剪窗口的有效交点为

$$\left( x_1 + \frac{1-y_1}{q} \cdot p, \quad 1, \quad z_1 + \frac{1-y_1}{q} \cdot r \right)$$

类似地可求得其他 5 个面与直线段的有效交点，连接有效交点可得到落在裁剪窗口内的有效线段。

按照上述编码方法,可以很方便地将二维的 Cohen-Sutherland 算法与中点分割算法推广到三维,只要把二维算法中计算线段与窗口边界线交点的部分换成计算线段与三维裁剪空间侧面的交点即可。要把二维参数化裁剪算法推广至三维也不困难,例如在 Cyrus-Beck 算法中,把二维向量换成三维向量,把边法向量改为面法向量,就可以直接用于三维裁剪。

# 习 题

1. 若用左下角点和右上角点定义的正矩形窗口及视图区分别由数组 $W(4)$ 和 $IV(4)$ 定义,但视图区所在坐标系的 $y$ 轴向下,如图 3.1 所示。编写出窗口内一点坐标 $(x,y)$ 到视图区内相应的点 $(ix,iy)$ 的变换及其逆变换的程序。

2. 试证明下述几何变换的矩阵运算具有互换性:
(1) 两个连续的旋转变换;
(2) 两个连续的平移变换;
(3) 两个连续的变比例变换;
(4) 当比例系数相等时的旋转和比例变换。

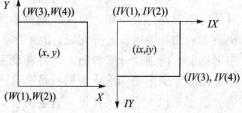

图 3.1 习题 1 图

3. 证明二维点相对 $x$ 轴作对称,紧跟着相对 $y=-x$ 直线作对称变换完全等价于该点相对坐标原点作旋转变换。

4. 证明 $T=\begin{bmatrix} \frac{1-t^2}{1+t^2} & \frac{2t}{1+t^2} \\ \frac{-2t}{1+t^2} & \frac{1-t^2}{1+t^2} \end{bmatrix}$ 完全表示一个旋转变换。

5. 若某个形体的顶点坐标存放在 [data] 矩阵中,$[T_r]$,$[R_x]$,$[R_y]$ 分别表示平移变换矩阵、绕 $x$ 轴的旋转变换矩阵和绕 $y$ 轴的旋转变换矩阵。试证明:
$$[T_r][R_x][R_y][\text{data}] = [\text{data}][R_y][R_x][T_r]$$

6. 证明两个二维旋转变换 $R(\theta_1)$,$R(\theta_2)$ 具有式:$R(\theta_1) \cdot R(\theta_2) = R(\theta_1+\theta_2)$。

7. 试推导把二维平面上的任一条直线 $P_1(x_1,y_1)$、$P_2(x_2,y_2)$ 变换成与 $x$ 坐标轴重合的变换矩阵。

8. 已知点 $P(x_p,y_p)$ 直线 $L$ 的方程 $ax+by+c=0$,推导一个相对 $L$ 作对称变换的矩阵式 ML,使点 $P$ 的对称点为 $P*=P \cdot ML$。

9. 给定空间任一点 $P*(x*,y*,z*)$ 及任一平面 $Q$ 为 $ax+by+cz+d=0$,求 $P$ 对 $Q$ 的对称点 $P*(x*,y*,z*)$ 的变换矩阵。

10. 已知一个平面方程是 $ax+by+cz+d=0$,求经过透视投影变换后,该平面方程的系数。

11. 已知在 $OXYZ$ 坐标系下的平面方程是 $ax+by+cz+d=0$,试求变换矩阵 $T$,使该平面在 $O_1X_1Y_1Z_1$ 坐标系下变成为 $z_1=0$ 的平面。

12. 如图 3.2 所示,一个单位立方体在 $Oxyz$ 右手坐标系中,现欲形成以 $A(1,1,1)$ 为坐标原点,以 $OA$ 为 $z_e$ 轴的左手观察坐标,请推导变换矩阵。

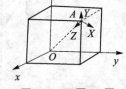

图 3.2 习题 12 图

13. 试编写对二维点实现平移、旋转、变比例变换的子程序。
14. 试编写对三维点实现平移、旋转、变比例变换的子程序。
15. 已知单位立方体,试用程序实现输出该形体正平行投影、斜平行投影和透视投影图。
16. 试用程序实现把用户坐标系下的点变换到观察坐标系下的点。
17. 本章介绍了 3 种把用户坐标系变成观察坐标系的算法,试比较其优缺点。
18. 试编写把透视投影裁剪空间规格化和把平行投影裁剪空间规格化的子程序。
19. 试证明对透视投影经过规格化图像空间的变换,直线仍然是直线,平面仍然是平面。

# 第4章 数据接口与交换标准

自20世纪50年代到70年代初,在计算机图形学形成和发展期间,适用于各种不同应用目的的图形硬件设备和针对具体设备和应用的各种类型的图形软件系统不断地推出。这些系统由不同的开发者设计开发,通用性较差,影响了计算机图形学的进一步发展,导致了计算机图形标准的出现。计算机图形软件功能标准化问题的研究早在70年代初就已经开始。1974年美国成立了图形标准化规划委员会(GSPC),并提出了世界上第一个图形标准方案Core,为计算机图形标准化的工作做了有益的尝试。与此同时,各国也都陆续制定自己的图形标准,其中以德国的GKS标准最为著名。

图形标准的研究和制定在20世纪80年代进入了大发展时期。1985年,第一个国际计算机图形信息标准及计算机图形核心系统(GKS)正式颁布。之后,三维图形核心系统(GKS-3D)、程序员层次交互式图形系统(PHIGS)、计算机图形原文件(CGM)、计算机图形接口(CGI)、初始图形交换规范(IGES)以及产品数据交换标准(STEP)等相继制定并颁布。

本章主要介绍计算机图形标准中与数据接口和数据交换有关的标准。在简单介绍GKSM、CGM和CGI等"低级"数据接口和交换标准之后,这里着重介绍与最终用户密切相关的DXF、IGES和STEP数据交换标准。各种计算机图形标准之间的关系如图4.1.1所示。

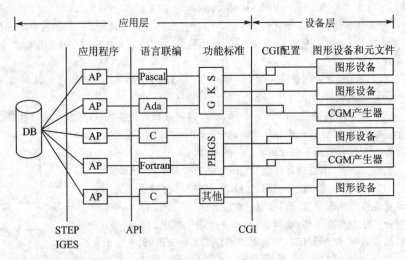

图4.1.1 计算机图形标准之间的关系

# 4.1 GKS 元文件标准 GKSM

## 4.1.1 GKSM 功能

GKSM 是图形核心标准 GKS 用于保存信息的一种机制。在 GKS 中,用图段来存储 GKS 运行过程中的信息。在 GKS 关闭以后,图段将不存在,所有存储在图段中的信息连同图段本身也都自动丢失。为了能够保存 GKS 运行中得到的图形信息,最方便的方法是采用文件的形式进行保存。GKS 标准提供了能够顺序读写,用于长期存储(传输)图形信息的机制,称为 GKS 元文件(GKSM)。利用 GKSM 可实现:

(1) 图形信息的存档;
(2) 不同 GKS 应用之间图形信息的传送和使用;
(3) 不同的图形系统之间图形信息的传送和使用;
(4) 异地之间图形信息的传送(利用磁盘、网络等媒体);
(5) 与图形信息相伴随的应用程序定义的非图形信息的存储和复用。

GKSM 的内容和格式不是 GKS 标准的组成部分。它在 ISO 的另一个标准——计算机图形元文件(CGM)中规定(CGM 在 4.2 中详细介绍)。但在 GKS 标准文本 ISO 7942 的附录 E 中给出了一个为 GKS 设计的元文件。它属于旨在提供一种记录方法的元文件类型。这种方法精确记录送至 GKS 工作站的功能调用序列。它的功能覆盖了 GKS 输出功能的全部范围,适用于图形获取、结构化图形获取和对话获取。CGM 只适用于图形获取,对结构化图形获取和对话获取,CGM 显得无能为力。GKSM 虽然不是 GKS 标准的一部分,但由于它是专为 GKS 设计,特别适合于图形信息从一个 GKS 应用程序到另一个应用程序之间的传递,以及在编辑时需要重复单个图形动作的使用,加之 CGM 与 GKS 之间的不完全适应性,不少 GKS 实现系统仍采用该附录中元文件规定的内容作为实现 GKS 元文件功能的基础。

GKS 提供了一个与元文件的接口,规定如何写/读元文件。为了能在 GKS 中以一致和容易使用的方式来处理各种事务,GKS 没有采用通常的文件管理方式来处理元文件,而是把它作为工作站(在 GKS 中,工作站是图形设备的一种抽象)来处理。元文件的写、读分别对应 GKS 元文件输出工作站 MO 和 GKS 元文件输入工作站 MI。一个 GKS 元文件的建立通过 MO 种类的工作站来完成,而将一个 GKS 元文件读入 GKS 则由 MI 种类的工作站执行,如图 4.1.2 所示。GKS 所提供的与元文件的接口对元文件的内容和格式并无特定要求,但 GKS 的实现系统在实现该接口的功能时,必然依赖于元文件的内容和格式。

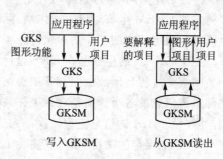

图 4.1.2 GKSM 的写入与读出

## 4.1.2 GKSM 生成

GKSM 定义了一个明文编码方案,是可以被大多数系统和设备应用的与系统无关的图形元文件。它提供了可向上兼容的文件格式。其结构是一个逻辑数据项目的序列,如图 4.1.3 所示。GKSM 以固定格式的文件首部开始,后跟一系列的项目,最后以一个 GKSM 结尾的结束项目结束整个图形元文件。项目是 GKSM 的基本信息单位。每个项目由一个项目首部和项目数据记录组成。其中项目首部包括任选'GKSM'、项目类型和项目数据记录的长度三部分组成。项目按其功能可以分为控制、输出原语、图元属性、工作站属性、变换、图段操作、图段属性和用户等八类项目。这里控制项目包括了文件首部和结束项目。介于两个项目之间的下述信息作为对话获取记录下来。

(1) 工作站控制项目和消息项目;
(2) 图元项目;
(3) 属性项目,包括图元属性、图段属性和工作站属性;
(4) 图段项目;
(5) 用户项目。

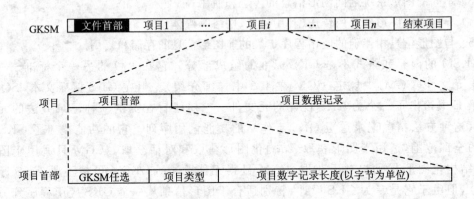

图 4.1.3 GKSM 结构

由于 GKS 将 GKSM 作为特殊种类的工作站(MO 和 MI)处理,因此对 GKSM 的控制就是对通常工作站的控制。在运行过程中,允许有多个不同格式的(对应不同的工作站类型)MO 种类工作站同时启用,而每种格式的 MO 工作站又可以有多个同时工作。因此,一个指定格式的 GKSM 生成对应的工作站,除了是 MO 种类,确定的工作站类型(即确定格式)外,也同时应指定相应的工作站标识符。

一个 GKSM 的生成是在 GKS 运行中,通过一个 GKSM 输出工作站的打开→启用↔停用→关闭整个过程后形成的。打开工作站时建立一个文件以及描述该文件的文件首部。记录该文件具体信息的各个项目是在该工作站从启用到停用期间由 MO 种类工作站的 GKS 功能调用,并按图 4.1.4 的信息流程依次添入。启用到停用的过程在执行中可以反复多次以便控制在 GKSM 中保存的项目内容,直到关闭该工作站后,整个 GKSM 就生成了。一旦这个 GKSM 生成后,就不能对其作为 MO 工作站再次打开,只有通过对应的 GKSM 输入 MI 种类工作站才能读出。

所有 GKS 的图形信息在执行一系列的 GKS 功能中自动地写入指定 MO 工作站的 GKSM 中。另外,GKS 用建立用户项目来记录非图形信息项目。该功能的典型应用是在 GKSM 中将图形和它的描述一起存储起来。

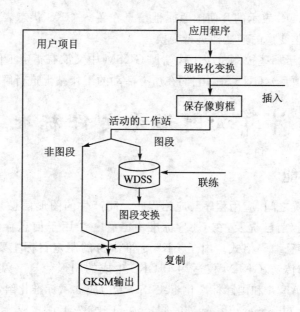

图 4.1.4 GKSM 生成流程

## 4.1.3 GKSM 输入

一个由 MO 种类工作站产生的 GKSM 可以通过对应类型的 MI 种类工作站输入到 GKS 应用程序中去。这里所谓的对应类型指的是同一格式的 GKSM 的输出和输入。

一个 GKSM 的输入由 GKSM 输入工作站(MI 种类工作站)的打开→关闭的整个过程完成。与 GKS 的 INPUT 种类工作站类似,MI 种类工作站属于输入类工作站,不需要进行启用和停用的控制。对于 GKSM 中每个项目的输入,依次通过如下 3 个动作完成:

(1) 获得项目类型;
(2) 读入项目;
(3) 解释项目。

每个动作分别用一个 GKS 功能来实现。整个过程通过一个 GKSM 中记录当前项目位置的指针来控制。这个当前项目指针在打开 MI 工作站时指向紧跟在文件首部后面的那一项,每读入一个项目,指针后移到下一个项目,直到到达结束项目。

获得项目类型的 GKS 功能负责检查 GKSM 中当前项目的类型及其数据记录的长度,并把该类型和长度返回给应用程序。

读入项目的 GKS 功能负责将当前项目的内容返回给应用程序,然后使下一个项目成为当前项目。如果所返回项目的数据记录长度的最大值为零时,表示跳过当前项目。

解释项目的 GKS 功能负责对提供的项目进行解释。解释的结果类似于执行一个对应的 GKS 功能操作,产生 GKS 状态表的适当变化和图形的输出,如图 4.1.5 所示。与执行对应 GKS 功能操作不同的是,解释动作不进行规格化变换,这是因为 GKSM 中保存的是 NDC(规格化设备坐标)信息。

图 4.1.5 GKSM 输入流程

而 GKSM 的一些用 NDC 表示的几何图原属性信息在置入 GKS 状态表的相应项之前,需要先用当前选择的规格化变换的逆变换进行变换。

在解释过程中,对于那些控制单个工作站但 GKSM 中又没有指定工作站的 GKS 功能(例如更新工作站等控制项),GKS 将对它们在所有活动的工作站上进行解释。

## 4.2 计算机图形元文件标准 CGM

### 4.2.1 CGM 功能

不同的系统与系统之间、应用程序与应用程序之间产生的图形信息共享问题是计算机图形标准化的方向之一。前已提及,在 GKS 标准中已有一个用于信息存储与传输的机制,即 GKSM,并约定了其信息编码格式。由于 GKS 标准本身的制定目标主要是计算机图形的生成,而不是信息存储与传输,GKSM 仅适用于 GKS 生成的图形信息。因此,自 1980 年开始,美国国家标准委员会 ANSI 和国际标准化组织 ISO 专门成立了标准化组着手计算机图形元文件 CGM(computer graphic metafile)标准的制定,并于 1987 年正式成为 ISO 标准,标准号为 ISO 8632。

CGM 提供了一个在虚拟设备接口上存储与传输图形数据及控制信息的机制。CGM 的作用类似于 GKSM,但 CGM 不像 GKSM 只局限于 GKS 生成的图形,它具有广泛的适用性。大部分的二维图形软件都能够通过 CGM 进行信息存储和交换。具体地讲,制定 CGM 标准的目的在于:

(1) 提供图形存档的数据格式;
(2) 提供一种以假脱机方式绘图的图形协议;
(3) 为图形设备接口标准化创造条件;
(4) 便于检查图形中的错误,保证图形的质量;
(5) 提供了把不同图形系统所产生的图形集成到一起的一种手段。

### 4.2.2 CGM 描述

CGM 标准是由一套标准的与设备无关的定义图形的语法和词法元素组成。它分为四部分:第一部分是功能描述,包括元素标识符、语义说明以及参数描述;其余三部分为 CGM 的三种标准编元文件码形式,即字符、二进制数和明文编码。CGM 标准元文件本身并不提供元文件生成和解释的具体方法,而利用上述三种不同的标准数据编码形式来实现元文件的元素功能。

一个 CGM 标准的图形文件是一个有序的元素顺序序列。这个序列具有一个简单的两层结构,如图 4.2.1 所示。每个元文件由一个元文件描述和若干个逻辑上独立的画面集组成,每个画面由一个画面描述和一个包含了实际画面定义的画面体组成。CGM 标准最具有特色的设计准则之一是画面的独立性质,从图 4.2.1 中可以看出,在一个画面描述解释之后,画面就随机存取和解释,而不要解释任何前趋画面。这是因为在每个画面开始的时候,CGM 标准对元素指定了状态的默认,因此改变前趋画面的状态丝毫不影响后面的画面状态。

CGM 标准定义的存储和检索图形描述信息文件格式由一个元素集组成。在 CGM 标准

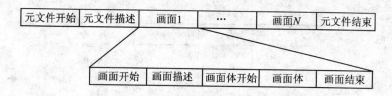

图 4.2.1 CGM 标准图形文件结构

中,一共有 8 类约 90 个元素。这 8 类元素及其在元文件格式中的主要作用如下:

(1) 分界　用于识别一个元文件及其图形画面的表示,包括 BEGIN METAFILE(元文件开始)、END METAFILE(元文件结束)、BEGIN PICTURE(画面开始)、END PICTURE(画面结束)以及 BEGIN PICTURE BODY(画面体开始)。

(2) 元文件描述　描述和解释指定元文件的实际能力。如元文件的版本及其描述、VDC(虚拟设备坐标系)类型、数的精度、颜色精度、索引精度和最大颜色索引、元文件提供的元素表、字体表和字符集表等。

(3) 画面描述　阐述了与该画面有关的元素的参数方式,如比例、颜色选择、线宽和边宽描述、记号大小描述方式以及背景色等。

(4) 控制　用于画面的控制,包括 VDC 的整数、浮点数精度、辅助颜色、透明性、剪取框以及剪取指示器等。

(5) 图元　CGM 标准将图元分为 Line, Marker, Text, Filled, Area, Cell Array 和 GDP 7 类,每一类又细分为若干基本图元。

(6) 属性　CGM 标准图原的属性可以成束指定或单独指定。图原和属性详细内容如表 4.2.1 所列。

表 4.2.1　图元及其属性

| 元素类型 | 图素 | 属性 |
|---|---|---|
| 线　段 | 折线集<br>分离折线集<br>三点圆弧<br>圆心半径圆弧<br>椭圆弧 | 线段成组属性索引:<br>　线　型<br>　线　宽<br>　颜　色 |
| 符　号 | 符号集 | 符号成组属性索引<br>符号类型、大小、颜色 |
| 正　文 | 正文<br>规定区域正文<br>附加正文 | 正文成组属性索引:<br>　正文字体索引<br>　正文精度<br>　字符扩展因子<br>　字符间隔<br>　正文颜色<br>　字符高度<br>　字符方向<br>　正文路径<br>　正文对齐方式<br>　字符集索引<br>　选择字符集索引 |

续表 4.2.1

| 元素类型 | 图素 | 属性 |
|---|---|---|
| 区域填充 | 多边形<br>多边形集<br>矩形<br>三点封闭圆弧<br>圆心封闭圆弧<br>椭圆<br>封闭椭圆弧 | 填充成组属性索引：<br>内部样式<br>填充颜色<br>剖面线索引<br>图案索引<br>边的成组属性索引：<br>边类型<br>边宽、边颜色<br>边的可见性<br>填充参考点<br>图案表<br>图案大小 |
|  | 一般的绘图图素 | 适当的标准属性 |
|  | 上述所有图素 | 原形状态标志 |
|  | 单元阵列 | 无属性 |
|  | 所有的颜色元素 | 颜色表 |

（7）溢出　描述 CGM 标准中与设备相关或与系统实现相关的信息。

（8）外部　除了消息功能外，CGM 标准有一个应用数据（APPLICATION DATA）元素，用于用户所需要的任何非图形目标的信息通信。

## 4.3  计算机图形接口标准 CGI

### 4.3.1  CGI 功能

计算机图形接口标准 CGI（computer graphics interface）是 ISO TC97 组提出的图形设备标准，标准号是 ISO DP9636。CGI 是第一个针对图形设备接口，而不是应用程序接口的交互式计算机图形标准。CGI 的目标是使应用程序和图形库直接与各种不同的图形设备相作用，使其在各种图形设备上不经修改就可以运行，即在用户程序和虚拟设备之间以一种独立于设备的方式提供图形信息的描述和通信。CGI 规定了发送图形数据到设备的输出和控制功能，从图形设备接收图形数据的输入、查询和控制功能，因 CGI 是设备级接口，对出错处理和调试只提供了最小支持。CGI 提供的功能集包括控制功能集、独立于设备的图形对象输出功能集、图段功能集、输入和应答功能集以及产生、修改、检索和显示以像素数据形式存储的光栅功能集。在二维图形设备中可以找到 CGI 支持的功能，但没有一个图形设备包含由 CGI 定义的所有功能，从这个意义上说，CGI 定义了与虚拟设备的接口。

CGI 是设备级的计算机图形标准，规定了一个 CGI 实现和 CGI 用户之间的接口。一个 CGI 的实现叫做对象。对象既可以是硬件设备也可以是一个程序。CGI 的用户就是用 CGI 对象实现的与设备无关的应用程序。CGI 提供了一些功能来实现一个 CGI 对象和一个 CGI 应用程序之间数据交换。对象和应用程序之间的接口由 CGI 引用模式来描述。基于 CGI 对象和 CGI 应用程序的配置情况，引用模式提供了一个概念上的框架说明 CGI 在一个计算机图形环境中如何使用。CGI 有 3 种引用模式：应用、对象和 CGI 产生器与解释器配置。为了使应用程序创建、保存、修改和显示图形，CGI 提供了管道机制。CGI 的管道分为 3 种：

（1）图形对象管道　说明应用程序如何使用 CGI 提供的功能来创建图形；

（2）光栅管道　说明图形对象管道及其相关的图形输出功能与光栅虚拟设备及光栅操作功能之间的联系；

（3）输入管道　说明 CGI 虚拟设备如何支持交互式输入。

### 1. CGI 控制功能集

控制功能集包括 CGI 所涉及的虚拟设备和出错处理功能，用以实现图形图像信息以及接口的图形与非图形部分的内部关系的管理。这些功能分为以下 7 类：

（1）虚拟设备管理　提供了对虚拟设备的控制，包括启动和终止用户与 CGI 虚拟设备的对话期、管理虚拟设备上的画面等；

（2）数值精度要求；

（3）坐标空间；

（4）视点，如何使定义在虚拟设备坐标空间中的图形图像显示在绘画面；

（5）裁　剪；

（6）其　他；

（7）出错处理。

### 2. CGI 输出功能集

CGI 输出功能集创建包含用户的画面的图形对象及控制它们的显示，确定图形对象的几何和显示特性。用户可以借助输出功能，使用标准绘图图元或广义绘图图元来生成标准图形对象或非标准图形对象。

CGI 输出功能集包括以下 4 类功能：

（1）图元功能　创建包含用户画面的图形对象；

（2）属性功能　定义图形对象的属性；

（3）属性控制功能　允许用户控制图形对象；

（4）输出查询功能　返回输出以及属性描述表和状态表的有关信息。

### 3. CGI 图段功能集

CGI 图段功能集定义了图形对象组合到图段中的方法，用惟一的图段标识符标识图形对象，产生、修改和操纵图段的功能，即

（1）图段操作　包括对图段的产生、关闭、删除和操纵图段的功能；

（2）图段属性　设置和修改图段属性；

（3）图段查询　用以获取与图段描述表和状态表有关的信息。

### 4. 输入和应答功能集

在 CGI 中，按返回数据的类型将逻辑输入设备分为 8 类，即：定位、笔画、取值、选择、拾取、字符串、光栅和其他输入设备。光栅类的输入设备用来输入像素阵列；相应的物理设备是扫描仪、摄像机等；其他输入设备的逻辑输入设备用来输入指定格式的数据记录。这种物理设备的例子如声音输入设备等。每类逻辑设备有 4 种输入方式：请求、采样、事件和应答。在应答方式下，允许将该逻辑输入设备的当前值应答在相应的 CGI 虚拟设备上。

## 4.3.2 光栅功能集

大多数计算机图形设备或是向量设备或是光栅设备,两者都可以绘制直线、圆等图形对象。然而,向量设备和光栅设备所绘制的图形对象是不同的。向量设备上显示的图形对象是光滑连续的,不一定与设备坐标相交,独立于图形设备的分辨率。光栅设备以点的阵列来显示图形,表示图形的点总是位于设备坐标上。因此,光栅设备所显示的图形没有向量设备所显示的图形光滑,且显示的效果随设备分辨率的不同而不同。在 CGI 输出设备描述表中显示类型一项指定了图形设备的类型,其值可以是 VECTOR(向量)、RASTER(光栅)或 OTHER(其他)。

光栅设备支持一些向量设备所不支持的功能。这些功能称为光栅操作功能集。CGI 是支持光栅操作的第一个计算机图形标准。为了支持光栅虚拟设备,除了图形对象管道外,还需要光栅管道。一个光栅虚拟设备上的画面由许多像素组成。像素所占据的内存区域叫做位图。画面由以像素阵列方式绘制的图形对象来生成。这些像素写入位图,通过从位图中读像素并显示在光栅虚拟设备的绘画面上来显示图形图像。

当图形对象以像素阵列方式显示后,作为一个图形对象的标识符就丢失了。例如,当一个圆被像素方式显示后,一个圆被显示这个事实就丢失了,只剩下一些毫无联系的像素而已。接下来被显示的图形图像的修改只能用光栅操作功能通过复制、合并像素实现。

CGI 提供的光栅操作功能包括产生、检索、修改和显示像素数据的功能。

(1) 光栅控制　在 CGI 的位图分为可显示位图和不可显示位图,不可显示位图又分为全深度位图和映象位图。全深度位图是和显示器上的每个像素用多少位来表示相匹配的;而映象位图的每个像素只有一位。位图操作可以把虚拟设备空间(VDC)中特定区域内的图像映射到当前的设备空间(DC)中来。在 VDC 到 DC 的一系列变换中并不会改变已有位图中像素的数量,只会影响位图在 VDC 中表示的区域。

(2) 光栅操作　包括像素阵列数据的检索和显示、各种形式的位图运算以及位图区域的移动、合并和复制等。

(3) 光栅属性　用来设置源和目的位图之间进行像素操作的绘图方式和填充位图区域功能。CGI 中定义的位图绘制方式有:布尔运算型(与、或和非)、加运算型和比较运算型。此外,CGI 还提供了对光栅描述表、光栅状态表和位图状态表的查询功能。

# 4.4 基本图形交换规范标准 IGES

## 4.4.1 IGES 功能

随着 CAD/CAM 技术的广泛应用,产品的几何模型或产品的完整信息模型以计算机可以理解的数据结构存储在计算机内部。企业间、企业内部不同的职能部门间经常需要进行产品信息的交换。由于 CAD/CAM 系统的不同,产品模型在计算机内部的表达也不相同,直接影响到设计和制造部门和企业间的产品信息的交换和流动,导致了产品数据交换标准的制定。

1980 年,由美国国家标准局(NBS)主持成立了由波音公司和通用电气公司参加的技术委员会,制定了基本图形交换规范 IGES(Initial Graphics Exchange Specification),并于 1981 年正式成为美国的国家标准。

最初开发 IGES 是为了能在计算机绘图系统的数据库上进行数据交换。IGES 开发吸取的思想主要来自波音公司的 CAD/CAM 集成信息网和通用电气公司的中性数据库。IGES 草案(IGES 1.0)于 1980 年 1 月发表,最初范围仅限于工程图纸所需的典型几何、图形和标注元素(Entity)。1980 年春季,美国国家标准所(ANSI)Y14.26 委员会经表决,接受 IGES 作为产品数据交换标准的一部分并于 1981 年 1 月发表。与此同时,一个旨在维护 IGES 标准的委员会成立,并致力于 IGES 的发展和应用。

IGES 作为 ANSI 标准发表以后,IGES 委员会把注意力放在扩展 IGES 到新的领域,为此设立了一些委员会研究新增的应用领域。1982 年 IGES 2.0 版本发表,包括了电子和有限元两个委员会完成的工作。1986 年 IGES 3.0 发表,包括了工厂规划和建筑结构工程两个委员会的工作。在几何表示方面,IGES 3.0 支持曲面和三维线框表示,只是对 IGES 1.0 有所改变,这在实际的 CAD 系统数据交换中是不够的,因为 CAD 数据很大部分以实体形式出现。IGES 在 CAM-I 的协助下开发出实体模型数据的实验规范 ESP(Experimental Solids Proposal)。ESP 能处理边界表示模型、CSG 模型和装配体,其中的 CSG 部分成功地用于福特汽车公司的 PADL-2 系统、通用汽车公司的 GMSolid 和通用电气公司的 TRUCE 系统之间的数据交换。1988 年 6 月发表的 IGES 4.0 包括了 CSG 模型,而实体的边界模型则包含在 IGES 以后的版本中。

从 1981 年的 IGES 1.0 版本到 1991 年的 IGES 5.1 版本,和最近的 IGES 5.3 版本,IGES 逐渐成熟,日益丰富,覆盖了 CAD/CAM 数据交换的越来越多的应用领域。作为较早颁布的标准,IGES 被许多 CAD/CAM 系统接受,成为应用最广泛的数据交换标准。制定 IGES 标准的目的是,建立一种信息结构来定义产品数据的数字化和通信,以及在不同的 CAD/CAM 系统间以兼容的方式交换产品定义数据。

## 4.4.2 IGES 元素

允许在 CAD/CAM 系统之间进行产品数据交换的文件结构至少要支持产品的几何数据、标注和数据组织方式的通信。IGES 标准定义的文件格式将产品数据看作元素(Entity)的文件。每个元素是以一种独立于应用的、特定的 CAD/CAM 系统内部产品数据格式,并以映射的格式来表示。IGES 作为一种逐渐成熟的标准,在 IGES 中包含的元素类型始终同步于 CAD/CAM 技术的发展。

在 IGES 数据交换文件中表示信息的基本单位就是元素。每种元素都有惟一的元素类型号与之对应。元素类型号 0000~0599 和 0700~5000 由 IGES 标准本身使用;元素类型号 0600~0699 和 10 000~99 999 作为宏元素。需要注意的是,元素类型号目前并没有被全部使用,有些号码是空的,不对应任何元素。一些元素包含有形式(Form)号作为一个属性,用来在固定的一个类型中进一步定义或细分一个元素。元素集中还包含一些用来表示元素之间相关性和元素性质的特殊元素。相关性元素提供了在元素间建立联系,以及这种联系所代表的含义的一种机制;特性元素允许指定一个元素或一些元素特殊的性质,如线宽。

在 IGES 标准中定义了 5 类元素:曲线和曲面几何元素、构造实体几何 CSG 元素、边界

B Rep实体元素、标注元素和结构元素。元素类型号 100～199 一般保留为几何元素的类型号,即:

### 1. 曲线和曲面几何元素

在 IGES 标准中定义了如下的曲线和曲面几何元素:

100 圆弧(circular arc);

102 组合曲线(composite curve);

104 二次曲线(conic arc);

106 数据集(copious data);

108 平面(plane);

110 直线(line);

112 参数样条曲线(parametric spline curve);

114 参数样条曲面(parametric spline surface);

116 点(point);

118 直纹面(ruled surface);

120 旋转面(surface of revolution);

122 列表柱面(tabulated cylinder);

124 变换矩阵(transformation matrix);

125 几何元素显示标记(flash);

126 有理 B 样条曲线(rational B-spline Curve);

128 有理 B 样条曲面(rational B-spline Surface);

130 等距曲线(offset curve);

140 等距曲面(offset surface);

141 边界(boundary);

142 参数曲面上的曲线(curve on a parametric surface);

143 有界曲面(bounded surface);

144 剪裁曲面(trimmed parametric surface)。

### 2. 构造实体几何元素

IGES 标准中 CSG 体素元素如下:

150 块(block);

152 直角楔体(right angular wedge);

154 正圆柱(right circular cylinder);

156 正圆锥(right circular cone frustum);

158 球体(sphere);

160 圆环(torus);

162 旋转体(solid of revolution);

164 线性拉伸体(solid of linear extrusion);

168 椭圆体(ellipsoid)。

通过使用如下的元素,CSG 体素合并为更复杂的 CSG 实体:

180 布尔树(boolean tree);

182 选择部件(selected component);

184 实体装配(solid assembly);

430 实体实例(solid instance)。

IGES 中的构造实体几何 CSG 元素用来支持广泛使用的实体模型表示方法之一(CSG)。CSG 元素类型可以分为两类:几何的和结构的。几何的 CSG 类型元素指体素元素,包括了从块到椭圆体的体素。一个体素模型的信息包括定义体素形状的尺寸,定义体素局部坐标系的点和向量坐标和一个任选的指向确定体素位置的变换矩阵的索引项指针。对于旋转体和线性拉伸体元素,其形状定义通过平面曲线间接地定义。结构的 CSG 类型元素有布尔树、实体实例和实体装配元素。

### 3. B-Rep 实体元素

边界表示 B-Rep 实体模型元素,它包括拓扑元素集、曲面元素集和曲线元素集。

(1) 拓扑元素集:

186 流形 B-Rep 实体(manifold Solid B-Rep object);

502 顶点(vertex);

504 边(edge);

508 环(loop);

510 面(face);

514 壳(shell)。

(2) 用于构造 B-Rep 实体模型的曲面元素:

114 参数样条曲面(parametric spline surface);

118 直纹面(ruled surface);

120 旋转面(surface of revolution);

122 列表柱面(tabulated cylinder);

128 有理 B 样条曲面(rational B-spline surface);

140 等距曲面(offset surface);

190 平曲面(plane surface);

192 正圆柱面(right circular cylindrical surface);

194 正圆锥面(right circular conical surface);

196 球面(spherical surface);

198 圆环面(toroidal surface)。

(3) 用于构造 B-Rep 实体模型的曲线元素:

100 圆弧(circular arc);

102 组合曲线(composite curve);

104 二次曲线(conic arc);

106/11 2D 路径(2D path);

106/12 3D 路径(3D path);

106/63 平面封闭曲线(closed planar curve);

110 直线(line);

112 参数样条曲线(parametric spline curve);

126 有理B样条曲线(rational B-spline curve);

130 等距曲线(offset curve)。

### 4. 标注图形元素

标注图形元素如下：

106 数据集(copious data);

202 角度尺寸标注(angular dimension);

204 曲线尺寸标注(curve dimension);

206 直径尺寸标注(diameter dimension);

208 标识注解(flag note);

210 一般标注(general label);

212 一般注解(general note);

213 新一般注解(new general note);

214 箭头标注(leader 或 arrow);

216 直线尺寸标注(linear dimension);

218 坐标尺寸标注(coordinate dimension);

220 点尺寸标注(point dimension);

222 半径尺寸标注(radius dimension);

228 一般符号(general symbol);

230 剖面区域(sectioned area)。

许多标注元素是用其他元素来构造的,例如,尺寸元素由0,1或2个指向参考线元素的指针,0,1或2个指向箭头元素的指针和一个指向一般注解元素的指针。

### 5. 结构元素

IGES中结构元素包括：

0 空元素(null);

132 连接点(connect point);

134 有限元节点(node);

136 有限元元素(finite element);

138 节点的位移或旋转(nodal displacement and rotation);

146 节点值(nodal results);

148 元素值(element results);

302 相关性定义(associatively definition);

304 线型定义(line Font definition);

308 子图定义(subfigure definition);

310 字体定义(text font definition);

312 文本显示方式(text display template);

314 颜色定义(color definition);

316 单位数据(units data);

320 网络子图定义(network subfigure definition);

322 属性表定义(attribute table definition);

402 相关性实例(associatively instance);

404 图纸(drawing);

406 特性(property);

408 单子图实例(singular subfigure instance);

410 视图(view);

412 方阵子图实例(rectangular array subfigure instance);

414 圆周阵子图实例(circular array subfigure instance);

416 外部基准(external reference);

418 节点加载和约束(nodal load and constraint);

420 网络子图实例(network subfigure instance);

422 属性表实例(attribute table instance);

600~699 宏实例(macro instance);

10 000~99 999 用户宏定义(macro definition (user))。

### 4.4.3 IGES 文件结构

IGES 文件由 5 或 6 段组成:

(1) 标志(Flag)段;

(2) 开始(Start)段;

(3) 全局(Global)段;

(4) 元素索引(Directory Entry)段;

(5) 参数数据(Paramter Data)段;

(6) 结束(Terminate)段。

其中,标志段仅出现在二进制或压缩的 ASCII 文件格式中。

一个 IGES 文件可以包含任意类型、任意数量的元素,每个元素在元素索引段和参数数据段各有一项,索引项提供了一个索引以及包含一些数据的描述性属性;参数数据项提供了特定元素的定义。元素索引段中的每一项格式是固定的,参数数据段的每一项是与元素有关的,不同的元素其参数数据项的格式和长度也不同。每个元素的索引项和参数数据项通过双向指针联系在一起。

文件每行 80 个字符。每段若干行,每行的第 1~72 个字符为该段的内容;第 73 个字符为该段的段码;第 74~80 个字符为该段每行的序号。段码是这样规定的:字符"B"或"C"表示标志段;"S"表示开始段;"G"表示全局段;"D"表示元素索引段;"P"表示参数数据段;"T"表示结束段。下面重点介绍一下开始段和全局段的内容。

**1. 开始段(Start Section)**

文件开始段可供人阅读的有关该文件的一些前言性质的说明。在第 1~72 列上可以写入任何内容的 ASCII 码字符。一个开始段例子如图 4.4.1 所示。

**2. 全局段(Global Section)**

文件的全局段包含由前置处理器写入,后置处理器处理该文件所需的信息。它描述了 IGES 文件在使用的参数分隔符、记录分隔符、文件名、IGES 版本、直线颜色、单位、建立该文件的时间、作者等信息。详细说明如表 4.4.1 所列。

| 1 72 | 73 80 |
|---|---|
| 文件开始段供人阅读有关文件的前言性质 | S0000001 |
| 该段包含任意文件 | S0000002 |
| 在第 1～72 列上写入 ASCII 码字符 | S000000N |

**图 4.4.1  ASCII 码的 IGES 开始段的格式**

**表 4.4.1  IGES 全局段内容**

| 索引 | 类型 | 描述 |
|---|---|---|
| 1 | 字符串 | 参数分隔符（默认为逗号） |
| 2 | 字符串 | 记录分隔符（默认为分号） |
| 3 | 字符串 | 发送系统产品 ID |
| 4 | 字符串 | 文件名 |
| 5 | 字符串 | 系统 ID |
| 6 | 字符串 | 前置处理器版本 |
| 7 | 整 数 | 整数的二进制表示位数 |
| 8 | 整 数 | 发送系统单精度浮点数十进制最大幂次 |
| 9 | 整 数 | 发送系统单精度浮点数有效位数 |
| 10 | 整 数 | 发送系统双精度浮点数十进制最大幂次 |
| 11 | 整 数 | 发送系统双精度浮点数有效位数 |
| 12 | 字符串 | 接收系统产品 ID |
| 13 | 实 数 | 模型空间比例 |
| 14 | 整 数 | 单位标志 |
| 15 | 字符串 | 单 位 |
| 16 | 整 数 | 直线线宽的最大等级 |
| 17 | 实 数 | 最大直线线宽 |
| 18 | 字符串 | 交换文件生成的日期和时间，格式 13HYYMMDD.HHNNSS，其中：<br>13 表示字符串长度，"H"表示字符串，<br>YY 年数的末两位<br>HH 小时(00－23)<br>MM 月(01－12)<br>NN 分钟(00－59)<br>DD 日(01－31)<br>SS 秒(00－59) |
| 19 | 实 数 | 用户设定的模型等级的最小值 |
| 20 | 实 数 | 模型的近似最大坐标值 |
| 21 | 字符串 | 作者名 |
| 22 | 字符串 | 作者单位 |
| 23 | 整 数 | 对应于创建本文件的 IGES 标准版本号的整数 |
| 24 | 整 数 | 绘图标准 |
| 25 | 字符串 | 创建或最近修改模型的日期和时间 |

## 4.5　DXF 数据接口

每个 CAD 系统都有自己的数据文件，而数据文件分图形数据文件、几何模型文件和产品模型文件几种。数据文件的格式与每个 CAD 系统自己的内部数据模式密切相关，而每个 CAD 系统自己内部的数据模式一般是不公开的，也是各不相同的。由于用户使用的需要，就有数据交换文件概念的出现。

DXF 为 AutoCAD 系统的图形数据文件，DXF 虽然不是标准，但由于 AutoCAD 系统的普遍应用，使得 DXF 成为事实上的数据交换标准。DXF 是具有专门格式的 ASCII 码文本文件。AutoCAD 可以用 DXFFOUT 命令生成它，也可以用 DXFIN 命令读入它。

### 4.5.1　DXF 文件结构

一个完整的 DXF 文件是由四个段和一个文件结尾组成的。其顺序如下：

(1) 标题段　记录 AutoCAD 系统的所有标题变量的当前值或当前状态。这些标题变量记录了 AutoCAD 系统的当前工作环境。例如，AutoCAD 版本号、插入基点、绘图界限、SNAP 捕捉的当前状态、栅格间距、式样、当前图层名、当前线型和当前颜色等。

(2) 表段　包含了四个表，每个表又包含可变数目的表项。按照这些表在文件中出现的顺序，它们依次为线型表、图层表、字样表和视图表。

(3) 块段　记录定义每一块时的块名、当前图层名、块的种类、块的插入基点及组成该块的所有成员。块的种类分为图形块、带有属性的块和无名块三种。无名块包括用 HATCH 命令生成的剖面线和用 DIM 命令完成的尺寸标注。

(4) 元素段　记录了每个几何元素的名称、所在图层的名称、线型名、颜色号、基面高度、厚度以及有关几何数据。

(5) 文件结束　标识文件结束。

DXF 文件中每个段由若干个组构成，每个组在 DXF 文件中占有两行。组的第一行为组代码，它是一个非零的正整数，相当于数据类型代码，每个组代码的含义是由 AutoCAD 系统而约定的，以 FORTRAN "I3"格式（即向右对齐并且用三字符字段填满空格的输出格式）输出。组的第二行为组值，相当于数据的值，采用的格式取决于组代码指定的组的类型。组代码和组值合起来表示一个数据的含义和它的值。

组代码是非负的整数，它们的含义分别是：

0　标识一个事物的开始，如一个段、一个表、一个块、一个实体等；
1　一个文本，如字符串的值、属性值；
2　名字，如段、表、块的名字；
3~4　字符型数据的值，如线型说明部分，属性提示的内容等；
5　实体描述字（固定的）；
6　线型名（固定的）；
7　字样名（固定的）；
8　图层名（固定的）；
9　标题变量名（固定的）；

10～18　$x$ 坐标值；

20～28　$y$ 坐标值；

30～37　$z$ 坐标值；

38　基面高(10.0 以前版本用)；

39　实体的厚度(固定的)；

40～48　高度、宽度、距离、比例因子等；

49　重复性的值，如定义线型时的笔画长度；

50～58　角度值；

62　颜色号(固定的)；

66　实体的跟随标记(固定的)；

67　当前是模型空间还是图纸空间；

210　$x$ 方向分量；

220　$y$ 方向分量；

230　$z$ 方向分量；

999　注释。

说明：以上列举的只是与二维图形有关的组代码，组代码要求跟随值具有确定的数据类型，具体是：0～9 码要求字符型，60～79 码要求整型，其余要求实型，999 码例外。

## 4.5.2　阅读图形交换文件

图形交换文件比较长，与图形数据有关的部分如下：

(1) 图层表

| | |
|---|---|
| 0 | (开始:) |
| TABLE | (表) |
| 2 | (名字) |
| LAYER | (图层，即图层表开始) |
| 70 | (数量:) |
| ×× | (本作业共设置了××个图层) |
| 0 | (开始) |
| LAYER | (图层) |
| 2 | (名字) |
| 0 | ("0"，即名字为"0"的图层开始) |
| 70 | (状态) |
| 0 | (0:thaw;1:freeze) |
| 62 | (颜色号) |
| 1 | (红色，如果为负，颜色号取绝对值，状态为 OFF) |
| 6 | (线型:) |
| CENTER | (中心线) |

以下是其他图层的数据：

| | |
|---|---|
| 0 | (开始:) |
| ENDTAB | (表结束，即图层表结束) |

## 第4章 数据接口与交换标准

(2) 块　段

| | |
|---|---|
| 0 | (开始:) |
| SECTION | (段) |
| 2 | (名字) |
| BLOCKS | (块,即块段开始) |
| 0 | (开始:) |
| BLOCK | (块) |
| 8 | (图层名) |
| A1 | (定义该块时,当前层的名字是 A1) |
| 2 | (名字:) |
| B2 | (该块的名字是 B2) |
| 70 | (块的类型) |
| 0 | (0:图形块;1:无名块;2:带属性的块;4:外部引用块) |
| 10 | (基点的 X 坐标:) |
| ×××、×× | |
| 20 | (基点的 Y 坐标:) |
| ×××、×× | |
| 30 | (基点的 Z 坐标:) |

以下是该块每个成员的数据,格式见实体段:

| | |
|---|---|
| 0 | (开始:) |
| ENDBLK | (块结束,即名字为 B2 的块定义结束) |
| 8 | (图层名:) |
| A1 | (定义该块时,当前层的名字是 A1) |

以下是其他块的数据:

| | |
|---|---|
| 0 | (开始:) |
| ENDSEC | (段结束,即块段结束) |

(3) 实体段与文件结尾

| | |
|---|---|
| 0 | (开始:) |
| SECTION | (段) |
| 2 | (开始:) |
| ENTITIES | (实体,即实体段开始) |

以下是各实体的数据:

| | |
|---|---|
| 0 | (开始:) |
| ENDSEC | (段结束,即实体段结束) |
| 0 | (开始:)EOF(文件结束,即整个 DXF 文件结束) |

(4) 实体的非几何信息部分

| | |
|---|---|
| 0 | (开始:) |
| ×××× | (实体种类,如 LINE、CIRCLE、ARC 等) |
| 6 | (线型名:) |
| ×××× | (为"BYLAYER"时无此组) |
| 62 | (颜色号:) |

|  |  |
|---|---|
| × | （为 BYLAYER 时无此组） |
| 39 | （厚度：） |
| ××,×× | （为零时无此组） |
| 5 | （实体描述字：） |
| ×××× | （HANDELS 为 OFF 时无此组） |

以下是这个实体的几何信息部分。

(5) 直线的几何数据的组代码

  10,20,30：起点的 X、Y、Z 坐标组代码。

  11,21,31：终点的 X、Y、Z 坐标组代码。

(6) 圆的几何数据的组代码

  10,20,30：圆心的 X、Y、Z 坐标组代码。

  40：半径的组代码。

(7) 圆弧的几何数据的组代码

  10,20,30：圆弧的圆心 X、Y、Z 坐标组代码。

  40：半径的组代码。

  51：圆弧终止角的组代码。

(8) 作为块调用插入体(INSERT)的几何数据的组代码

  2：块名的组代码

  10,20,30：插入点的 X、Y、Z 坐标的组代码。

  41,42,43：X、Y、Z 方向比例因子的组代码。

  50：旋转角的组代码。

  DXF 文件格式的设计充分考虑了接口程序的需要，它能够容易地跳过没有必要关心的信息，同时又能方便地提取所需要的信息。只要记住按何顺序处理各个组并跳过不关心的组即可。但编写一个输出 DXF 文件的程序比较困难，因为必须保持图形的一致性以使 AutoCAD 系统接受它。AutoCAD 系统允许在一个 DXF 文件中省略许多项并且仍可获得一个合法的图形。如果不需要设置任何标题变量，那么整个 HEADER 段都可以省略。在 TABLES 段中的任何一个表，在不需要时也可以略去，并且事实上如果对它不作任何处理时，整个表段也可以去掉。如果在 LTYPE 表中定义了线型，则该表必须在 LAYER 表之前出现。如果图中没有使用块定义，则可以省略 BLOCKS 段。如果有，那么它必须出现在 ENTITIES 段之前。EOF 必须出现在文件的末尾。

### 4.5.3 利用图形交换文件提取实体数据

  如果只提取某些实体的数据，可以在用 DXFOUT 命令时选择 Entites 选项，生成只含这些实体的图形交换文件，也可以利用图层的名字、状态、实体的颜色、线型作为提取实体的附加条件。

  图 4.5.1 是从图形交换文件中提取 LINE、CIRCLE、ARC 的程序流程图；图 4.5.2 是从 DXF 文件中提取直线的起点 $(X_s, Y_s)$，终点 $(X_e, Y_e)$ 坐标的程序流程图。

第 4 章 数据接口与交换标准

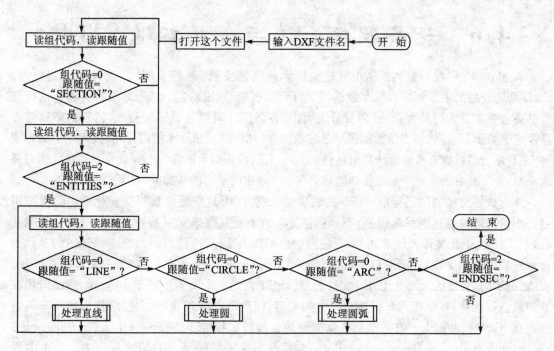

图 4.5.1 从 DXF 文件中提取直线、圆、圆弧几何数据的程序流程图

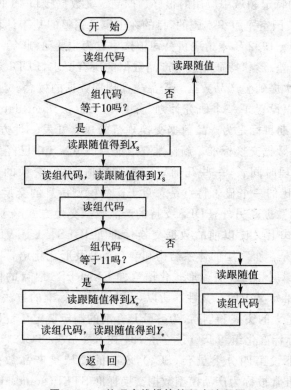

图 4.5.2 处理直线模块的程序流程图

## 4.6 产品数据表达与交换标准 STEP

20世纪70年代后期，随着几何造型技术的迅速发展，各种CAD系统逐步得到应用。CAD系统应用的主要领域有汽车制造、航空航天、造船、机械制造、电子、建筑等行业。这些行业的企业一般是大型综合企业，内部分工明确，各部门之间信息交换量较大，特别是所制造产品的定义数据，传统的蓝图虽然能提供足够的信息。但随着CAD系统的应用，人们一方面希望各CAD系统的数据直接通过计算机进行交换，以提高数据交换的效率和正确性。另一方面则要求CAD技术在发展的每一个阶段都能建立在一个稳定的平台的基础上，以便向纵深发展。

作为数据交换的国际标准IGES发表以后，成为应用最广泛的数据交换标准。但在应用过程中，IGES缺点逐渐暴露出来，不能满足复杂的工业上数据交换的要求。法国航空航天业发现IGES由于其文件太过于冗长，有些数据也不能表达，无法传送。因此，在IGES的基础上自行开发了数据交换规范SET(standard d'exchange et de transfert)。SET的文件格式与IGES完全不同，长度大大小于IGES文件长度。SET的第一个文本发表于1983年，成功应用在欧洲航空航天业，在一些汽车制造公司中如雷诺、标致等也得到应用。此外，德国的汽车制造业也在IGES的基础上开发了产品数据交换的德国国家标准VDAFS(verband der deutschen automobilindustrie — flachennittstelle)。与其他标准不同的是，VDAFS只集中于自由曲面的数据交换，在CAD的特定领域中应用的很好。产品定义数据接口PDDI(product definition data interface)计划是美国空军组织实施的，目的在于定义完整的基于计算机在设计和制造之间的产品定义数据接口。1982年麦道飞机公司被选中成为主要研制者。因为IGES不能满足几何、边界表示实体、公差、形状特征等这些产品数据的所有要求，PDDI定义了一些数据结构来满足这些要求，第一次提到了产品数据和产品生命周期数据的概念。

1984年，IGES组织设置了一个研究计划，称为PDES(product data exchange specification)。PDES计划的长期目标是为产品数据交换规范的建立开发一种方法论，并运用这套方法论开发一个新的产品数据交换标准。新标准要求能克服IGES中已经意识到的弱点。这些弱点包括文件过长，处理时间长，一些几何定义影响数值精度，交换的是数据而不是信息。PDES计划与IGES相比的一个显著特点是着重于产品模型信息的交换而不是像IGES那样仅传递一些几何和图形数据。另外，PDES支持的产品数据交换方式除了文件交换外，还有共享数据库，这在实现方式上又比以前的数据交换标准如IGES、SET、VDAFS等前进了一大步。PDES的开发方法是一个三层的体系结构和参考模型及形式化语言的运用。体系结构中的三层包括应用层、逻辑层和物理层。形式化语言如EXPRESS语言的使用提高了计算机可实现的程度，消除了标准定义中的二义性。所以，无论是开发标准的方法论还是标准的结构和内容，PDES计划都有重大的突破和创新，为STEP标准的制定奠定了良好的基础。

1983年12月，国际标准化组织ISO设立了184技术委员会(TC184)，而TC184名为工业自动化系统。TC184下设第四分委员会(SC4)，SC4的领域是产品数据表达与交换。ISO TC184/SC4制定的标准常被称为产品模型数据交换标准STEP(standard for the exchange of product model data)。STEP的制定主要基于PDES计划，欧洲也作了许多重要的工作。

1988年ISO把美国的PDES文本作为STEP标准的建议草案公布，随后PDES的制定工作并入STEP的制定中，PDES计划从PDES的制定转向STEP标准的应用，PDES也因此改名为"应用STEP进行产品数据交换(product data exchange using STEP)"。由于PDES计划和STEP密切相关，习惯上常将两者合在一起为PDES/STEP。

## 4.6.1 STEP的组成

STEP的ISO正式代号为ISO 10303，是一个关于产品数据计算机可理解的表示和交换的国际标准。其目的是提供一种不依赖于具体系统的中性机制，能够描述产品整个生命周期中的产品数据。产品生命周期包括产品的设计、制造、使用、维护、报废等。产品在各过程产生的信息既多又复杂，而且分散在不同的部门和地方。这就要求这些产品信息以计算机能理解的形式表示，而且在不同的计算机系统之间进行交换时保持一致和完整。产品数据的表达和交换，构成了STEP标准，STEP把产品信息的表达和用于数据交换的实现方法区分开来。

STEP把所有部分分成七个系列，每一系列包括若干部分，这些系列及相应的部分编号如下：

0 系列：

1　Overview & Fundamental Principles(概述和基本原则)

10 系列：描述方法

11 EXPRESS Language(EXPRESS语言)

20 系列：实现方法

21 Physical File Format (Clear Text Encoding of the Exchanges Structure)(物理文件格式)

22 STEP Access Interface(STEP访问接口)

30 系列：一致性测试方法

31 Conformance Testing Methodology and Framework - General Concepts(一致性测试方法与框架概念)

32 Requirement on Test Laboratories and Clients for the Conference Assessment Process(一致性测试需求)

33 Abstract Test Suite Specification(抽象测试成套规范)

34 Abstract Test Method for each Implementation Method(对每个实现方法的抽象测试)

40 系列：通用产品模型

41 Generic Product Data Model(基本产品数据模型)

42 Shape Representation(形状表示)

43 Shape Interface(形状接口)

44 Product structure Configuration Management(产品结构管理)

45 Materials(材料)

46 Presentation(显示)

47 Tolerance(公差)

48 Form Feature(形状特征)

49 Product Life Cycle Support(产品生命周期支持)

100 系列：应用资源

100 Drafting Resource(绘图资源)

102 Ship Structures(船舶结构)
103 Electrical functional(电子功能)
104 Finite Element Analysis(有限元分析)
105 Kinematics(运动学)
200 系列：应用协议
201 Explicit Draughting (2-D Draughting AP)(二维图协议)
202 Draughting with 3-D Geometry (3-D Draughting AP)(三维几何图协议)
203 Configuration Controlled 3-D Product Definition(三维产品定义设置)
204 Boundary Representation Solid Models AP(边界表示实体模型协议)
205 Sculptured Surfaces AP(雕塑曲面应用协议)

与 PDES 一样，STEP 的体系结构也分为三层。最上层是应用层，包括应用协议及对应的抽象测试集，是面向具体应用，与应用有关的一个层次；第二层是逻辑层，包括集成资源，是一个完整的产品模型，从实际中抽象出来，并与具体实现无关；最底层是物理层，包括实现方法，给出具体在计算机上的实现形式。

## 4.6.2 产品模型信息结构

STEP 的产品模型数据是覆盖产品整个生命周期的应用而全面定义的产品模型信息。产品模型信息包括进行设计、分析、制造、测试、检验零件或机构所需的几何、拓扑、公差、关系、属性和性能等信息，也包括一些和处理有关的信息。STEP 的产品模型对于生产制造，直接质量控制测试和支持产品新功能的开发提供了全面的信息。

STEP 的产品模型的核心是形状特征信息模型，在此基础上进行各种产品模型定义数据的转换。基于形状特征信息模型，有助于建立完整的产品信息数据模型，而不仅仅是产品的几何形状和显示信息。完整的 STEP 产品信息模型如图 4.6.1 所示。

形状特征(Form Features)标准是 STEP 标准中集成资源类的一个部分(Part 48)。

所谓形状特征是指符合一定原型(preconceived pattern or stereotype)，并与特定应用有关的几何形状；即形状特征同时包含参数化的标准几何形状信息和相应的应用信息。用形状特征描述一个零件更易于应用人员的理解，形状特征定义反映三个层次，如图 4.6.1 所示。其中，应用层特征不是纯形状概念，包含了来自应用领域的非形状内容。形状层特征是一个产品的一般形状性质，它不含与应用领域相关的内容，也不对形状表达有任何假定。形状特征表达是通过形状建模来表达上层形状的性质。对形状特征采用三个层次来定义，可以有效地解决产品描述问题中几何形状的一般性和应用概念的特殊性之间的矛盾；为特定应用领域中形状特征定义提供一定的几何形状基础和范例。

在 STEP 标准的 PART 48 中包含了形状特征层和表达层的定义，分别给出了它们的模式(schema)。形状特征模式提供了关于形状表达需要的特性信息；形状特征表达模式则提供了形状建模的多种方式。

**1. 形状特征模式**

一个形状特征是符合一定原型，针对特定应用的形状特性，通常可看作是相应原型的一个实例。形状特征的表征可根据其形状，与其他形状特征的关系以及用户/应用的通用观点来分类。在 STEP 标准的形状特征模型中定义了三种形状特征类型，即体特征、过渡特征和分布特

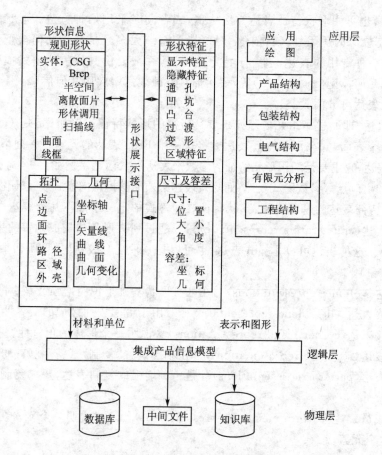

图 4.6.1 完整的 STEP 产品信息

征。体特征反映形体的增加或减少。例如,套、孔可看作减少的体特征,法兰可看作增加的体特征。过渡特征表达一个形体的各表面间分离或结合情况,圆角和倒角是典型的应用例子。分布特征表达一组相同的形状特征按一定规则的排列,比如齿轮的齿、阵列孔等。

另一方面,由于形状特征基于对一定形状原型的参数化描述,而应用常常会涉及到一个形状特征可能包含多个有意义的形状特征元素。形状特征模式通过定义形状特征元素(form feature element)来表达一个形状元素和相关形状特征的位置关系。一个形状特征元素实际是一个三元组:

(1) 一个形体特征;
(2) 一个形状元素;
(3) 形状元素相对于形体特征的作用。

## 2. 形状特征表达模式

形状特征表达模式支持形状建模中采用的多种表达方法。这些方法一般都是"专用的",即它们分别针对特定需求情况下的形状表达,适用于相对有限的形状类型。该模式对形状建模提供两种支持方式:第一,一个形状模型可以完全由本模式中提供的"专用"表达方法构成;第二,可以利用本模式中的表达方法作为几何模型的加强手段。

(1) 形状建模方法:形状模型是一个形状的数学表达,它可以是一个独立的几何模型(如

Brep，CSG 等），也可用形状特征表达方法构造；或者同时采用两种方法。形状的几何建模较为抽象，因而有较广的适用性。目前的 CAD 造型系统大多数是基于几何模型开发的。形状特征表达则是一种专用的表达，适合于特定的范围，一般要由其他表达模式提供更底层的支持。比如利用几何模型（Brep，CSG）等，表达形状特征表达中底层几何信息。

形状特征表达可分两大类：

1) 显式表达，即通过一组几何基元来表达所需的形状特征。例如，沉头、盲孔可利用 Brep 模型表达其各个表面，并在形状特征表达中将这一组 Brep 表达的元素一一列举出来即可。

2) 隐式表达，它主要是利用形状特征的参数来表达形状模型。例如，一个通孔可用直径、中心线、入口点和出口点等参数隐式表达，而隐式表达必须能够提供向显式表达转化的充分数据。

（2）形状特征表达的基本类型：形状特征表达模式中定义了如下几种表达类型：

1) 枚举表达（enumerative representations） 通过列举形状的构成元素的表达实体，定义一个形状特征。这种表达可以是显式表达，也可以是一种混合表达（如果所列举的对象均为形状特征表达对象）。

2) 体表达（volume representations） 在已有形状基础上说明增强或减少的体积。

3) 边过渡表达（edge blend representations） 用于说明表面区域的交界性质。

4) 角过渡表达（corner blend representations） 说明一个形体的角特性。

5) 复制表达（replicate representations） 在不同位置"复制"某一个已有的表达。

6) 阵列表达（pattern representations） 是一种增强的复制表达，要求复制应按一定几何阵列进行。

7) 阵列成员表达（pattern member representations） 通过说明一个元素在阵列中的位置特性来标识这个元素。

### 4.6.3 几何与拓扑表示

几何与拓扑表示了 STEP 标准集成资源类的一部分（part 42）。在 STEP 标准 part 42 中仔细描述了用于几何与拓扑表示的集成资源信息，主要应用于产品标准中几何外形的显式表示。该部分的国际标准划分为：几何、拓扑及几何形状模型。几何部分主要为曲线、曲面的数据；拓扑部分集中在实体的邻接关系、非精确的几何形状；几何形状模型部分则提供形状的整体表示，通常包括几何和拓扑数据。此外还建立了大量的几何、拓扑函数以及一些在几何、拓扑实体的定义中所需的特殊的枚举类型。

**1. 几何**

在 STEP 标准中，定义的几何全部是参数曲线和曲面。它包括曲线、曲面 ENTITY 和另一些 ENTITY 定义所需的函数与数据类型。二维及三维几何的定义采用统一的格式，这样处理是为了便于用户使用，同时减少了 ENTITY 的数量。几何实体的定义尽可能地选择了最成熟的表示形式。最基本的实体是点（point）和方向（direction），它们具有二维和三维形式，其区别在于第三个坐标值（Z 值）是否出现。更复杂的几何实体的定义均是直接或间接地转化为点或方向来达到。通过考虑点或方向这些显式或隐式属性，坐标空间函数就能确定一几何实体所处坐标空间的维数。

所有几何信息（除了一些点的子类外），均定义在一个各轴单位长度相等的右手直角笛卡儿坐标系中。实体信息定义表示的空间由它的内容来建立。这一空间的坐标系统被称为"几何坐标系统"。

几何对象定义的曲线实体包括直线、基本圆锥曲线、一般参数曲线和一些相关或过程定义的曲线。所有曲线均有一个恰当定义的参数,使得可以通过参数值裁剪一曲线或确定其上的一点。对于圆锥曲线,使用的方法是区分几何形式与空间中其定义和位置。每一情形中,位置和定向信息由一个"二坐标(axis2)"实体来表达。通常的参数曲线由B样条曲线实体表示,B样条曲线实体是被选定的一种最稳定的表示形式。它能用于所有类型的多项式或有理参数曲线的传递。基于适当的属性值,它能表示以下各种类型:单跨度或显示多项式、有理样条曲线、Bezier或B样条曲线类型。复合曲线实体,加上曲线-曲线过渡点连续信息交换工具,用于构造更复杂的曲线,如一阶、二阶几何连续的光滑拼接曲线。

### 2. 拓 扑

拓扑主要是指物体间的连接关系。拓扑资源模型基本应用在边界表示的实体造型中,但也可用于任何一个需要显式邻接关系的应用问题。以复杂程度渐增为序,基本的拓扑实体为顶点、边、路径、环、面及壳。

许多拓扑实体有一个选择性的几何属性,这一属性使得它们与相应的几何数据联系在一起。这一联系在传递边界表示的实体模型时是必要的,顶点、边和面的相应选择联系是点、曲线和曲面。

拓扑实体除了高层结构的壳外,还包括连边集和连面集,并用于表示壳的限制不满足的拓扑数据。拓扑中的一个特殊实体是折边环,其中的边为共面的直线段,并由一列有序点所定义。折边环特别用于多面形Brep模型中高效信息传递。

拓扑部分还包括大量的函数。通过对不同实体运用拓扑或几何约束,这些函数主要用于保证拓扑模型的一致性。拓扑类型分类如图4.6.2所示。

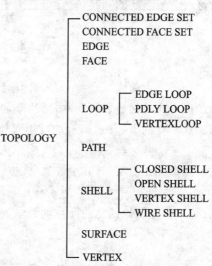

图4.6.2 STEP拓扑实体继承性框架

## 习 题

1. 列举ISO颁布的主要计算机图形信息标准。
2. IGES和STEP之间有何共同点和不同点?
3. IGES作为一种三维模型交换中性文件有哪些优缺点?
4. 试述STEP中全局产品模型的基本概念。

# 第 5 章  三维形体的表示

目前三维形体的几何造型已是一个相当发展的领域,在商品化的三维造型软件的支持下,先三维造型,再二维投影的设计路线得到广泛的采用。它的核心是在计算机内表示、构造三维形体,并进行运算和处理的技术,即几何造型技术。由于本书篇幅所限,不能对几何造型作全面的论述,只在本章讨论三维形体的表示问题,因为这是几何造型的基础。构造人体、飞机、汽车、船舶等复杂的形体,要使用曲面。构造一般物体要将它的形体描述信息按照特定的表示形式和数据结构存储在计算机内,然后再应用造型技术在计算机上显示图形。因此,本章集中讨论这两个最主要的问题,即三维空间中曲面的表示和实体的表示方式及保存信息的数据结构。

## 5.1 曲面的表示

一条自由曲线可以由一系列的曲线段连接而成。与此类似,一自由曲面也可以由一系列的曲面片拼接而成。因此,曲面片是曲面的基本单元。一个曲面片是以曲线为边界的点的集合。这些点的坐标$(x,y,z)$均可用双参数的单值函数表示,即

$$x = x(u,w), \quad y = y(u,w), \quad z = z(u,w) \quad u,w \in [0,1]$$

如图 5.1.1 所示,其中 $u,w$ 是参数,并可记为

$$Q(u,w) = [x(u,w), y(u,w), z(u,w)]$$

因此,应首先讨论的是曲面片的数学表示形式及其性质。

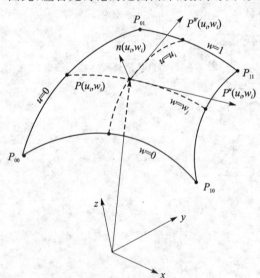

**图 5.1.1  双三次曲面片**

和自由曲线一样,可以用三次参数方程来表示曲面片,即

$$\begin{aligned}Q(u,w) = &a_{33}u^3w^3 + a_{32}u^3w^2 + a_{31}u^3w + a_{30}u^3 + \\&a_{23}u^2w^3 + a_{22}u^2w^2 + a_{21}u^2w + a_{20}u^2 + \\&a_{13}uw^3 + a_{12}uw^2 + a_{11}uw + a_{10}u + \\&a_{03}w^3 + a_{02}w^2 + a_{01}w + a_{00}\end{aligned}$$

或写为

$$Q(u,w) = \sum_{i=0}^{3}\sum_{j=0}^{3} a_{ij} u^i w^j \quad u,w \in [0,1] \quad (5-1-1)$$

此参数方程共有 16 个系数向量。每一系数向量都有 3 个独立的分量,可写作$(a_{xij}, a_{yij}, a_{zij})$,因而总共有 48 个自由度。由于两个参数量都有三次方项,因而称为双三次曲面片。图 5.1.1 就是双三次曲面片的一例。

在式(5-1-1)中,如令 $u,w$ 均等于零,则得 $Q(0,0)=a_{00}$。这是曲面片的一个顶点,用 $P_{00}$ 表示。同理,如令 $u=0,w=1;u=1,w=0$ 及 $u=1,w=1$,则可得到曲面片的其他三个顶点 $Q(0,1),Q(1,0)$ 及 $Q(1,1)$,则分别用 $P_{01},P_{10}$ 及 $P_{11}$ 表示。与此类似,如果令 $u,w$ 两个参数之一等于其极限 0 或 1,而另一参数在[0,1]之间变化,就可得到 4 条边界曲线。如果令 $U=U_i$,而 $W$ 在[0,1]之间变化,就可得到曲面上的一条曲线。与此相反,如果令 $W=W_j$,而 $U$ 在[0,1]之间变化,就可得到曲面上的另一条曲线。显而易见,两条曲线的交点即为 $Q(u_i,w_j)$,见图 5.1.1。

双三次曲面片有多种不同的表示形式,下面分别讨论孔斯(Coons)曲面、贝塞尔(Bezier)曲面和 B 样条曲面。

## 5.1.1 孔斯(Coons)曲面

孔斯最早提出用拟合方法来表示弯曲曲面,是用人-机对话方式进行曲面设计的开拓者之一。孔斯构造曲面的基本思想是:首先用给定的边界曲线定义小的曲面片,然后由这些小的曲面片,按照在边界上要满足一定的连续性要求,拼接成曲面。

使用边界信息和调和函数构造曲面片的边界曲线,只要选择正确的调和函数和适当的边界信息就可构造出满足一定的连续性要求的曲面。

选择 Hermite 曲线的调和函数作为孔斯曲面的调和函数,Hermite 曲线可表示为

$$Q(t) = TM_h G_h = F_h(t) G_h$$

其中,$F_h(t)$ 是 Hermite 曲线的调和函数,$G_h$ 为 Hermite 几何矢量。如果用 Hermite 曲线的方式来给定曲面片四条边界线的初始条件,就可以得到如下的表示式

$$Q(u,0) = F_h(u)[P_{00} \quad P_{10} \quad P_{00}^U \quad P_{10}^U]^T \tag{5-1-2}$$

$$Q(u,1) = F_h(u)[P_{01} \quad P_{11} \quad P_{01}^U \quad P_{11}^U]^T \tag{5-1-3}$$

$$Q(0,W) = F_h(W)[P_{00} \quad P_{01} \quad P_{00}^W \quad P_{01}^W]^T \tag{5-1-4}$$

$$Q(1,W) = F_h(W)[P_{10} \quad P_{11} \quad P_{10}^W \quad P_{11}^W]^T \tag{5-1-5}$$

式中:$F_h(u)$、$F_h(W)$ 为 Hermite 曲线的调和函数;$P_{00}^U$ 表示 $u=0$、$w=0$ 在这一点的 $\frac{\partial Q(u,w)}{\partial u}$;$P_{00}^W$ 表示在 $u=0$、$w=0$ 这一点的 $\frac{\partial Q(u,w)}{\partial w}$,余类推。式(5-1-2)~式(5-1-5)只给定了 12 个向量作为初始条件,为了全部确定式(5-1-1)中的 16 个未知系数向量,尚需给定其他 4 个向量作为初始条件。这 4 个向量是位于 4 个顶点上的扭矢,其数学表示式为

$$p_{00}^{uw} = \frac{\partial^2 Q(u,w)}{\partial u \partial w} \quad (\text{在顶点 } u=0, w=0 \text{ 处})$$

$$p_{10}^{uw} = \frac{\partial^2 Q(u,w)}{\partial u \partial w} \quad (\text{在顶点 } u=1, w=0 \text{ 处})$$

$$p_{01}^{uw} = \frac{\partial^2 Q(u,w)}{\partial u \partial w} \quad (\text{在顶点 } u=0, w=1 \text{ 处})$$

$$p_{11}^{uw} = \frac{\partial^2 Q(u,w)}{\partial u \partial w} \quad (\text{在顶点 } u=1, w=1 \text{ 处})$$

这就是式(5-1-1)在 4 个顶点处的混合偏导数,可由该式求出,即

$$\frac{\partial^2 Q(u,w)}{\partial u \partial w} = 9a_{33}u^2w^2 + 6a_{32}u^2w + 3a_{31}u^2 + 6a_{23}uw^2 +$$
$$4a_{22}uw + 2a_{21}u + 3a_{13}w^2 + 2a_{12}w + a_{11} \tag{5-1-6}$$

于是,可得 4 个顶点处的扭矢为

$$p_{00}^{uw} = a_{11} \tag{5-1-7}$$
$$p_{10}^{uw} = 3a_{31} + 2a_{21} + a_{11} \tag{5-1-8}$$
$$p_{01}^{uw} = 3a_{13} + 2a_{12} + a_{11} \tag{5-1-9}$$
$$p_{11}^{uw} = 9a_{33} + 6a_{32} + 3a_{31} + 6a_{23} + 4a_{22} + 2a_{21} + 3a_{13} + 2a_{12} + a_{11} \tag{5-1-10}$$

与此类似,可由式(5-1-1)求出其余 12 个向量与未知系数向量的关系。它们是

$$p_{00} = a_{00} \tag{5-1-11}$$
$$p_{10} = a_{30} + a_{20} + a_{10} + a_{00} \tag{5-1-12}$$
$$p_{01} = a_{03} + a_{02} + a_{01} + a_{00} \tag{5-1-13}$$
$$p_{11} = a_{33} + a_{32} + a_{31} + a_{30} + a_{23} + a_{22} + a_{21} + a_{20} + a_{13} + a_{12} + a_{11} + a_{10}$$
$$+ a_{03} + a_{02} + a_{01} + a_{00} \tag{5-1-14}$$
$$p_{00}^U = a_{10} \tag{5-1-15}$$
$$p_{00}^w = a_{01} \tag{5-1-16}$$
$$p_{10}^U = 3a_{30} + 2a_{20} + a_{10} \tag{5-1-17}$$
$$p_{10}^w = a_{31} + a_{21} + a_{11} + a_{01} \tag{5-1-18}$$
$$p_{01}^U = a_{13} + a_{12} + a_{11} + a_{10} \tag{5-1-19}$$
$$p_{01}^w = 3a_{03} + 2a_{02} + a_{01} \tag{5-1-20}$$
$$p_{11}^U = 3a_{33} + 3a_{32} + 3a_{31} + 3a_{30} + 2a_{23} + 2a_{22} + 2a_{21} + 2a_{20} + a_{13} + a_{12} + a_{11} + a_{10} \tag{5-1-21}$$
$$p_{11}^w = 3a_{33} + 2a_{32} + a_{31} + 3a_{23} + 2a_{22} + a_{21} + 3a_{13} + 2a_{12} + a_{11} + 3a_{03} + 2a_{02} + a_{01} \tag{5-1-22}$$

图 5.1.2 示出了双三次曲面片及其 12 个向量。

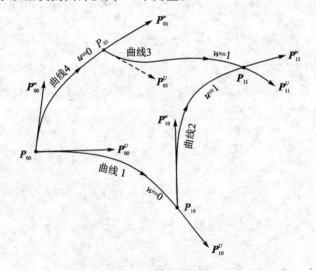

图 5.1.2 双三次曲面片及其 12 个向量

显而易见,将式(5-1-7)~式(5-1-22)联立求解,即可求出 16 个系数向量,从而得出用 4 个顶点向量、8 个切线向量及 4 个扭矢向量表示的双三次曲面片方程。但是,这种方法相当繁琐,且几何意义不够明显。为了更好地说明这一问题,应先讨论一下扭矢的几何意义。

一个双三次曲面片是由参数空间相互正交的两组曲线集组成的。这两组曲线集分别由参数 $u$ 及 $w$ 来定义。一组曲线包括 $u=0$ 及 $u=1$ 这两条边界曲线及无穷多条由 $u=i$ 决定的中间曲线。与此相似,另一组曲线包括 $w=0$ 及 $w=1$ 及这两条边界曲线以及无穷多条由 $w=j$ 决定的中间曲线。

由式(5-1-2)~(5-1-5),可以定义 4 条边界曲线,但是如何定义中间曲线呢?

首先,在式(5-1-4)及式(5-1-5)中令 $w=j$,即可分别求出曲线 $Q(u,j)$ 的两个端点 $P_{0j}$ 及 $P_{1j}$。但是,又如何求出这两个端点处的切线 $P^u_{0j}$ 及 $P^u_{1j}$ 呢?一般说来,$P^u_{0w}$ 及 $P^u_{1w}$ 是随着 $w$ 的变化而变化的,其变化率为

$$\frac{\partial P^u_{0w}}{\partial w} = \frac{\partial^2 Q(u,w)}{\partial u \partial w}\bigg|_{u=0,w=w}, \qquad \frac{\partial P^u_{1w}}{\partial w} = \frac{\partial^2 Q(u,w)}{\partial u \partial w}\bigg|_{u=1,w=w}$$

在 4 个顶点处,这一变化率就是前面讨论过的扭矢 $P^{uw}_{00}, P^{uw}_{10}, P^{uw}_{01}, P^{uw}_{11}$。

在 Hermite 曲线中,可以用两个端点的位置向量及端点处的切线向量来决定一条曲线。与此类似,也可以用两个端点处的切线向量及扭矢向量来决定边界曲线上中间各点的切线向量,即

$$P^u_{0w} = F_h(w)[P^u_{00}\ P^u_{01}\ P^{uw}_{00}\ P^{uw}_{01}]^T$$

$$P^u_{1w} = F_h(w)[P^u_{10}\ P^u_{11}\ P^{uw}_{10}\ P^{uw}_{11}]^T$$

$$P^w_{u0} = F_h(u)[P^w_{00}\ P^w_{01}\ P^{uw}_{00}\ P^{uw}_{10}]^T$$

$$P^w_{u1} = F_h(u)[P^w_{01}\ P^w_{11}\ P^{uw}_{01}\ P^{uw}_{11}]^T$$

因此,虽然扭矢与双三次曲面片 4 条边界曲线的形状无关,但它却影响边界曲线上中间各点的切线向量,从而影响整个曲面片的形状。图 5.1.3 表示出扭矢对曲面片形状影响,但并不影响曲面片的 4 条边界曲线。

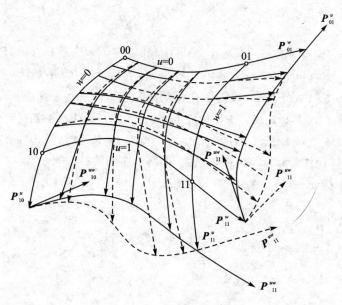

图 5.1.3 扭矢对曲面片形状影响

下面,我们可以推导出由顶点向量、顶点处的切线向量以及扭矢表示的双三次曲片面方程了。如图 5.1.4 所示,曲面片上一点 $Q(i,j)$ 位于 $u=i$、$w$ 在 $[0,1]$ 之间变化及 $w=j$,$u$ 在 $[0,1]$ 之间变化所形成的两条曲线的交点上。求 $Q(i,j)$ 的问题可以转化为求曲线(例如 $Q(i,w)$)上参数值 $w=j$ 的那一点,而这一条 Hermite 曲线又是由 $P_{i0}$、$P_{i1}$、$P_{i0}^w$、$P_{i1}^w$ 所决定的。

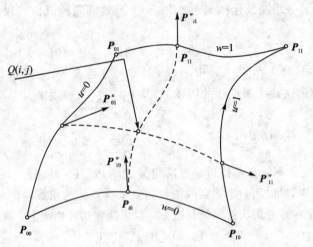

图 5.1.4 扭矢表示的双三次曲片面

于是有

$$P_{i0} = F_{h1(u_i)}P_{00} + F_{h2(u_i)}P_{10} + F_{h3(u_i)}P_{00}^u + F_{h4(u_i)}P_{10}^u$$

$$P_{i1} = F_{h1(u_i)}P_{01} + F_{h2(u_i)}P_{11} + F_{h3(u_i)}P_{01}^u + F_{h4(u_i)}P_{11}^u$$

$$P_{i0}^w = F_{h1(u_i)}P_{00}^w + F_{h2(u_i)}P_{10}^w + F_{h3(u_i)}P_{00}^{uw} + F_{h4(u_i)}P_{10}^{uw}$$

$$P_{i1}^w = F_{h1(u_i)}P_{01}^w + F_{h2(u_i)}P_{11}^w + F_{h3(u_i)}P_{01}^{uw} + F_{h4(u_i)}P_{11}^{uw}$$

由此可以得出

$$Q(i,j) = P_{ij} = F_{h1}(w_j)P_{i0} + F_{h2}(w_j)P_{i1} + F_{h3}(w_j)P_{i0}^w + F_{h4}(w_j)P_{i1}^w =$$
$$F_{h1}(w_j)[F_{h1}(u_i)P_{00} + F_{h2}(u_i)P_{10} + F_{h3}(u_i)P_{00}^u + F_{h4}(u_i)P_{10}^u] +$$
$$F_{h2}(w_j)[F_{hi}(u_i)P_{01} + F_{h2}(u_i)P_{11} + F_{h3}(u_i)P_{01}^u + F_{h4}(u_i)P_{11}^u] +$$
$$F_{h3}(w_j)[F_{h1}(u_i)P_{00}^w + F_{h2}(u_i)P_{10}^w + F_{h3}(u_i)P_{00}^{uw} + F_{h4}(u_i)P_{10}^{uw}] +$$
$$F_{h4}(w_j)[F_{h1}(u_i)P_{01}^w + F_{h3}(u_i)P_{11}^w + F_{h3}(u_i)P_{01}^{uw} + F_{h4}(u_i)P_{11}^{uw}]$$

将上式中参数的下标去掉,并改写为矩阵形式,即得到曲面的一般表示为

$$Q(u,w) = [F_{h1}(u) \quad F_{h2}(u) \quad F_{h3}(u) \quad F_{h4}(u)] \times$$

$$\begin{bmatrix} P_{00} & P_{01} & P_{00}^w & P_{01}^w \\ P_{10} & P_{11} & P_{10}^w & P_{11}^w \\ P_{00}^u & P_{01}^u & P_{00}^{uw} & P_{01}^{uw} \\ P_{10}^u & P_{11}^u & P_{10}^{uw} & P_{11}^{uw} \end{bmatrix} [F_{h1}(w) \, F_{h2}(w) \, F_{h3}(w) \, F_{h4}(w)]^T \quad (5-1-23)$$

如令

$$B = \begin{bmatrix} P_{00} & P_{01} & P_{00}^w & P_{01}^w \\ P_{10} & P_{11} & P_{10}^w & P_{11}^w \\ P_{00}^u & P_{01}^u & P_{00}^{uw} & P_{01}^{uw} \\ P_{10}^u & P_{11}^u & P_{10}^{uw} & P_{11}^{uw} \end{bmatrix}$$

并将上式简化,则得

$$Q(u,w) = F_h(u) B F_h(w)^T \tag{5-1-24}$$

式中,$F_h(u)$,$F_h(w)$ 分别是变量 $u$ 及 $w$ 的 Hermite 调和函数。故

$$F_h(u) = \begin{bmatrix} u^3 & u^2 & u & 1 \end{bmatrix} \begin{bmatrix} 2 & -2 & 1 & 1 \\ -3 & 3 & -2 & -1 \\ 0 & 0 & 1 & 0 \\ 1 & 0 & 0 & 0 \end{bmatrix} = U M_h$$

$$F_h(w) = \begin{bmatrix} w^3 & w^2 & w & 1 \end{bmatrix} \begin{bmatrix} 2 & -2 & 1 & 1 \\ -3 & 3 & -2 & -1 \\ 0 & 0 & 1 & 0 \\ 1 & 0 & 0 & 0 \end{bmatrix} = W M_h$$

于是有

$$Q(u,w) = U M_h B M_h^T W^T \tag{5-1-25}$$

上式中的 $B$ 称为角(顶)点矩阵。它的排列非常整齐,矩阵中的 16 个元素可以分为 4 组,左上角 4 个元素代表 4 个角点的位置向量,右上角和左下角分别代表边界曲线在 4 个角点处的两组切线向量,右下角的一组则为角点扭矢。需要说明的是,这种 Hermite 双三次曲面是 Coons 曲面的一种形式。之所以这样命名是因为后来 Coons 在这个问题上作了很多工作。双三次曲面的主要缺点是必须给定矩阵中的 16 个向量,才能惟一确定曲面片的位置和形状,而要给定扭矢是相当困难的,因而使用起来不太方便。

如果令所有的扭矢为零,则式(5-1-24)中的几何系数矩阵 $B$ 变为

$$B = \begin{bmatrix} P_{00} & P_{01} & P_{00}^w & P_{01}^w \\ P_{10} & P_{11} & P_{10}^w & P_{11}^w \\ P_{00}^u & P_{01}^u & 0 & 0 \\ P_{10}^u & P_{11}^u & 0 & 0 \end{bmatrix}$$

这种形式的曲面片称为 Ferguson 曲面片。这种曲面片在连接边界上只能实现 $C^1$ 连续,但是,它易于构造,在许多应用场合也能满足要求。

## 5.1.2 贝塞尔(Bezier)曲面

孔斯曲面用了一些比较难于理解的数学概念,如"扭矢",使人难于掌握和应用,而贝塞尔曲面较好地克服了这个缺点。Bezier 曲线是由它的特征多边形顶点来决定的;Bezier 曲面片是由特征多面体的顶点决定的。其数学表示式如下

$$Q(u,w) = \sum_{i=0}^{m} \sum_{j=0}^{n} P_{ij} B_{i,m}(u) B_{j,n}(w) \quad u,w \in [0,1] \tag{5-1-26}$$

其中,$P_{ij}(i=0,1,\cdots,m;j=0,1,\cdots,n)$ 是特征多面体各顶点的位置向量,共计 $(m+1) \times (n+1)$ 个顶点。$B_{i,m}(u)$ 和 $B_{j,n}(w)$ 是伯恩斯坦多项式,其定义如下

$$B_{i,n}(t) = \frac{n!}{i!(n-i)!}t^i(1-t)^{n-i} \qquad i=0,1,\cdots,n$$

它们是 Bezier 曲面的基函数。当 $m=n=1$ 时，定义一张双线性 Bezier 曲面。

$$Q(u,w) = \sum_{i=0}^{1}\sum_{j=0}^{1} P_{ij} B_{i,m}(u) B_{j,n}(w) \qquad u,w \in [0,1] \qquad (5-1-27)$$

当 $m=n=2$ 时定义一张双二次 Bezier 曲面，其边界曲线和参数坐标均为抛物线。

$$Q(u,w) = \sum_{i=0}^{2}\sum_{j=0}^{2} P_{ij} B_{i,m}(u) B_{j,n}(w) \qquad u,w \in [0,1] \qquad (5-1-28)$$

$m,n$ 一般不超过 4，最常用的是 $m=n=3$ 的双三次 Bezier 曲面，下面详细讨论它。

双三次 Bezier 曲面由 $4 \times 4$ 个顶点构造特征多面体，与双三次 Coons 曲面一样，双三次 Bezier 曲面片也可以用矩阵形式表示为

$$Q(u,w) = F_b(u) P F_b(w)^T \qquad (5-1-29)$$

其中

$$P = \begin{bmatrix} P_{11} & P_{12} & P_{13} & P_{14} \\ P_{21} & P_{22} & P_{23} & P_{24} \\ P_{31} & P_{32} & P_{33} & P_{34} \\ P_{41} & P_{42} & P_{43} & P_{44} \end{bmatrix}$$

$$F_b(u) = [F_{b1}(u) \; F_{b2}(u) \; F_{b3}(u) \; F_{b4}(u)] = [(1-u)^3 \; 3u(1-u)^2 \; 3u^2(1-u) \; u^3] =$$

$$[u^3 \; u^2 \; u \; 1]\begin{bmatrix} -1 & 3 & -3 & 1 \\ 3 & -6 & 3 & 0 \\ -3 & 3 & 0 & 0 \\ 1 & 0 & 0 & 0 \end{bmatrix} = UM_b \qquad (5-1-30)$$

$$F_b(w) = [F_{b1}(w) \; F_{b2}(w) \; F_{b3}(w) \; F_{b4}(w)] = [(1-w)^3 \; 3w(1-w)^2 \; 3w^2(1-w) \; w^3] =$$

$$[w^3 \; w^2 \; w \; 1]\begin{bmatrix} -1 & 3 & -3 & 1 \\ 3 & -6 & 3 & 0 \\ -3 & 3 & 0 & 0 \\ 1 & 0 & 0 & 0 \end{bmatrix} = WM_b \qquad (5-1-31)$$

故矩阵方式可写为

$$Q(u,w) = UM_b P M_b^T W^T \qquad (5-1-32)$$

图 5.1.5 为双三次 Bezier 曲面片之一例。

矩阵 $P$ 表示出双三次曲面特征多面体 16 个控制顶点的位置向量。显而易见这 16 个控制点中只有 4 个顶点 $P_{11}$、$P_{14}$、$P_{41}$、$P_{44}$ 位于 Bezier 曲面上。$P$ 矩阵中周围的 12 个点定义了 4 条三次 Bezier 曲线作为边界曲线。其余的 4 个点 $P_{22}$、$P_{32}$、$P_{23}$、$P_{33}$ 与边界曲线无关，但影响曲面片的形状，其作用与双三次 Coons 曲面中的扭矢一样，这一点可进一步说明如下：

一曲面片可用双三次 Coons 曲面表示为 $Q(u,w)=UM_h B M_h^T W^T$；如用 Bezier 曲面表示，则为 $Q(u,w)=UM_b P M_b^T W^t$；如两者表示的是同一曲面，则有 $UM_h B M_h^T W^T = UM_b P M_b^T W^t$，故

$$M_h B M_h^T = M_b P M_b^T$$

于是有

$$P = M_b^{-1} M_h B M_h^T [M_b^T]^{-1}$$

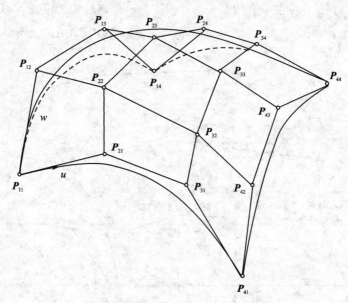

图 5.1.5 双三次 Bezier 曲面片

令

$$D = M_b^{-1}M_h = \begin{bmatrix} 0 & 0 & 0 & 1 \\ 0 & 0 & \frac{1}{3} & 1 \\ 0 & \frac{1}{3} & \frac{2}{3} & 1 \\ 1 & 1 & 1 & 1 \end{bmatrix} \begin{bmatrix} 2 & -2 & 1 & 1 \\ -3 & 3 & -2 & -1 \\ 0 & 0 & 1 & 0 \\ 1 & 0 & 0 & 0 \end{bmatrix} = \begin{bmatrix} 1 & 0 & 0 & 0 \\ 1 & 0 & \frac{1}{3} & 0 \\ 0 & 1 & 0 & \frac{1}{3} \\ 0 & 1 & 0 & 0 \end{bmatrix}$$

故

$$D^T = M_h^T[M_b^T]^{-1}$$

于是有

$$P = DBD^T = \begin{bmatrix} 1 & 0 & 0 & 0 \\ 1 & 0 & \frac{1}{3} & 0 \\ 0 & 1 & 0 & \frac{1}{3} \\ 0 & 1 & 0 & 0 \end{bmatrix} \begin{bmatrix} P_{00} & P_{01} & P_{00}^w & P_{01}^w \\ P_{10} & P_{11} & P_{10}^w & P_{11}^w \\ P_{00}^u & P_{01}^u & P_{00}^{uw} & P_{01}^{uw} \\ P_{10}^u & P_{11}^u & P_{10}^{uw} & P^uw_{11} \end{bmatrix} \begin{bmatrix} 1 & 1 & 0 & 0 \\ 0 & 0 & 1 & 1 \\ \frac{1}{3} & 0 & 0 & 0 \\ 0 & 0 & \frac{1}{3} & 0 \end{bmatrix} =$$

$$\begin{bmatrix} P_{00} & P_{00} + \frac{1}{3}P_{00}^w & P_{01} - \frac{1}{3}P_{01}^w & P_{01} \\ P_{00} + \frac{1}{3}P_{00}^u & P_{00} + \frac{1}{3}(P_{00}^u + P_{00}^w) + \frac{1}{9}P_{00}^{uw} & P_{01} + \frac{1}{3}(P_{01}^u - P_{01}^w) - \frac{1}{9}P_{01}^{uw} & P_{01} + \frac{1}{3}P_{01}^u \\ P_{01} - \frac{1}{3}P_{10}^u & P_{10} - \frac{1}{3}(P_{10}^u - P_{10}^w) - \frac{1}{9}P_{10}^{uw} & P_{11} - \frac{1}{3}(P_{11}^u + P_{11}^w) + \frac{1}{9}P_{11}^{uw} & P_{11} - \frac{1}{3}P_{11}^w \\ P_{10} & P_{10} + \frac{1}{3}P_{10}^w & P_{11} - \frac{1}{3}P_{11}^w & P_{11} \end{bmatrix}$$

(5-1-33)

式(5-1-33)表示出双三次 Bezier 曲面片特征多面体控制顶点矩阵 $P$ 同双三次 Coons 曲面的角点信息矩阵 $B$ 中各元素之间的关系。它的几何形态如图 5.1.6 所示。

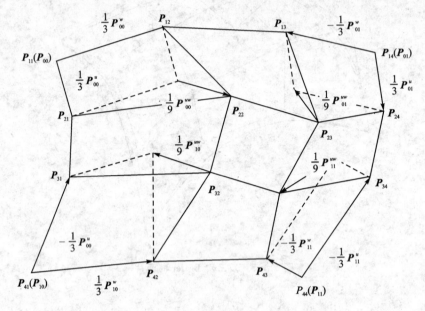

图 5.1.6 矩阵 $P$ 与矩阵 $B$ 中各元素之间的关系

在式(5-1-33)中,作为双三次曲面片的控制顶点矩阵 $P$,它周围的 12 个控制点定义了 4 条三次 Bezier 曲线,即边界曲线。这 12 个点中,4 个角点是 $P_{00}$, $P_{01}$, $P_{10}$, $P_{11}$,这就是双三次 Coons 曲面的 4 个角点。其余 8 个顶点均可根据三次 Bezier 曲线的端点性质,由其相应的角点向量及角点切线向量得出,这一点在式(5-1-33)中看得很清楚。从这一矩阵的中心 4 个元素可以看出,以 $P_{11}P_{12}$ 和 $P_{11}P_{21}$ 为邻边作平行四边形时,由 $P_{11}$ 的对角顶点到 $P_{22}$ 所作的向量,恰巧等于 $\frac{1}{9}P_{00}^{uw}$。在其余 3 个角点处也有类似的关系,这些关系都清楚地标明在图 5.1.6 之中。

因此,我们看到了这样一个有趣的事实:双三次 Coons 曲面片的 4 个角点扭矢,同双三次 Bezier 曲面片特征多面体中央 4 个顶点 $P_{22}$, $P_{23}$, $P_{32}$, $P_{33}$ 有密切的关系。一旦给定了双三次 Bezier 曲面片的 4 条边界,调整顶点 $P_{22}$, $P_{23}$, $P_{32}$, $P_{33}$ 的位置,也就等于在双三次 Coons 曲面中变动 4 个扭矢。

## 5.1.3 B 样条曲面

由上节可见,Bezier 曲面是 Bezier 曲线的拓广,与此类似,B 样条曲面是 B 样条曲线的拓广。基于均匀 B 样条的定义和性质,可以得到 B 样条曲面的定义。在这里,可给出一块 $m\times n$ 次 B 样条曲面片的数学表示式

$$Q(u,w) = \sum_{i=0}^{m}\sum_{j=0}^{n} P_{ij} F_{i,m}(u) F_{j,n}(w) \qquad u,w \in [0,1] \qquad (5-1-34)$$

式中,$P_{ij}$ ($i=0,1,\cdots,m;j=0,1,\cdots,n$) 是定义此曲面片的顶点位置向量阵列,共计 $(m+1)\times(n+1)$ 个顶点。$F_{i,m}(u)$, $F_{j,n}(w)$ 为 B 样条基底函数,$u,w$ 为参数。显然,$m$ 与 $n$ 可以不相等。

与 Bezier 曲面一样，$m$ 与 $n$ 一般不大于 4，最常用的是双三次 B 样条曲面片，此时 $m=n=3$，由 $4\times 4$ 个顶点构成特征多面体。双三次 B 样条曲面片的数学表示式

$$Q(u,w)=\sum_{i=0}^{3}\sum_{j=0}^{3}\boldsymbol{P}_{ij}F_{i,m}(u)F_{j,n}(w) \qquad u,w\in[0,1] \qquad (5-1-35)$$

双三次 B 样条曲面片也可以用矩阵形式表示为

$$\boldsymbol{Q}(u,w)=U\boldsymbol{M}_S\boldsymbol{P}\boldsymbol{M}_S^T\boldsymbol{W}^T \qquad (5-1-36)$$

式中

$$\boldsymbol{M}_S=\frac{1}{6}\begin{bmatrix} -1 & 3 & -3 & 1 \\ 3 & -6 & 3 & 0 \\ -3 & 0 & 3 & 0 \\ 1 & 4 & 1 & 0 \end{bmatrix}$$

其他符号的含意前已述及，不再重复。

图 5.1.7 表示一个双三次 B 样条曲面片及其相应的特征多面体顶点网格。

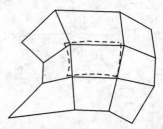

图 5.1.7  特征多面体顶点网格

## 5.1.4 曲面片的连接

在讨论了三种不同形式的曲面片以后，如何将曲面片连接起来，组合成完整的曲面呢？曲面片的连接应遵循什么条件呢？

曲面片互相连接时，一般要求连接处具有 $C^1$ 连续的性质。为了实现这一要求，相连接的曲面片不仅应该具有公共的边界曲线，而且在边界曲线上的任何一点，两个曲面片跨越边界的切线向量应该共线，而且两切线向量的长度之比应为常数。

图 5.1.8 表示出两个双三次 Coons 曲面 $S(u,w)$ 和 $T(u,w)$ 相连接。$S(u,w)$ 的四个顶点为 $P_{00},P_{01},P_{10},P_{11}$；$T(u,w)$ 的四个顶点为 $Q_{00},Q_{01},Q_{10},Q_{11}$。那么，实现 $C^1$ 连续的条件为：

(1) $S(1,w)=T(0,w)$；

(2) $Q_{00}^u=aP_{10}^u,Q_{00}^{uw}=aP_{10}^{uw},Q_{01}^u=aP_{11}^u,Q_{01}^{uw}=aP_{11}^{uw}$。

当这些条件满足时，边界曲线 $S(1,w)$ 上任何一点都有 $Q_{0w}^u=aP_{1w}^u$。

当两个相连接的曲面片为 Bezier 曲面片时（图 5.1.9），根据 Bezier 曲线的端点性质，实现 $C^1$ 连续的条件为：

(1) $P_{4i}=Q_{1i} \quad i=1,2,3,4$；

(2) $P_{4i}-P_{3i}=\lambda(Q_{2i}-Q_{1i}) \quad i=1,2,3,4$。

与三次 B 样条曲线相似，双三次 B 样条曲面的优点是极其自然地解决了曲面片之间的连续性问题。只要将曲面片的特征多面体顶点网格沿某一方向延伸一排，即可以产生另一个曲面片。双三次 B 样条曲面的基本性质自然地保证了两者之间实现 $C^2$ 连续，无需附加其他条件。

# 5.2 实体的表示

传统的几何造型方法是用点、线、面等几何元素经过并、交、差等集合运算构造维数一致的正则形体和维数不一致的非正则形体，在计算机中产生物体模型。几何造型是计算机图形在

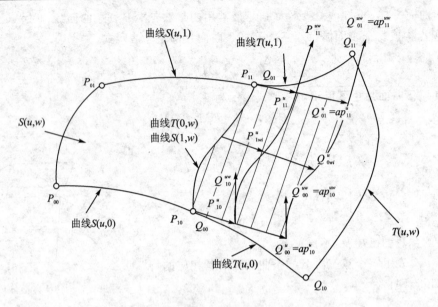

图 5.1.8 两个双三次 Coons 曲面片的连接

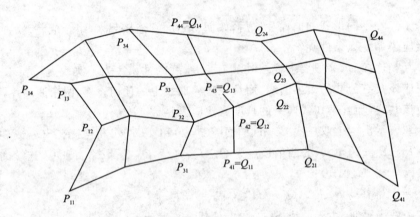

图 5.1.9 两个双三次 Bezier 曲面片的连接

CAD/CAM、工艺美术、广告影视等应用领域的核心和基础。传统的造型方法有实体的边界表示法(B_rep)、构造实体几何法(CSG)等,随着造型技术的发展,产生了特征(Freture)造型法、分形(Fractal)造型法、体绘制技术以及从二维图像信息构造形体的方法等。

## 5.2.1 几何元素的定义

在详细讨论几何造型以前,要先定义几何造型中的基本元素的点、边、面、体等。

### 1. 点

点是几何造型中的最基本元素,它是 0 维的。根据使用不同可分为端点、交点、切点、控制点、型值点、插值点等。但在形体定义中一般不允许存在孤立点。

一维空间中的点用一元组$\{t\}$表示;二维空间中的点用二元组$\{x,y\}$或$\{x(t),y(t)\}$表示;三维空间中的点用三元组$\{x,y,z\}$或$\{x(t),y(t),z(t)\}$表示。N 维空间中的点可用齐次坐标 $n+1$ 维表示。自由曲线、曲面或其他形体均可用有序的点集表示,用计算机存储、管理、输出形体的实质就是对点集及其连接关系的处理。

**2. 边**

边是1维几何元素，是两个邻面(正则形体)的交界直线边由其端点(起点和终点)定界，曲线边由一系列型值点和控制点表示，也可用显式、隐式方程表示。

**3. 面**

面是二维几何元素，是形体上一个有限、非零的区域，由一个外环和若干个内环界定。一个面可以无内环，但必须有且仅有一个外环。面有方向性，一般用其外法矢方向作为面的正向。若一个面的外法矢向外，此面为正向面；反之为反向面。区分正向面和反向面在面面求交、交线分类、真实图形显示等方面都很重要。

**4. 环**

环是有序、有向边(直线段或曲线段)组成的面的封闭边界。环中的边不能相交，相邻两条边共享一个端点。环有内外之分，确定面的最大外边界的环称之为外环，通常其边按逆时针方向排序。而把确定面中内孔或凸台边界的环称之为内环，内环的边按顺时针方向排序。这样，在面上沿一个环前进，其左侧总是面内，右侧总是面外。

**5. 体**

体是三维几何元素，由封闭表面围成的空间，也是欧氏空间 $R^3$ 中非空、有界的封闭子集，其边界是有限面的并集。体分为正则形体和非正则形体，详见5.2.3节。

**6. 体 素**

体素是可以用有限个尺寸参数定位和定形的体，常有3种定义形式：

(1) 从实际形体中选择出来，可用一些确定的尺寸参数控制其最终位置和形状的一组单元实体，如长方体、圆柱体、圆锥体等。

(2) 由参数定义的一条(或一组)截面轮廓线沿一条(或一组)空间参数曲线作扫描运动而产生的形体。

(3) 用代数半空间定义的形体，在此半空间中点集可定义为 $\{(x,y,z)/f(x,y,z) \leqslant 0\}$，$f$ 是不可约多项式，多项式系数可以是形状参数。半空间定义法只适用于正则形体。

从上述定义中可见几何元素间有两种重要信息：几何信息和拓扑信息。几何信息表示几何元素的性质和度量关系，如位置、大小、方向等；拓扑信息表示几何元素间的连接关系。

## 5.2.2 实体的线框表示

线框模型是在计算机图形学中最早用来表示三维形体的模型，它的特点是结构简单，易于理解，是表面和实体模型的基础，因此，至今仍在广泛使用。线框模型由定义一个物体边界的直线和曲线组成，每一条直线和曲线都是单独构造出来的，并不存在面的信息。直至20世纪80年代前期，国际上商品化的交互式二、三维图形软件系统中所谓的三维图形功能大多属于这一类。单一的线框造型存在着几个缺陷。第一，用三维线框模型表示三维物体常常具有二义性。图5.2.1表示的是打了一个方孔的长方体，但无论从三个方向中的哪个方向打一个方孔，其结果都如图5.2.1所示。因此，对这一线框模型，可以有三种不同理解。第二，三维线框模型也易于构造出无效形体。例如，在图5.2.2中，由于 $A$ 点的位置不恰当，造成同一物体各面之间的相互穿透。这是因为不存在面的信息，而无法检查出这一问题。第三,三维线框模型表示不出曲面的廓线,因而也就不能正确表示曲面信息,如图 5.2.3 所示。因此,线框模型尽管具有比较简单和运算速度较快等优点,但并没有表示出一个三维物体的全部信息,在许多场合不能满足要求,如剖切图、消隐图、明暗色彩图、物性分析、干涉检测和加工处理等。

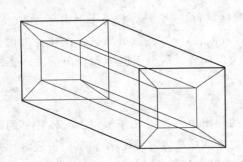

图 5.2.1 打孔后的长方体

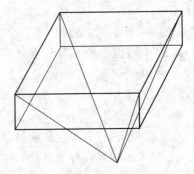

图 5.2.2 A 点造成物体各面的穿透

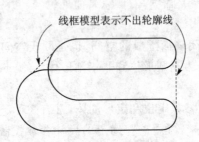

图 5.2.3 三维线框模型轮廓线

### 5.2.3 实体的定义和正则形体

要想在计算机内表示、构造一个实体,首先必须对什么是实体有一个确切的定义,并据此检查所构造的实体的有效性。

直至 20 世纪 70 年代末期,关于三维物体的表示和构造并未建立起严密的理论。多数情况下需靠用户来检查物体模型的有效性、惟一性和完备性。随着模型复杂程度的提高,以及实体模型作为计算机辅助设计中某些应用的输入而加以运算和处理,使得通过人的干预来检查模型的有效性变得越来越困难。因此,对实体及其有效性作一个严格的定义,就成为十分必要的了。

目前,一般认为美国沃尔克尔(H. B. Voelcker)及雷契切(A. A. G. Requicha)等人的工作为实体的表示、构造及运算等奠定了必要的理论基础。

Voelcker 及 Requicha 等基于点集拓扑的理论,认为三维空间中的物体是空间中点的集合。并且从点集拓扑的领域概念出发,通过定义点集的闭包给出正则集的定义。一个开集的闭包指的是该开集与其所有边界点的集合的并集,其本身是一个闭集。组成一个三维物体的点的集合可以分为内部点和边界点两部分。由内部点构成的点集的闭包就是正则集。三维空间中点集的正则集就是三维正则形体,也就是有效的实体。

下面,可以通过图 5.2.4 所示二维物体的例子进一步说明上述定义。图 5.2.4(a)表示任何一个物体可以定义为点的集合,并且可分为内部点及边界点,边界点可以属于或不属于物体的一部分。该图中,内部点用浅灰色表示,边界点中属于物体的那部分用黑色表示,其余的边界点用深灰色表示,这是因为图中表示的物体有悬边及悬点。图 5.2.4(b)表示 5.2.4(a)的闭包,图(b)中物体所有的边界点都是物体的一部分。图 5.2.4(c)表示 5.2.4(a)中物体的内部点集,此时,悬边和悬点都去掉了。图 5.2.4(d)表示 5.2.4(c)中物体的内部点集的闭包,是一个正则形体。从图 5.2.4 可以清楚的看出关于正则形体定义的含义。形象地说,正则形体是由其内部的点集及紧紧包着这些点的表皮组成的。一个有效的实体应具有的性质如下:

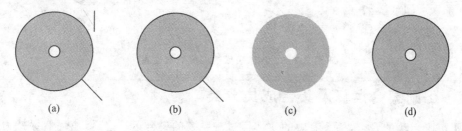

图 5.2.4 二维物体

**1. 一个有效实体具有的特性**
(1) 刚性　一个实体必须有不变的形状,即形状与实体的位置及方向无关。
(2) 维数的一致性　三维空间中,一个实体的各部分均应是三维的,也就是说,必须有连通的内部,而不能有悬挂的或孤立的边界。
(3) 有限性　一个实体必须占有有限的空间。
(4) 边界的确定性　根据实体的边界能区别出实体的内部及外部。
(5) 封闭性　经过一系列刚体运动及任意序列的集合运算之后,仍然保持有效的实体。在这一节里所讨论的是符合正则形体定义的实体,即有效的实体,在以后的叙述中,均简称为实体。

**2. 一个实体的表面必须具有的特性**
(1) 连通性　位于实体表面上的任意两个点都可用实体表面上的一条路径连接起来。
(2) 有界性　实体表面可将空间分为互不连通的两部分,其中一部分是有界的。
(3) 非自相交性　实体的表面不能自相交。
(4) 可定向性　表面的两侧可明确定义出属于实体的内侧或外侧。
(5) 闭合性　实体表面的闭合性是由表面上多边形网格各元素的拓扑关系决定的。即每一条边具有两个顶点,且仅有两个顶点;围绕任何一个面的环具有相同数目的顶点及边;每一条边连接两个或两个以上的面等。
以上这些性质广泛应用于实体的表示、构造及运算中。

**3. 实体表面的二维流形性质**
所谓二维流形指的是对于实体表面上的任何一点,都可以找到一个围绕着它的任意小的邻域,该邻域在拓扑上与平面上的一个圆盘是等价的。这意味着,在邻域的点集和圆盘之间存在着连续的一对一的对应关系(见图 5.2.5(a)、(b))。与此不同,如果实体表面上的一条边所连接的面多于两个,那么,这条边上任意一个点的小邻域都包含着来自这些面上的点。因此,在拓扑上与平面圆盘是不等价的,这就是非二维流形(见图 5.2.5(c))。显然,非二维流形的物体仍然具有正则形体的性质,因而是正则形体。但是如图 5.2.5(c) 所示的情况在物理上是难于实现的。因而现有的造型系统大多数不包括非二维流形的物体。下面讨论的也只限于表面具有二维流形性质的实体。

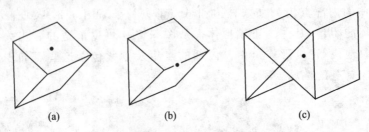

图 5.2.5　实体表面的二维流形性质

## 5.2.4　正则集合运算及集合成员分类

按照正则运算的要求,一个有效的实体经过一系列的集合运算之后,应仍然保持为一个有效的实体。怎样才能实现这一要求呢?

为简单起见,可以以二维平面上的物体为例,来讨论这一问题。如图 5.2.6 所示,设二维平面上有物体 $A$ 及 $B$(见图 5.2.6(a)),将它们放到图 5.2.6(b) 的位置上。如果以通常的集合运算规则求,则得到图 5.2.6(c) 中的结果。按照正则形体的定义及应满足的性质进行检验,图 5.2.6(c) 中的结果不符合正则形体的条件,或者说,不是有效的二维形体,因为它有一条悬边,不具有维数的一致性。去掉这条悬边,所得到的图 5.2.6(d) 中的结果才是一个有效的二维形体。为此,可以把能够产生正则形体的集合运算称为正则集合运算,其相应的正则集合算子以 $\cup^*$ (正则并)、$\cap^*$ (正则交)、$-^*$ (正则差)表示。

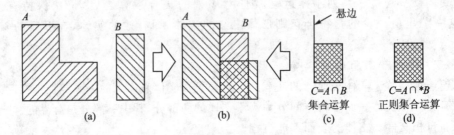

图 5.2.6　经集合运算的有效实体

如何才能实现正则集合运算呢? 基本上有两种方法:

第一,先按照通常的集合运算,求出结果,然后再用一些规则加以判断,删去那些不符合正则形体定义的部分,如悬边、悬面等,从而得到正则形体。这是一种间接的方法。

第二,定义出正则集合算子的表达式,用它直接得出符合正则形体定义的结果。

下面将分别予以讨论。

用间接方法产生正则形体是基于点集拓扑的领域概念的。如果 $P$ 是点集 $S$ 的一个元素,那么点 $P$ 以 $R(>0)$ 为半径的领域指的是围绕点 $P$ 的半径为 $R$ 的小球。显然,$P$ 的领域描述了集合 $S$ 在点 $P$ 附近的局部几何性质。当且仅当 $P$ 的领域为满时,$P$ 在 $S$ 之内;当且仅当 $P$ 的领域为空时,$P$ 在实体之外;当且仅当 $P$ 的领域既不为满,也不为空时,$P$ 在实体的边界上。

这一性质可以用来对集合运算的结果进行检查。如图 5.2.7 所示,在集合运算 $A \cap B$ 的结果图形上,取点 $P$ 及 $R$。点 $P$ 的领域为点 $P_A$ 的领域和点 $P_B$ 的领域的交集,现为空集,因而 $P$ 点不在 $A \cap {}^* B$ 之内。点 $R$ 的领域为点 $R_A$ 的领域和点 $R_B$ 的领域的交集,既不为满,也不为空,因而 $R$ 点在 $A \cap {}^* B$ 的边界上。根据点的性质可以判断该点所在边的性质,从而去掉悬边,得到正则形体。

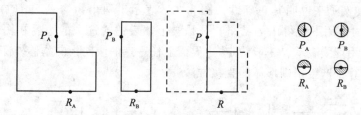

**图 5.2.7  经 $A \cap B$ 运算的结果**

用直接方法产生正则形体是建立在集合成员分类的基础之上的。前已述及,符合正则形体定义的实体,是三维空间中点的正则集,它可以用它的边界面及内部来表示,即

$$G = \{bG, iG\}$$

式中:$G$ 为符合正则形体定义的实体,$bG$ 为 $G$ 的边界面,$iG$ 为 $G$ 的内部。如果 $bG$ 也符合上述关于正则形体表面的性质,那么 $bG$ 所包围的空间就是 $iG$。这就是说,一个实体可以用它的边界面来定义;或者说,已知一个有效实体的边界面,即可定义一个实体。

在三维空间中,给定一个实体 $G$ 后,空间点集就被分为三个子集:一是该实体的内部点集;二是该实体的边界上的点集;三是该实体之外的点集。为了产生正则形体,需要决定一个特定的点或点的集合属于哪一个子集,这就是集合成员分类问题。而我们感兴趣的往往是一个有界面的相对于一个实体的分类问题。

若给定一个实体 $G$ 及一个有界面 $S$,那么,$S$ 可能被 $G$ 分割为三部分,即位于 $G$ 内的面,位于 $G$ 外的面以及位于 $G$ 的边界上的面。如 $S$ 相对于 $G$ 的分类函数以 $C(S,G)$ 表示,则有

$$C(S,G) = \{S \text{ in } G, S \text{ out } G, S \text{ on } G\}$$

式中 $S \text{ in } G = \{P \mid_{p \in s, p \in iG}\}$, $S \text{ out } G = \{P \mid_{p \in s, p \notin G}\}$, $S \text{ on } G = \{P \mid_{p \in s, p \in bG}\}$

以 $-S$ 表示有界面 $S$ 的反向面,即 $-S$ 和 $S$ 是同一个有界面,只是有界面 $-S$ 上任何一点的法向均和有界面 $S$ 上该点的法向相反。也就是说,如有界面 $S$ 在 $P$ 点的法向为 $N(S)$,那么,有界面 $-S$ 在 $P$ 点的法向就是 $-N(S)$。于是 $S \text{ on } G$ 可以进一步分为两种情况,即

$$S \text{ on } G = \{S \text{ shared}(bG), \quad S \text{ shared}(-bG)\}$$

式中

$S \text{ shared}(bG) = \{P \mid_{p \in s, p \in bG, N_p(S) = N_p(bG)}\}$, $S \text{ shared}(-bG) = \{P \mid_{p \in s, p \in bG, N_p(S) = -N_p(bG)}\}$

因此,$S$ 相对于 $G$ 的分类函数 $C(S,G)$ 可以修改为

$$C(S,G) = \{S \text{ in } G, S \text{ out } G, S \text{ shared}(bG), S \text{ shared}(-bG)\}$$

如设 $A,B$ 为三维空间的两个实体,$<OP>$ 为一个集合运算算子,$R$ 是集合运算的结果,则

$$R = A(OP)B$$

前面已经说过,如果运算结果 $R$ 仍然是正则的,则 $(OP)$ 为正则集合算子。

由于一个实体可以由它的边界面来表示,如果得到了它的边界面,也就定义了该实体。在边界面的分类基础上,可以得出关于边界面三个正则集合算子的表达式

$$b(A \cup {}^* B) = \{bA \operatorname{out} B, bB \operatorname{out} A, bA \operatorname{shared} bB\}$$
$$b(A \cap {}^* B) = \{bA \operatorname{in} B, bB \operatorname{in} A, bA \operatorname{shared} bB\}$$
$$b(A - {}^* B) = \{bA \operatorname{out} B, -(bB \operatorname{in} A), bA \operatorname{shared} -(bB)\}$$

根据这组表达式,即可定义出新的实体 $A \cup {}^* B$, $A \cap {}^* B$ 及 $A - {}^* B$。

这组表达式的正确性可以严格证明,在此不多述了。有兴趣的读者可参阅有关文献。这里,仍然用上面的例子来说明其正确性。图 5.2.8 表示出两个物体 $A$ 和 $B$ 在正则集合算子 $\cup {}^*$、$\cap {}^*$ 及 $- {}^*$ 的作用下所得出的结果。凡是被上述表达式选中的边界在图中用实线表示,未选中的边界则用虚线表示。一般约定,边界面上任一点的法向指向物体外部。显然,这是一种利用正则集合算子产生正则形体的直接方法。

图 5.2.8 物体 $A$、$B$ 在正则集合下的结果

### 5.2.5 实体的边界表示

前几章阐述的点、线、面的生成和处理方法,人—机交互等各种技术,都可用于实体的边界表示法中。本章前几节讨论了用形体的边界表示实体的定义和理论基础,本小节讨论实体的边界表示法 B_rep。在使用边界表示法的三维造型系统中,为了使用人—机交互、消隐等技术,经常会遇到从一个点或一条边选择一个实体的问题,从一个点开始遍历与这个点相关的边、面、环、体等,这些操作必须有一个较好的数据结构支持。整个系统必须由数据结构对形体表示方式所需的信息进行存储管理,支持对图形进行处理的各种操作。

平面多面体是实体中最常见、应用得最广泛的一种,它也可以用来近似的表示曲面体。因此,在本小节中,将重点讨论平面多面体的边界表示。

**1. 多面体及欧拉公式**

平面多面体是多面体中最常见的一种。它指的是表面由平面多边形构成的三维物体,且在具有二维流形性质的平面多面体中,每一条边连接两个面,且仅连接两个面。简单多面体指的是那些经过连续的几何形变可以交换为一个球的多面体,也就是与球具有拓扑等价的那些多面体,如图 5.2.9 所示。

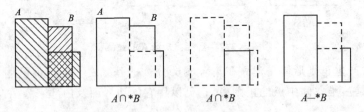

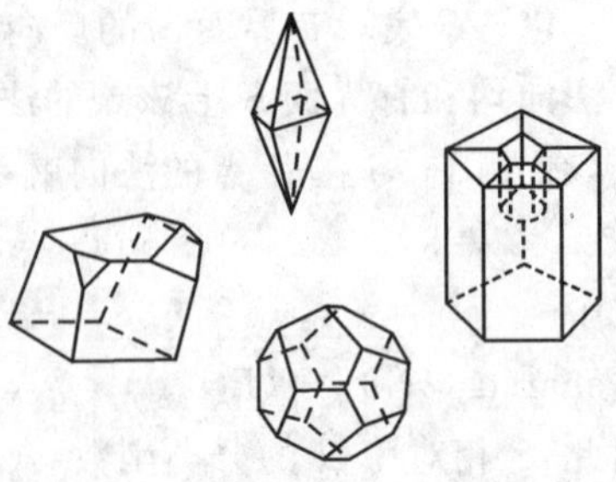

图 5.2.9 球与拓扑等价多面体

前面讲过,一个实体的表面必须满足闭合性,即表面上多边形网格各元素之间的拓扑关系必须满足一系列的条件。那么,有没有比较简单的方法进行检验呢?有的,这就是欧拉(Euler)公式。

我们先讨论简单多面体的情况。令简单多面体的顶点数、边数和面数分别用 $V$、$E$、$F$ 表示,则存在如下关系

$$V - E + F = 2$$

这就是有名的欧拉公式。该式说明了一个简单多面体中顶点数、边数及面数的关系。图 5.2.10 表示出欧拉公式应用于几个简单多面体的实例。可以用多种方法来证明欧拉公式的正确性，有兴趣的读者可参考有关文献。

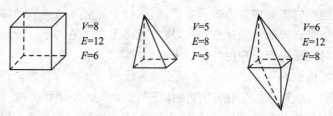

图 5.2.10  应用欧拉公式的多面体

这里必须强调一点，欧拉公式只是检查实体有效性的一个必要条件，而不是充分条件。举一个简单的例子就可说明这一点，图 5.2.11 表示的带有一个悬面的立方体，其顶点数($V$)为 10，边数($E$)为 15，面数($F$)为 7，符合欧拉公式，但却不是一个有效实体。为了检查一个三维物体是不是有效实体，还需要附加一些条件：如每一条边必须连接两个点；一条边被两个面、且仅被两个面所共享；至少要有三条边交于一个顶点等。

对于非简单多面体，欧拉公式是否成立呢？让我们先来看一个例子。图 5.2.12 示出一个立方体具有一个贯穿的方孔和未贯穿的方孔，这时，$V=24, E=36, F=15$。显然，$V-E+F\neq 2$。这就是说，欧拉公式不适用于非简单多面体。但是，对欧拉公式加以扩展，就可以适用图 5.2.12 的这种非简单多面体了。

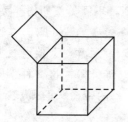

图 5.2.11  带有悬面的立方体

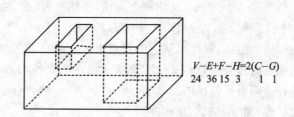

图 5.2.12  欧拉公式在非简单多面体中的扩展

如令 $H$ 表示多面体表面上孔的个数，$G$ 表示贯穿多面体的孔的个数，$C$ 表示独立的、不相连接的多面体数，则扩展后的欧拉公式为

$$V-E+F-H=2(C-G)$$

对于图 5.2.12 所示的非简单多面体，扩展后的欧拉公式是适用的。与前面一样，扩展后的欧拉公式仍然只是检查实体有效性的必要条件，而不是充分条件。

最后还要说明一点，欧拉公式不仅适用于由平面多边形组成的多面体，也适用由曲面片组成的多面体，但必须与球是拓扑等价的，如图 5.2.13 所示。

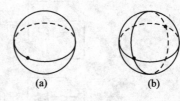

图 5.2.13  欧拉公式适用于曲面片多面体

**2. 边界表示的数据结构**

用实体的边界来表示实体，在计算机内是如何实现的呢？这就是边界表示的数据结构问题。我们仍以平面多面体为例来讨论这一问题。

边界表示法的概念是：点是边的边界，一条边可用两个点来表示；边是平面多边形的边界，一个多边形可用构成其边界的一系列边来表示；平面多边形是平面多面体的边界，一个平面多面体可用构成边界的一系列平面多边形表示；平面多面体是三维空间物体的边界，一个空间三维物体可用构成其边界的平面多面体表示。因此，这种方法叫做边界表示法。那么，如何在计算机中将面、边、点信息合理地组织起来，并以有效地满足实体的构造、运算及显示的需要来支持三维造型系统中对图形进行处理的各种技术呢？

要用实体的边界信息表示一个实体，必须正确地表示出实体边界的拓扑信息及几何信息。所谓拓扑信息，指的是面、边、点之间的连接关系、邻近关系及边界关系，而几何信息则指的是面、边、点的位置及大小等几何数据。由于使用者要频繁地对实体的面、边、点进行查找或修改，并且希望尽快地知道这些操作的影响及结果，因此，所设计的数据结构是否便于对实体进行面、边、点的存放、查找或修改，是一个十分关键的问题，必须妥善的加以解决。

但这并不是一个很容易解决的问题。如果简单地用一系列的顶点来表示一个多边形，即

$$P = \{(x_1, y_1, z_1), (x_2, y_2, z_2), \cdots, (x_n, y_n, z_n)\}$$

而顶点坐标是按沿多边形边界的顺序存放的，相邻两顶点之间代表一条边。那么，对于一个简单的多边形，这种表示方法是节约空间的。但是，对于一个多面体边界上的一系列多边形来说，这种表示方法使用了过多的空间，这是由于被多个多边形共享的顶点多次重复存储的缘故。此外，这种表示方法没有表示出共享边及共享点的信息，如果想通过交互方式拖曳一个顶点及共享这个顶点的所有边，那么必须找到共享这个顶点的全部多边形，这就需要把一个多边形的顶点坐标与所有其他多边形的顶点坐标相比较，显然，这将使用过多的计算时间。

如图 5.2.14 所示，从原理上来说，实体的面、边、点之间共有 9 种不同类型的拓扑关系，即 $V\rightarrow\{V\}, V\rightarrow\{E\}, V\rightarrow\{F\}, E\rightarrow\{V\}, E\rightarrow\{E\}, E\rightarrow\{F\}, F\rightarrow\{V\}, F\rightarrow\{E\}, F\rightarrow\{F\}$。在这里符号"→"表示指针，即可以从它的左端求出它的右端。例如，$V\rightarrow\{E\}$ 表示由一个顶点找出相交于此顶点的所有边，而 $F\rightarrow\{E\}$ 则表示由一个面找出该面所有的边，如此等。这 9 种不同类型的拓扑关系也可以用图 5.2.15 来表示，图中，由节点 $X$ 指向节点 $Y$ 的带箭头的弧，表示一个查找过程，即"给定 $X$，求出 $Y$"。

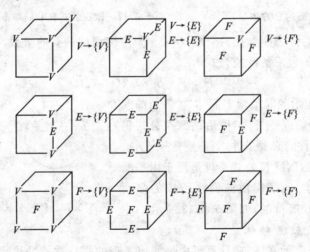

图 5.2.14　9 种不同类型的拓扑关系

显而易见,在这9种不同类型的拓扑关系中,至少必须选择两种才能构成表示一个实体所需的完全的拓扑信息。因此,可能采取的数据结构形式,按所给定的拓扑关系来分,共有 $C_9^2$,$C_9^3,\cdots,C_9^9$ 等8类,共计502种($C_9^2+C_9^3+\cdots+C_9^9=502$)。如果将此8类数据结构形式表示为 $C_9^m(m=2,3,\cdots\cdots,9)$,则当 $m$ 小时,所存储的拓扑关系少,因此所需的存储空间小,但查找时间较长。当 $m$ 大时,所存储的拓扑关系多,因而所需的存储空间大,但查找时间较短。因此,要根据对实体的操作所提的要求及计算机系统资源的状况,妥善选择一种数据结构,求得时间和空间上的合理折衷,以提高整个系统的效率。

在国际、国内研究开发的三维实体造型系统中,可采用不同的数据结构,如三表数据结构、翼边数据结构、对称数据结构、半边数据结构等,这些数据结构各有利弊。采用较多的是翼边数据结构及对称数据结构或者它们的变形。现简述如下。

(1) 翼边数据结构

翼边数据结构最早是由美国斯坦福大学的 B. G. 波姆嘎特(B. G. Baumgart)等人提出来的,其结构如图 5.2.16 所示。这种结构以每一条边为核心,分别指向从外面观察这一多面体所见到的这条边的上下两个顶点、左右两个邻面以及上下左右四条邻边。每一个顶点都有一个指针,反过来指向以该顶点为端点的某一条边。每一个面也有一个指针,反过来指向它的一条边。通过翼边结构,可以方便地查找各元素之间的连接关系。翼边结构存储的信息量大,存储内容重复,但却获得了较高的查找速度。

(2) 对称数据结构

对称数据结构的拓扑关系如图 5.2.17 所示。显然,在这种数据结构中,显式地存放了 $\{F_i\}\rightarrow\{E_i\}$,$\{E_i\}\rightarrow\{F_i\}$,$\{E_i\}\rightarrow\{V_i\}$ 及 $\{V_i\}\rightarrow\{E_i\}$ 4 种拓扑关系。这种对称数据结构的具体实现可如图 5.2.18 所示,图中 $VG_i$ 表示围绕点 $V_i$ 的所有边。与此类似,$FG_i$ 表示围绕一个面 $F_i$ 的所有边。可以证明,这种数据结构的空间复杂性近似为 $6E$,$E$ 为该实体所有的边数。

从上面的数据结构可以看出,用边界表示实体时,数据量较多,所使用的存储空间较大。但是,有一个突出优点,那就是实体的面、环、点的信息都直接表示出来了,因而,集合运算的结果可以继续参加集合运算,而且也便于显示或绘图输出。因此,这种方法广泛地用来表示三维实体。

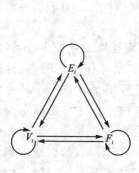

图 5.2.15 拓扑关系

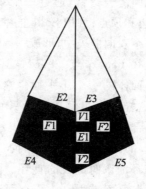

图 5.2.16 翼边数据结构

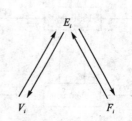

图 5.2.17 对称数据结构

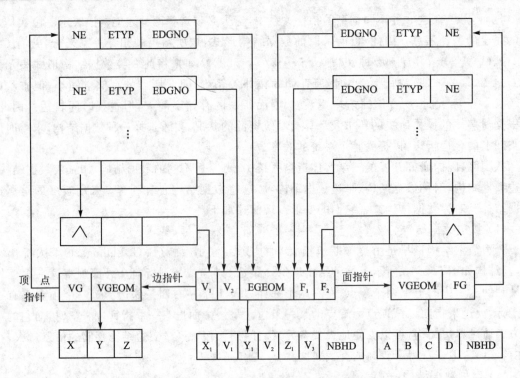

图 5.2.18 对称数据结构的实现框图

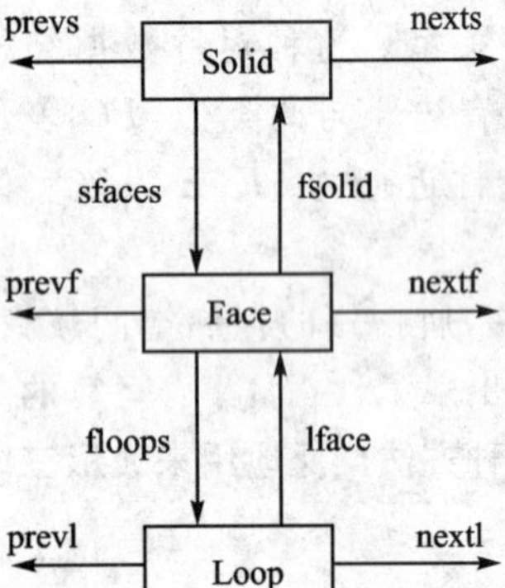

（3）半边结构

当实体以边界模型存储时，翼边结构较好地描述了点、边、面之间的拓扑关系，但它也有一些缺陷。因此，人们提出了一种更完善的数据结构——半边数据结构，简称半边结构。

半边结构采用层次结构组织数据，它分为五个层次，由节点 Solid、Face、Loop、HalfEdge 和 Vertex 组成，图 5.2.19 描述了这种层次结构。各节点定义如下：

① Solid 节点　Solid 构成半边结构的根节点。Solid 有 3 个双向链表指针，通过一个双向链表指针可以访问该模型的面、边和顶点；利用 Solid 的前向和后向指针把所有的实体链接到一个双向链表中，形成一幅图形。

② Face 节点　Face 描述一个内部连通的平面多边形，表示多面体的一个小平面。它应包含多个环作为它的内、外边界，这样每个小面必须与一个环表相连，环表中的一个环是它的外部边界，其他的环则表示小面的内孔。这可用两个指向 Loop 的指针实现，一个指向外部边界，另一个指向存放该面的所有环的双向链表的首环。面由一个 4 个浮点数组成的向量表示其平面方程。一个小面还包含了指向 Solid 的指针，指向它的前趋面和后继面的指针。

图 5.2.19 半边数据结构

③ Loop 节点　Loop 描述面的边界，它具有一个指向面的指针，一个指向构成边界的半

边之一的指针,一个指向该面的后继 Loop 指针和一个指向该面的前驱 Loop 的指针。

④ HalfEdge 节点　HalfEdge 表示一个 Loop 的一条线段。它具有一个指向 Loop 的指针,一个指向该线段起始顶点的指针,一个指向前趋半边的指针和一个指向后继半边的指针,可用这两个指针形成一个 Loop 的半边双向链表。线段的最后顶点可用作后继半边的始点。

⑤ Vertex 节点　Vertex 包含一个由 4 个浮点数表示的向量,它以齐次坐标的形式表示三维空间的一个点。Vertex 节点具有一个指向半边的指针,也有指向前趋节点的指针和指向后继节点的指针。

按照正则形体法则,一条边是两个面的交线,现在半边只有一个面的信息,数据结构中不包含另一半边和另一个面的信息,因此,需要增加一个节点 Edge 把两半边连接成一整边。

⑥ Edge 节点　Edge 使两个半边互相联系,将一个全边的两半组合在一起。它由指向"左"半边和指向"右"半边的指针组成。它还有指向前趋边和指向后继边的指针,形成边的双向链表。

为边定义一个指向其半边的方向:"右"半边具有正向,"左"半边具有负向。图 5.2.20 形象化地表示边与两个半边的联系。3 个节点 HalfEdge、Edge 和 Vertex 构成了半边数据结构的核心。

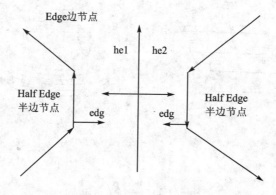

**图 5.2.20　两个半边的联系**

用半边结构存储图形的边界信息,支持造型系统对图形的处理、显示和交互技术等操作时,只需要按层次简单地扫描整个数据结构,并在每个节点处执行某种计算即可。

## 5.2.6　扫描表示法

扫描表示法是一个得到广泛应用的表示三维体的方法。它的基本原理很简单,即空间中的一个点、一条边或一个面沿着某一路径扫描时,所形成的轨迹将定义一个一维、二维或三维的物体。在这里,表示或形成一个物体需要两个要素,其一是作扫描运动的物体,其二是扫描运动的轨迹。在三维形体的表示中,应用得最多的是平移扫描体和旋转扫描体两种。

图 5.2.21 中的几个例子说明了平移扫描体和旋转扫描体的原理。在图(a)中,扫描体是一条曲线,扫描轨迹是一条直线,该曲线沿着直线扫描的结果得到一个曲面。在图(c)中,扫描体是一个平面,平面上有四个孔,扫描轨迹是与该平面相垂直的一个直线段。当该平面沿着直线段扫描时,得到一个具有四个孔的三维实体。这是两个平移扫描的实体。这两个例子具有一个共同的特点,即扫描得到的物体都有相同的截面,这是简单的平移扫描法的特点。

图(b)中,扫描体是一条曲线,绕一个旋转轴作旋转扫描,得到的是一个曲面。在图(d)中,扫描体是一个平面,它绕一个旋转轴作旋转扫描,得到一个三维实体。这是两个由旋转扫描法构成物体的例子,都是轴对称的物体,这是旋转扫描法的特点。另外,需要说明的是,旋转轴本身并不一定是所构造的物体的一部分。

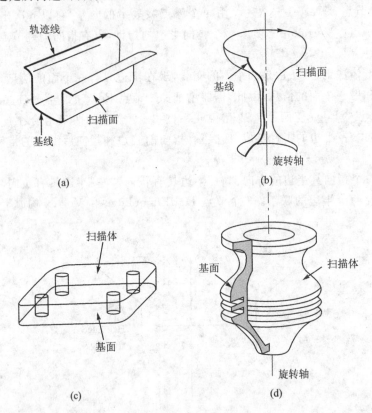

图 5.2.21 扫描表示法

如果在扫描过程中,允许扫描体的截面随着扫描过程变化,就可以得到不等截面的平移扫描体和非轴对称的旋转扫描体,这种方法统称为广义扫描法,图 5.2.22 所示为用不等截面的圆盘作为平移扫描构成的圆台。

图 5.2.22 不等截面扫描构成的圆台

在扫描表示法中,由于三维空间的实体和曲面可分别由二维平面及曲线通过平移扫描或旋转扫描来实现,因此,只需定义二维平面及曲线即可。这对于许多领域的工程设计人员来说都是很方便的。例如,建筑设计师们就是先设计建筑物的平面图,然后通过平移扫描构造建筑物的模型的。因此,在三维物体的表示中,扫描表示法往往是必不可少的输入手段,应用颇为广泛。

## 5.2.7 构造的实体几何法

构造的实体几何法(constructive solid geometry)简称 CSG 法。CSG 法是在实体的表示、构造中得到广泛应用的一种方法。它首先是由美国的 H. B. 沃尔及 A. A. G. 雷契切等人提出来的。它的基本思想是将简单的实体(又称体素)通过集合运算组合成所需的物体。因此,这种方法称为构造的实体几何法。在这一方法中,常用的体素有长方体、圆柱体、圆台体、环、球等。在某些功能较强的系统中,还可以通过扫描法产生一些实体,这些实体也称为体素在 CSG 法中应用。

在构造的实体几何法中,集合运算的实现过程可以用一棵二叉树(称为 CSG 树)来描述。如图 5.2.23 所示,二叉树的叶子节点表示体素或者几何变换的参数,其非终端节点表示施加于其子节点的正则集合算子(正则并、正则交和正则差)或几何变换的定义。显然,二叉树根节点所表示的就是集合运算的最终结果。如果这一方法中所采用的体素是正则的,而所采用的集合运算算子也是正则的,那么,所得出的结果也必然是正则几何形体,即有效的实体。

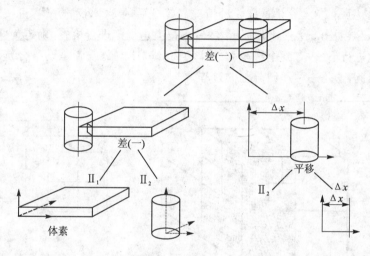

图 5.2.23 CSG 表示法

在构造的实体几何法中,体素也可以用半空间的集合运算组成。一个无边界的面可将三维空间分割成两个无边界的区域,每一个区域均称为半空间。一组半空间经过交运算后即可构成一个封闭的三维实体。于是,一个复杂的物体可以定义为一系列有向面求交以后再求并所得的结果,即

$$F = \bigcup_{j=1}^{m} (\bigcap_{i=1}^{n} f_{ij})$$

在构造的实体几何法中,如果体素设置比较齐全,那么,通过集合运算,可以构造出多种不同的符合需要的实体。覆盖域比较宽是这种方法的优点,此外,用户可以通过输入或调用简单体素来直观而方便地构造三维实体。因而,这种方法在现有的大多数实体造型系统中作为输入手段而得到广泛应用。

这一方法也有它的局限性。当用户输入体素时,主要是给定体素的有关参数(如长方体的长、宽、高,圆柱的底面圆心、半径及高等),然后由系统给出该体素的表面方程,当进行求交运算时,可以通过表面方程求交,但是集合运算的中间结果却难于再用简单的代数方程表示,因而不能继续参与集合运算。此外,这种表示方法用于输出也很不方便。因此,单纯使用结构的实体几何法存在着难于克服的困难。为了解决这一问题,往往在用结构的实体几何实现实体的定义和输入以后,将其转换为边界表示,再进行集合运算和显示输出,混合使用 CSG 法和 B_rep 法是实体造型系统中最常用的一种方法。

## 5.2.8 八叉树表示法

八叉树表示法是占有空间计数法的一种,占有空间计数法将实体所在空间进行分割,一般是分割成由立方体组成的网格。于是,一个实体可以由它所占的立方体序列来表示。当分割后的立方体越来越小时,就逐步接近用空间点的集合来表示实体了。

八叉树表示法是一种层次结构的占有空间计数法,它是由图像处理中的四叉树法扩展而来的。如图5.2.24所示,可将实体所在空间用一个立方体(一般称为宇宙)来表示。

如果该立方体完全被实体所占有,那么该立方体可表示为"满";如果该立方体与实体完全不相交,则该立方体表示为"空"。如果该实体占有立方体的部分空间,那么就将该立方体等分为8个小立方体,图5.2.24就是这样一种情况。等分后的8个小立方体,可按一定规律给以编号$(0,1,2,\cdots,7)$,如图5.2.24(b)所示,然后再按上述规则进行检查,确定为"满"、"空"或再次8等分。如此进行下去,直到全部小立方体均为"满"、"空",或者是设备分辨率允许的最小立方体为止。因此,这是一种递归分割的过程。

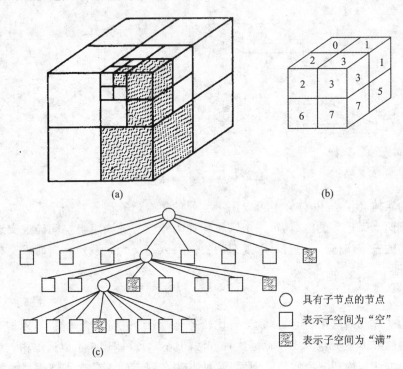

**图 5.2.24 八叉树表示法**

这种递归分割的实体表示形式,可用八叉树结构加以描述。如图5.2.24(c)表示,树的根节点表示实体所在空间,即"宇宙"。其8个子节点中,黑节点表示"满"的子空间,白节点表示"空"的子空间,需要再次分割的子空间用圆节点表示,形成一棵八叉树,那么,最多可能递归分割到多少层呢?假如显示此物体的图形显示器的分辨率为$1024 \times 1024$(即$2^{10} \times 2^{10}$),若八叉树的根的根为第0层,那么递归分割10次以后,在第11层就得到最大可能的空间阵列,共有$2^{10} \times 2^{10} \times 2^{10}$个节点。如果分割到这一像素级精度以后,仍然出现部分小立方体被实体占有的情况,那么可以按照统一的规则将此小立方体设置为"满"或"空",相应的叶子节点为黑或白。因此,八叉树只是空间实体的一个近似表示。

用八叉树结构表示空间实体,具有许多优越性,概括说起来有如下一些:

(1) 可以用统一而简单的形体(即立方体)来表示空间任意形状的实体,因而,数据结构简单划一。

(2) 易于实现实体之间的集合运算,如交、并、差等。

(3) 易于检查空间之间是否碰撞,计算出两个实体之间的最小距离也不困难。

(4) 易于计算物体的性质,如物体的体积、质量、重量、转动惯量等。

(5) 由于各小立方体在数据结构中总是排好序的,故易于实现消隐及显示输出。

八叉树表示方法的不足之处如下:

① 用八叉树表示所需存储容量较大。D.J.R 米格(D.J.R. Meagher)曾分析过八叉树结构对存储容量的需求。假如设备分辨率为 $1\,024\times1\,024$,并且平均说来,在八叉树的每一层中,只有4个节点需要再次分割为8个子节点,那么八叉树中需要存储的全部节点数为 $2.7\times10^6$ 个,这当然是一个相当大的数字。但若采取一些改进办法,例如,只存黑节点,不存白节点,根据需要确定分割精度,而不一定分割至像素级等,都可以大大减少对存储空间的需求。另一方面,当今的计算机或工作站的存储空间不断扩充,所以这并非是一个不可克服的困难。

② 八叉树表示中,难于实现在其他表示形式下易于实现的某些几何变换,如旋转任意角度,具有任意比例系数的比例变换等。

③ 八叉树表示只是空间实体的近似表示,将八叉树表示转换为精确的边界表示是非常困难的,因而难于用这种表示的结果实现绘图输出。这是它的主要弱点。

由于八叉树表示存在着如上的不足之处,因而限制了它的应用范围。在实体造型系统中,一般将它用做一种辅助表示形式。此外,由于八叉树表示具有结构的特性,因而常用来管理空间实体,以实现图形显示过程的加速。

# 5.3 其他三维造型法

## 5.3.1 特征表示

特征造型是面向制造全过程,实现 CAD/CAM 集成的重要手段。特征表示从应用层来定义形体,为制造和检验产品和形体提供技术依据和管理信息。特征表示是在 B_rep、CSG 等几何造型方法的基础上,增加制造信息,如精度、材料和技术信息,由图形信息和文字信息组合而形成的表示方法。

从功能上它可以分为形状、精度、材料和技术特征。形状特征单元是按照加工制造要求选择的一个有形的几何实体,是一组可加工表面的集合,由可以体现加工要求的名字来命名。例如,与 CSG 方法相同的一个长方体体素,在不同的加工要求下分别称为键或槽;圆柱分别称为孔或销,它的实现可以采用 CSG、B_rep 等形体造型方法。如图 5.3.1 是它的常用体素。

精度特征由形位公差、表面粗糙度等组成;材料特征由材料硬度、热处理方法等组成。

技术特征由形体的性能参数和特征等组成。

它是在几何造型方法相当发展的情况下,为了便于 CAD/CAM 集成而建立的一种由图形信息和文字信息组成的信息表示方法。

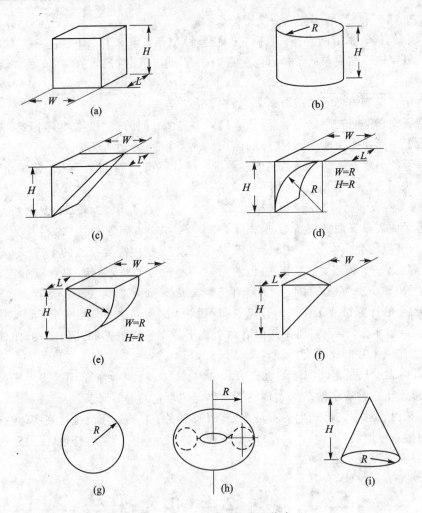

图 5.3.1　特征造型的常用体素

## 5.3.2　分形几何表示

分形几何(fractal geometry)是著名数学家 B. Mandelbrot 创立的独立于欧几里德几何的数学方法。分形造型是利用分形几何学的自相似性,采用各种模拟真实图形的模型,使整个生成的景象呈现出细节的无穷回归性质的方法。可以生成结构性较强的树,也可以生成结构性较弱的火、云、烟,甚至可以生成有动态特性的火焰、浪等。

Mandelbrot 观察了雪花和海岸线的共同特点:它们都有细节的无穷回归,测量尺度的减少都会得到更多的细节。将其中的一部分放大会得到与原来部分基本一致的形态,这就是复杂现象的自相似性。为了定量地描述这种自相似性,他引入了分形的概念。分数维 $D$ 的定义为

$$D = (\log N)/\log(1/S)$$

式中:$N$ 为每一步细分的数目;$S$ 是细分时的放大(缩小)倍数。以雪花为例,它的图形如图 5.3.2 所示,它的每一步的细分段的个数为 4,细分时的放大倍数为 1/3,则雪花的分数维 $D$=1.216 9。

计算机图形学从中受到启发,形成了以模拟自然界复杂景象,以物体为目标的分形造型。生成图形的关键是要有一个合适的模型来生成自然景象。人们研究了不少模型,这些模型应

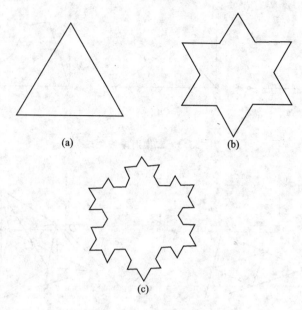

图 5.3.2　雪花分形生成

尽量满足下列要求：

（1）能从视觉效果上逼真地"再现"自然景象；

（2）模型不依赖于观察距离，即距离远时可给出大致轮廓，距离近时能给出更丰富的细节；

（3）模型说明应尽量简单，且具有放大能力；

（4）模型应便于交互修改；

（5）图形生成的效率要高；

（6）模型适应范围应尽可能地宽。

分形造型的常用模型如下：

（1）随机插值模型　该模型是 1982 年由 Alain Fournier、DonFussell 和 Loren Carpenter 提出的，它能有效地模拟海岸线和山等自然景象。

随机插值模型用一个随机过程的采样路径作为构造模型的手段。例如，构造二维海岸线的模型可以选择控制大致形状的若干初始点。然后，在相邻两点构成的线段上取其中点，并沿垂直连线方向随机偏移一个距离，再将偏移后的点与该线段两端点分别连成两条线段。这样继续分下去，可得到一条曲折有无穷细节回归的海岸线，其曲折程度由随机偏移量控制，它也决定了分数维的大小，如图 5.3.3 所示。在三维情况下可通过类似过程构造山的模型，例如，可在一个三角形的 3 条边上随机地各取一点，并沿垂直方向偏移一定距离后得到 3 个点，再连接成 4 个三角形，如此继续下去，即可构造出褶皱的山峰。山的褶皱程度由随机偏移量控制，如图 5.3.4 所示。

（2）粒子系统模型　由 W. Reeves 在 1983 年提出，主要用来模拟火、云、水等。每个粒子都有随机取值的属性，如位置、速度、颜色、大小等，它们由一组随机过程描述和确定随时的值。粒子运动的轨迹构造了火焰、云、水的模型。该模型是由粒子描述的，因而适合表示动态变化的火、烟和被风吹动的草。

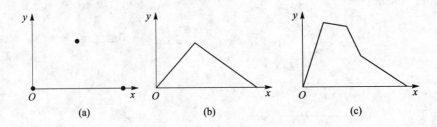

图 5.3.3 二维海岸线生成

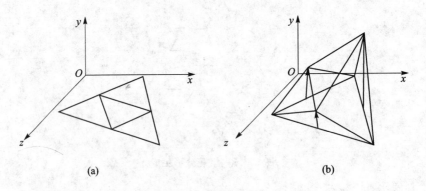

图 5.3.4 三维山脉生成

(3) 正规方法模型　1984年由 Alvy Ray Smith 为模拟植物而引入的。其基本思想是用正规文法生成结构性强的植物的拓扑结构,再通过进一步几何解释来形成逼真的画面。该模型的工具是并行重写系统,该系统中产生式的匹配对一个输入字符串的所有字符是同时进行的,该系统没有终结符和非终结符之分。并行重写系统的一个子集是 $L$ 系统,它又包括上下文无关的 $0L$ 系统和上下文有关的 $1L$ 和 $2L$ 系统等。

考虑一个有括号的构造植物模型的例子,其字符集为 $\{A,B,[,]\}$,两条产生式规则是
$$A \to AA \text{ 和 } B \to A[B]AA[B]$$

若从 $A$ 出发,前三步产生的结果是 $A,AA,AAAA,\cdots$;若从 $B$ 开始,前三步产生的结果是: $B,A[B]AA[B],AA[A[B]AA[B]]AAAA[A[B]AA[B]],\cdots$。如果用一串字符表示一串线段,则上述三步展开式对应的线段如图 5.3.5 所示。如果在产生式中增加圆括号,并用方括号表示左分支,用圆括号表示右分支,则从 $B$ 开始的字符串结构是 $B,A[B]AA(B),AA[A[B]AA(B)]AAAA(A[B]AA(B))\cdots$。其对应的线段如图 5.3.6 所示。如继续展开,并将展开的线段进行几何解释和真实性处理,可得到如图 5.3.7 所示的树枝图。

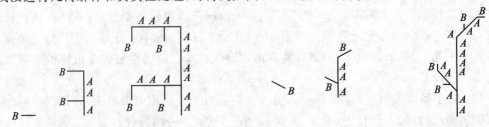

图 5.3.5　正规文法文字生成　　　　图 5.3.6　正规文法文字左右同时生成

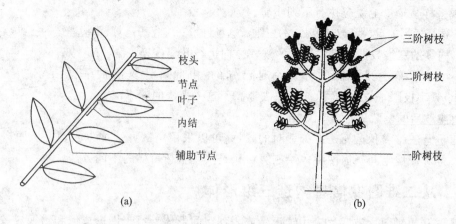

图 5.3.7 正规文法生成树

(4) **叠代函数系统模型** 它的数学基础是叠代函数系统理论。一个 $n$ 维空间的叠代函数系统由两部分组成,一个 $n$ 维空间到自身的线性映射(仿射变换)的有穷集合 $M=\{M_1,M_2,M_3,\cdots,M_n\}$ 和一个概率集合 $P=\{P_1,P_2,\cdots,P_n\}$。每个 $P_i$ 是与 $M_i$ 相联系的,$\Sigma P_i=1$。

叠代函数系统的工作过程是:先取空间中任一点 $Z_0$,以 $P_i$ 概率选取变换 $M_i$,作变换 $Z_1=M_i(Z_0)$,再以 $P_i$ 概率选取变换 $M_i$,对 $Z_1$ 作变换 $Z_2=M_i(Z_1)$,如此下去,得到一个无数点集。该模型方法就是要选取合适的映射集合、概率集合和初始点,使得生成的无数点集能模拟某种景物。如果选取的仿射变换特征值的模小于1,则该系统有惟一的有界闭集,称为叠代函数系统的吸引子。直观地说,吸引子就是叠代生成点的收敛处,点逼近吸引子的速度取决于特征值的大小。

例如,一个变换 $f$,概率为 1,$Z'=f(Z)=\lambda Z\cdot(1-Z)$,其逆变换为

$$Z=\frac{1}{2}[1\pm\sqrt{1-(4Z'/\lambda)}]$$

式中 $\lambda$ 为某一复数(如 $\lambda=3,\lambda=2+i$)。可用它的逆变换较快地生成类似云彩的分数维平面点集 $(X=R(Z),Y=I(Z))$。

分数维造型以模拟复杂景物为目的。不同景物有不同特点,应选用合适的模型。

## 5.3.3 体绘制技术

科学计算的可视化是计算机应用中的一个重要领域,其研究目标是把函数值计算结果或实验得到的大量数据表现为人的视觉可以感受的图像。三维空间数据场的显示是实现科学计算可视化的核心。

一般来说,三维空间数据场是连续的,而数值计算结果或测量所得数据是离散的,是对连续的三维场采样的结果。体绘制技术就是要将这种三维空间样本直接转换成屏幕上的二维图像,尽可能准确地重现原始的三维数据场。屏幕上的二维图像决定于帧缓存中对应于每一个像素点的光亮度值,这也是一个二维的离散数据场。因此,体绘制技术的实质是将离散的三维空间数据场转化为离散的二维数据。

将离散的三维空间数据场转化为离散的二维数据点阵,首先必须进行三维空间数据场的重新采样。其次,应该考虑三维空间中每一个数据对二维图像的贡献,因而必须考虑图像的合

成。实现采样从理论上说应执行下列步骤:
(1) 选择适当的重构函数,对离散的三维数据场进行三维卷积运算,重构连续的三维数据场。
(2) 连续的三维数据场根据给定的观察方向进行几何变换。
(3) 由于屏幕上采样点的分辨率是已知的,由此可计算出被采样信号的奈奎斯特(Nyquist)频率极限,采用低通滤波函数去掉高于这一极限的频率成分。
(4) 滤波后的函数进行重新采样。

由于进行三维卷积运算是十分费时的,因此可以采用离散方法加以实现。上面提到的物体空间扫描和图像空间扫描两种体绘制算法只是实现重新采样的不同方法。

### 5.3.4 从二维图像信息构造三维形体

透视图和摄影图片被广泛应用于记录或表现空间形体。由于摄影成像和透视成像原理基本相同,因而将物体的几何透视图和摄影图片都称为透视图像。利用同一物体的两幅不同角度的透视图像来进行三维重建时,首先遇到的困难是如何判别这两幅图各自的观察坐标系,以及这两个观察坐标系间的相对位置和相对角度。而试图将一幅透视图像变换到它原来的三维形体时,则因条件不充分,一般是不可能的。但是,如果能够利用图像中物体的某种几何特性,即有可能成功地恢复图像中的三维形体。

本节提出一种利用一幅透视图像重建对称形体的算法。把重建对象限定为对称形体,这样可以利用形体本身的几何对称性来弥补图像重建时几何条件的不足。首先,通过对透视成像条件的解析求出透视投影时视点的位置(相当于摄影时镜头的焦点位置)以及物体的对称平面,然后每一次在图像上选取物体上的一对对称点,根据这两个点与视点及对称平面的相对位置关系计算出它们的空间坐标。所有这些几何解析计算都是在事先设定的空间坐标系下进行的,而坐标系的设定以及视点位置的计算等都要根据透视图中的特有点——灭点位置的分布情况确定。通常,通过扫描输入该物体的照片或设计效果图作为重建对象的图像信息。

## 习 题

1. 设一个 Coons 曲面片的系数矩阵为

$$B_x = \begin{bmatrix} 0 & 10 & 16 & 0 \\ 0 & 18 & 24 & 0 \\ 0 & 8 & 8 & 0 \\ 0 & 8 & 8 & 0 \end{bmatrix} \quad B_y = \begin{bmatrix} 0 & 0 & 0 & 0 \\ 10 & 10 & 10 & 10 \\ 10 & 10 & 10 & 10 \\ 10 & 10 & 10 & 10 \end{bmatrix} \quad B_z = \begin{bmatrix} 10 & 0 & 0 & -16 \\ 8 & 0 & 0 & -14 \\ -2 & 0 & 0 & 2 \\ -2 & 0 & 0 & 2 \end{bmatrix}$$

试分析该曲面片的特点。

2. 试计算上述曲面片中,参数值为 $u=0.5, w=0$ 及 $u=0.5, w=1$ 的坐标值。

3. 试编写一个算法,计算出 Coons 曲面片上具有参数值 $u$ 及 $w$ 的点的坐标值。该算法表示为 PSRF($CI, U, W, P$)。式中:$CI(4,4,3)$ 是定义曲面片的系数矩阵;$U$ 是参数 $u$ 的数值;$W$ 是参数 $w$ 的数值;$P(3)$ 是该点的坐标值。

4. 试编写一算法,计算出 Coons 曲面片上某一点处的单位法矢,该算法表示为 UNV($CI, UW, N$)。式中:$CI(4,4,3)$ 是定义此曲面片的系数矩阵;$UW(2)$ 是某一点处的参数值 $u$ 及 $w$;$N(3)$ 是该点处的单位法矢。

5. 试编写一算法,计算出 Bezier 曲面片上某一点处的坐标值。该算法表示 BZSRF($M, N, CI, IFLG, U,$

$W,P$)。

式中:$M$ 是沿 $u$ 为常数的曲线上的控制点数;$M\in[3,6]$;$M$ 是沿 $w$ 为常数的曲线上的控制点数;$N\in[3,6]$;$CI(M,N,3)$ 是定义特征多边形的控制顶点的坐标输入矩阵;IFLG 定义曲面是开曲面或闭曲面的数学。

如为开曲面,则 IFLG=0;

如 $u$ 为常数的曲线且闭合,则 IFLG=1;

如 $w$ 为常数的曲线且闭合,则 IFLG=2;

$U,W$ 是常数 $u,w$ 的输入值;

$P(3)$ 是该点的坐标值 $x,y,z$。

6. 如果要构造 2×2 个双三次 B 样条曲面片组,问需要多少个控制点?如要构造 3×3 及 4×4 的双三次 B 样条曲面片组呢?

7. 图 5.2.6 表示出二维图形 $A,B$ 的相互位置,按本章讲授的公式求出 $A\cup^* B$, $A\cap^* B$, $A-^* B$ 及 $B-^* A$,并以图表示之。

8. 形体的拓扑信息和几何信息各包含哪些内容?各起什么作用?举例说明之。

9. 试写出判断一点 $p$ 是否在一个多边形 $Q$ 内,多边形 $Q$ 外或者在多边形 $Q$ 的边上的算法。

10. 试写出判断一条线段 $p_1 p_2$ 是否在一个多面体内的算法。

11. 试写出判断空间任意位置的两个长方体是否相交的算法。

12. 用翼边结构表示三维造型系统,编写程序实现翼边结构,先定义翼边结构的点、边、面,再编写一个算法实现从输入一个点求出它的所有邻边。

13. 编写一个算法实现翼边结构的从输入一条边查找它的顶点和它的邻边。

14. 用半边结构表示三维造型系统,编写程序实现半边结构,先定义半边结构的体、面、环、半边、点、边,再编写一个算法实现从输入一条边求出它的顶点。

15. 编写一个算法,以实现半边结构从输入一条边查找它的两个半边。

16. 编写一个算法,以实现半边结构从输入一半边查找它的组成的环,环组成的面、面组成的体。

17. 试写出用八叉树表示一个多面体的算法。

18. 试写出定义平面多边形后,经平移和旋转扫描产生三维实体的算法。

19. 找一个实际零件,用 CSG 法的思想分析它由哪些基本体素构成。

20. 试以圆柱体为例,写出将它的 CSG 表示转换成边界表示的算法。

21. 试比较实体的边界表示、扫描表示、CSG 表示及八叉树表示的优缺点。并说明各适用于什么应用场合。

22. 试用分类函数的理论写出一个求两个凸多边形交、并、差的算法流程图。

23. 自行设计一个三维形体,用欧拉公式检验它的合法性,并说明如何用欧拉算子一步一步地构造该形体。

# 第 6 章 真实感图形显示

## 6.1 线消隐

### 6.1.1 消隐的基础知识

人不能一眼看到一个三维物体的全部表面。从一个视点去观察一个三维物体,只能看到该物体表面上的部分点、线、面,而其余部分则被这些可见部分遮挡住。如果观察的是若干个三维物体,则物体之间还可能彼此遮挡而部分不可见。因此,如果想有真实感地显示三维物体,必须在视点确定之后,将对象表面上不可见的点、线、面消去。执行这一功能的算法,称为消隐算法。图 6.1.1 表示了出消隐算法的功能。

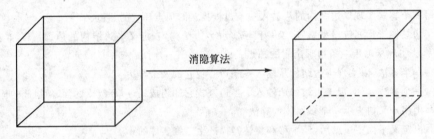

图 6.1.1 消隐算法的功能

图形软件通常将三维物体表达为多面体。消隐算法则将物体的表面分解为一组空间多边形及研究多边形之间的遮挡关系。消隐算法有很多种。按照操作对象的不同表达,消隐算法可以分为两大类:对象空间方法(object space methods)和图像空间方法(image space methods)。对象空间是对象三维空间。对象空间的方法是通过分析对象的三维特性之间的关系来确定其是否可见。例如,将三维平面作为分析对象,通过比较各平面的参数来确定它们的可见性。图像空间是对象投影后所在的二维空间。图像空间的方法是将对象投影后分解为像素,按照一定的规律,比较像素之间的 $z$ 值,从而确定其是否可见。

从理论上说,对于对象空间方法,一个对象必须和画面中其他每一个对象进行比较,才能确定其可见性。如果画面含有 $n$ 个对象,则比较的计算量正比于 $n^2$ 次。对于图像空间方法,每个对象都分解为像素,并在像素之间进行比较。如果每个对象投影后含有 $N$ 个像素,则比较计算量正比于 $N \cdot n$ 次。$N$ 虽然很大,但像素之间的比较甚为简单,而且可以利用相邻像素之间的性质连贯性(Coherence)简化计算。因而在光栅扫描显示系统中实现,有时效率反而较高。目前实用的消隐算法经常将对象空间方法和图像空间方法结合起来使用:首先使用对象空间方法删去对象中一部分肯定不可见的面,然后对其余面再用图像空间方法细细分析。

从应用的角度看,有两类消隐问题:(Hidden - line)线消隐和(Hidden - surface)面消隐。

前者用于线框图,后者用于填色图。本章先讨论线消隐,再讨论面消隐。

## 6.1.2 凸多面体的隐藏线消除

凸多面体是由若干个平面围成的物体。假设这些平面方程为

$$a_i x + b_i y + c_i z + d_i = 0, \quad i = 1, 2, \cdots, n \tag{6-1-1}$$

可以调整系数的符号,使得当某点 $P_0$(如物体的重心)位于物体"内部"所在一侧时

$$a_i x_0 + b_i y_0 + c_i z_0 + d_i < 0, \quad i = 1, 2, \cdots, n \tag{6-1-2}$$

这时,平面法向量 $(a_i, b_i, c_i)$ 必是指向物体外部的。事实上,令 $P_i(x_i, y_i, z_i)$ 为 $P_0$ 在平面 $i$ 上的垂足,则有

$$a_i x_i + b_i y_i + c_i z_i + d_i = 0$$

而且,$P_0 - P_i$ 是指向物体内部的平面 $i$ 的法向量。由于

$$(a_i, b_i, c_i)(P_0 - P_i) = (a_i x_0 + b_i y_0 + c_i z_0) - (a_i x_i + b_i y_i + c_i z_i) < 0$$

所以,$(a_i, b_i, c_i)$ 与 $P_0 - P_i$ 的夹角大于 $90°$,但是两者都是平面 $i$ 的法向量,其夹角只能是 $0°$ 或者 $180°$。故两者夹角只能是 $180°$,所以 $(a_i, b_i, c_i)$ 是指向物体外部的。

假设式(6-1-1)所定义的凸多面体在以视点为顶点的视图四棱锥内,视点与第 $i$ 个面上一点连线的方向为 $(l_i, m_i, n_i)$。那么,当点积 $(a_i, b_i, c_i) \cdot (l_i, m_i, n_i) > 0$ 时,平面 $i$ 为自隐藏面。一般地,取视点为 $z$ 轴负无穷远点。这时,物体将被正投影到 $xy$ 平面上。由于视线方向为 $(0, 0, 1)$,所以,$c_i > 0$ 所对应的面为自隐藏面。任意两个自隐藏面的交线为自隐藏线。

对于任意一个凸多面体,可以先求出所有隐藏面,给它们打上标记,然后检索每一条边。若交于某一条边的两个面均为自隐藏面则该边为自隐藏边,在绘制时可予以消除或用虚线输出,若此边未被隐藏,应当用实线输出。

## 6.1.3 凹多面体的隐藏线消除

凹多面体的隐藏线消除比凸多面体的隐藏线消除要复杂。在这里假设凹多面体用它的表面多边形的集合来表示,这些多边形可以是凸的,也可以是凹的,甚至还可以是带孔的。在采用面的集合表示凹多面体后,消除隐藏线的根本问题可归结为:对于一条空间线段 $P_1 P_2$ 和一个多边形 $p$,判断线段有没有被多边形遮挡。如果被遮挡,则求出隐藏部分。应以视点为投影中心,把线段端点与多边形顶点投影到屏幕上。线段的投影和多边形的投影都是平面上的线段,将线段的投影方程与多边形边的投影方程联立求解,即可求出线段投影与多边形边投影的交点。

如果线段与多边形的任意一条边均不相交,则有两种可能:线段投影与多边形投影分离,或线段投影在多边形投影之中。如果是前一种情况,线段和多边形间不可能有隐藏关系;如果是后一种情况,则线段完全被隐藏或完全可见。可以通过判断线段中点是否落在多边形投影内来区分这两种情况(判断平面上一点是否包含在一个多边形内,可以使用 2.5.3 节介绍的有关算法。)。在后一种情况下,可以从线段中点向视点引射线,若此射线与多边形有交,则子线段被多边形隐藏;否则线段完全可见。

如果线段与多边形的交点存在,那么多边形的边把线段投影的参数区间 $[0, 1]$ 分割成若干子区间,每个子区间对应于一条子线段,每条子线段上的所有点具有相同的隐藏性,如图 6.1.2 所示。为了进一步判断各子线段的隐藏性,首先要判断该子线段是否落在多边形投影内。若一条子线段落在多边形投影之外,则两者之间没有隐藏关系;否则,子线段或者完全被多边形

隐藏,或者完全可见。对子线段与多边形隐藏关系的判定,方法与整条线段与多边形无交点时的判定方法相同。

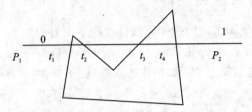

**图 6.1.2　线段投影被分为若干子线段**

把上述线段与所有需要比较的多边形依次进行隐藏性判别,记下各次隐藏子线段的位置,最后对这些区间进行并集运算,即可确定总的隐藏子线段的位置,余下的则是可见子线段,如图 6.1.3 所示。

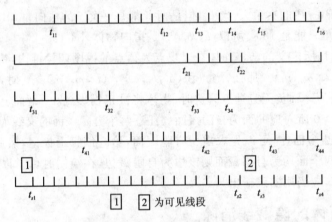

**图 6.1.3　可见子线段的确定**

如果按上述方法消除隐藏线,对每条线段与每个多边形都进行以上判断,那么计算量将非常大。我们可以通过包围盒检验和深度检验,减少大量不必要的复杂运算。

包围盒检验指的是将覆盖多边形投影的最小矩形与线段投影先作隐藏关系判断,仅当线段与该矩形有交点或线段落在矩形中时,才进行隐藏性的判别。显然,对于空间任意线段,只有当它在平面上的投影部分地或全部地落在多边形的包围盒中时,才能与多边形有隐藏关系,需要作进一步的判断。在精确计算隐藏性之前,还可以作深度检验,排除线段完全可见的情况。

深度检验是利用线段与多边形在深度上的相对位置,判断出完全不会被多边形隐藏的一些线段,避免不必要的计算。为了减少比较的计算量,可以分两步来判断,即粗略检验和精确检验。不失一般性,假设视点在 $Z$ 轴上,且视线方向沿 $Z$ 轴负向。在进行粗略检验时,把多边形顶点的最大 $Z$ 坐标和线段端点的最小 $Z$ 坐标进行比较。若前者小于或等于后者,则说明该多边形完全在线段之后,根本不可能遮挡线段,可以不必再继续做精确检验。如果前者大于后者,仍然存在线段整条落在多边形之前的可能性,这时可进行精确检验。可以从线段端点 $P_1(X_1,Y_1,Z_1)$、$P_2(X_2,Y_2,Z_2)$ 各作一条与 $Z$ 轴方向平行的直线。假定这两条直线与多边形所在平面交于两点 $M_1(x_1',y_1',z_1')$、$M_2(x_2',y_2',z_2')$,若 $z_1' \leqslant z_1$ 且 $z_2' \leqslant z_2$,则线段不会被遮挡,可以不必进一步作隐藏性计算。否则,要按前面所介绍的方法,求出隐藏子线段。

## 6.2 面消隐

### 6.2.1 区域排序算法

区域排序算法的基本思想是:在图像空间中,将待显示的所有多边形按深度值从小到大排序,用前面可见多边形去切割后面的多边形,最终使得每个多边形要么是完全可见,要么是完全不可见。用区域排序算法消隐,需要用到一个多边形裁剪算法,这种裁剪算法不仅能处理凸多边形,而且可以处理凹多边形,以及内部有空洞的多边形。

当对两个形体相应表面的多边形进行裁剪时,称用来裁剪的多边形为裁剪多边形,另一个多边形为被裁剪多边形。算法要求多边形的边都是有向的,不妨设多边形的外环总是顺时针方向的,并且沿着边的走向左侧始终是多边形的外部,右侧是多边形的内部。若两多边形相交,新的多边形可以用"遇到交点后向右拐"的规则来生成。于是被裁剪多边形被分为两个乃至多个多边形;把其中落在裁剪多边形外的多边形叫做外部多边形;把落在裁剪多边形之内的多边形叫做内部多边形。

消隐的步骤如下:

(1) 进行初步深度排序,如可按各多边形 $Z$ 最小值(或最大值、平均值)排序。

(2) 选择当前深度最小(离视点最近)的多边形为裁剪多边形。

(3) 用裁剪多边形对那些深度值更大的多边形进行裁剪。

(4) 比较裁剪多边形与各个内部多边形的深度,检查裁剪多边形是否是离视点最近的多边形。如果裁剪多边形深度大于某个内部多边形的深度,则恢复被裁剪的各个多边形的原形,选择新的裁剪多边形,回到(3)再做,否则做(5)。

(5) 选择下一个深度最小的多边形作为裁剪多边形,从(3)开始做,直到所有的多边形都处理过为止。在得到的多边形中,所有的内部多边形是不可见的,其余多边形均为可见多边形。

区域排序算法的复杂性与输入多边形的个数密切相关。可以将输入多边形按其在 $xOy$ 平面上的投影分区,这样在每一个区中的多边形数量将会减少,然后再对每一个区分别消隐。经过这种预处理,可以使算法的计算时间有所减少。

### 6.2.2 深度缓存(Z-buffer)算法

这是一种在图像空间下的消隐算法,原理简单,也很容易实现。这一算法需要两个数组:

一是深度缓存数组 ZB,也就是所谓 Z-buffer,算法的名称就是从这里来的;

另一个是颜色属性数组 CB (color-buffer)。

这两个数组的大小和屏幕的分辨率有关,等于横向像素数 $m$ 和纵向像素数 $n$ 的乘积。

Z-buffer 算法的步骤如下:

(1) 初始化 ZB 和 CB,使得 ZB$(i,j)=Z_{\max}$,CB$(i,j)=$背景色。其中,$i=1,2,\cdots,m$,$j=1,2,\cdots,n$。

(2) 对多边形 $p$,计算它在点 $(i,j)$ 处的深度值 $z_{i,j}$。

(3) 若 $z_{ij}<$ZB$(i,j)$,则 ZB$(i,j)=z_{ij}$,CB$(i,j)=$多边形 $p$ 的颜色。

(4) 对每个多边形重复(2)、(3)两步。最后,在 CB 中存放的就是消隐后的图形。

这个算法的关键在第(2)步,要尽快判断出哪些点落在一个多边形内,并尽快求出一个点的深度值。这里需要应用多边形中点与点之间的相关性,包括水平相关性和垂直相关性。首先,分析多边形中点与点在水平方向上的相关性。设某个多边形所在的平面方程为

$$ax + by + cz + d = 0$$

若 $c \neq 0$,则 $z=(-ax-by-d)/c$。在点 $(x_i, y_i)$ 处

$$z_i = (-d - ax_i - by_i)/c$$

而在点 $(x_{i+1}, y_i)$ 处(用逐点扫描来处理)

$$z_{i+1} = (-d - ax_{i+1} - by_i)/c$$

因为 $x_{i+1}=x_i+1$,所以 $z_{i+1}= z_i-a/c$。这个递推公式表明了一个平面多边形中点的深度值在水平方向上的增量关系。

类似地,可推出平面多边形内的点在垂直方向上的相互关系。设多边形一条边的方程为 $ax+by+c=0$,将多边形投影到 $Oxy$ 平面上。在 $y=y_i$ 点,$x_i=(-c-by_i)/a$;在 $y_{i+1}$ 点,因 $y_{i+1}=y_i+1$,所以 $x_{i+1}=x_i-b/a$。

利用多边形内的点在水平方向和垂直方向上的相关性,可以得到多边形的点及其深度的的算法。

(1) 将多边形的边按其 $y$ 方向的最小值排序,搜索多边形中各顶点 $y$ 值,找出其中的最小值 $y_{min}$ 和最大值 $y_{max}$。

(2) 令扫描线 $y=y_{min}$ 到 $y=y_{max}$ 按增量 1 变化。此时:

① 找出与当前扫描线相交的所有边,利用垂直相关性求出这些边与扫描线的交点,并将这些交点从小到大排序;

② 在相邻两交点之间选一点,判断其是否被多边形包含,如果被多边形包含,则利用多边形上点的水平相关性,求出两交点之间各点的深度值;重复(2),直到当前扫描线上所有在多边形内的点的深度都求出为止。

深度缓存算法的最大缺点是两个缓存占用的存储单元太多。可以将两个帧缓存(ZB,CB)改为行缓存,计算出一条扫描线上的像素值就输出,然后刷新行缓存,再计算下一条扫描线上的像素。这种方法可以减少缓存占用的存储空间,但它无法利用多边形中点的垂直相关性,因而势必降低效率。随着目前计算机硬件的高速发展,Z 缓冲器算法已被硬化,成为最常用的一种消隐方法。许多显示加速卡都支持这一算法。

## 6.2.3 扫描线算法

在多边形填充算法中,活性边表的使用获得了节省运行空间的效果。用这种思想改造 Z-buffer 算法,就产生了扫描线算法。

扫描线算法的基本步骤如下:

(1) 对每个多边形求取其顶点中所含的 $y$ 的最小值 $y_{min}$ 和最大值 $y_{max}$,按 $y_{max}$ 进行排序,建立活性多边形表,活性多边形表中包含与当前扫描线相交的多边形。

(2) 从上到下依次对每一条扫描线进行消隐处理,对每条扫描线上的点置初值,$Z$ 值取 $Z(x)$ 中的最大值,颜色 $I(x)$ 取为背景色。

(3) 对每条扫描线 $y$,按活化多边形表找出所有与当前扫描线相交的多边形。对每个活

性多边形,求出扫描线在此多边形内的部分,对这些部分中每个像素 $x$ 计算多边形在此处的 $Z$ 值,若 $Z$ 小于 $Z(x)$,则置 $Z(x)$ 为 $Z$,$I(x)$ 为多边形在此处的颜色值。

(4) 当扫描线对活化多边形表中的所有多边形都处理完毕后,所得的 $I(x)$ 即为显示的颜色,可进行显示并换下一条扫描线进行处理,即扫描线的 $y=y+1$。此时应更新活性多边形表,将已完全处于扫描线上方的多边形,即 $y_{max}<y$ 的多边形移出活性多边形表,将不在当前活性多边形表中的与新一条扫描线相交的多边形,即 $y_{min}=y$ 的多边形加入活性多边形表。

按以上步骤处理完屏幕上所有的扫描线,物体的显示和消隐就完成了。在第(3)步扫描线与多边形求交时,可对多边形建立活性边表,以提高效率,当然在每次处理新的扫描线时也要更新活性边表。在计算 $z$ 值时可以和在 Z-buffer 算法中一样,利用多边形中点与点间的水平和垂直相关性。

## 6.3 光照模型

### 6.3.1 光源特性和物体表面特性

描绘一个三维物体更加逼真的方法是显示它的色彩以及色彩在光照环境下的明暗变化。这种明暗描绘方法称为 Shading。

物体表面的色彩和明暗变化主要与两个因素有关,即光源特性和物体表面特性。

光源特性包括如下内容。

**1. 光的色彩**

光的色彩一般用红、绿、蓝三种色光的组合成分来描述。三种色光的不同比例合成便形成光的不同色相。因此,色光可视为一个由红(R)、绿(G)、蓝(B)三色光构成的坐标空间中的一个点,表达为

$$\text{color-light} = (I_R, I_G, I_B)$$

式中 $I_R, I_G, I_B$ 分别是 R、G、B 三色光的强度。

**2. 光的强度**

光的强弱由 R、G、B 三色光的强弱而决定。三色光对总光强的贡献权值各不相同。总光强 $I$ 为

$$I = 0.30 I_R + 0.59 I_G + 0.11 I_B$$

可见各色光对总光强的贡献权值大小次序依次为 G,R,B。

**3. 光的方向**

按照光的方向不同,可以将光源进行分类。常见的光源有:

① 点光源  点光源所发射的光线,是从一点向各方向发射的(见图 6.3.1(a))。灯泡可以看成是点光源。

② 分布式光源  分布式光源所发射的光线,是从一块面,向一个方向发射的平行光线(见图 6.3.1(b))。太阳可以看成是分布式光源。

③ 漫射光源  漫射光源所发射的光线,是从一块面上的每一点向各个方向发射的光线(见图 6.3.1(c))。天空、墙面、地面都可以看成漫射光源。中点光源和分布光源合称直射光源。

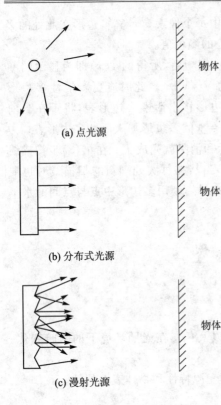

图 6.3.1 各种不同的光源

物体表面特性包括如下内容:

(1) 反射系数 物体表面的反射系数由物体表面的材料和形状所决定。反射系数分为漫反射(Diffuse Reflection)系数和镜面反射(Specular Reflection)系数。

漫反射系数记为 $R_d$,表明当光射向物体表面时,物体表面向各个方向漫反射该光线的能力。$R_d$ 可以分解为 $R_{d-r}, R_{d-g}, R_{d-b}$,分别为物体表面对入射光线中红、绿、蓝三种成分的反射能力。$R_{d-r}, R_{d-g}, R_{d-b}$ 的不同比例,描述了物体表面的色彩。$R_d$ 介于 0~1 之间。

镜面反射系数记为 $W(i)$,表明物体表面沿着镜面反射方向(与光线入射角度相等、方向相反)及反射光线的能力。其中 $i$ 为入射角,即入射光线和表面法线的夹角。物体的镜面反射系数是入射角的函数。实验指出,镜面反射的光线的色彩,基本上是光源的色彩。因此,物体表面的颜色,主要由光源的色彩和物体表面的漫反射系数来模拟。镜面反射系数主要反映物体表面产生高光的现象。

(2) 透射系数 透射系数记为 $T_p$,描述物体透射光线的能力。一般说,$0 \leqslant T_p \leqslant 1$。当 $T_p$ 为 1 时,物体是完全透明的;当 $T_p$ 为 0 时,物体是完全不透明的。

(3) 表面方向 物体表面的方向用表面的法线 $n$ 来表示。多面体物体表面上每个多边形的法线为 $n=(A,B,C)$。其中 $A,B,C$ 是多边形所在平面方程中 $x,y,z$ 的系数。

## 6.3.2 光照模型及其实现

光照模型(illumination model)描述物体表面的色彩明暗与光源特性和物体表面特性的关系。光照模型分三个部分描述这种关系:漫射光线、直射光线和透射光线的情况。

**1. 漫射光线的情况**

光照模型假设一个从四面八方均匀照来的漫射光源。在这种情况下,物体表面的色彩明暗与表面的形状无关,仅与表面的反射系数有关。因此这种漫射光线显示了物体本身的颜色,像绘画中的平涂效果。光照模型设置这个漫射光源是为了简化复杂的反光效果计算,使得物体的暗部不至于为漆黑一片。漫射光源照明的模型为

$$E_{pd} = R_p I_d \qquad (6-3-1)$$

式中:$E_{pd}$ 表示物体表面 $P$ 点所反射的漫射光线之光强;$R_p$ 表示 $P$ 点的漫反射系数,它介于 0 和 1 之间;$I_d$ 表示射在 $P$ 点上的漫射光线之强度。

上述 $E_{pd}, R_p, I_d$ 三个量都各由 R,G,B 三原色的分量组成。所以式(6-3-1)可以写为

$$E_{pd-r} = R_{p-r} I_{d-r}, \quad E_{pd-g} = R_{p-g} I_{d-g}, \quad E_{pd-b} = R_{p-b} I_{d-b}$$

在漫射光照下物体的颜色由 $E_{pd}$ 的三个原色分量($E_{pd-r}, E_{pd-g}, E_{pd-b}$)的大小和比例所决定。

## 2. 直射光线的情况

直射光源发出的光线有确定的方向。在直射光线照明下,物体表面的明暗变化随表面法矢量和入射光线 $I_s$ 的夹角 $i$ 的改变而变化。

此时,物体表面会发生两类反射:漫反射和镜面反射。它们分别由物体表面的漫反射系数和镜面反射系数所控制。

在直射照明下,物体表面 $P$ 点的漫反射和镜面反射的模型根据 Lambert 定律和 Bui-Tuong phong 的实验而提出,而图 6.3.2 为光照模型中各参数的图示。

$$E_{ps} = R_p \cdot \cos i \cdot I_{ps} + W_p(i)\cos^n s \cdot I_{ps} \qquad (6-3-2)$$

式中:$E_{ps}$ 表示 $P$ 点所反射的直射光线 $I_{ps}$ 光强;$R_p$ 表示 $P$ 点的漫反射系数;$i$ 表示 $P$ 点的法矢量 $N$ 与入射光方向 $L$ 之夹角;$I_{ps}$ 表示入射的直射光线之强度;$W_p(i)$ 表示 $P$ 点的镜面反射系数,是入射角 $i$ 之函数。图 6.3.3 为金、银、玻璃的 $W(i)$ 与 $i$ 之间的关系。图 6.3.4 为 $n$ 与高光范围的关系。$n$:控制高光的聚散,它和 $P$ 点材料有关。对于光滑发亮的金属表面,$n$ 就取得大,从而产生会聚的高光点;对于石膏、水泥等无光泽的表面,$n$ 取得小,高光区就扩散。$n$ 取值一般在 $1 \sim 10$ 之间,用以表示 $P$ 点的质感。

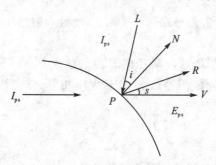

图 6.3.2 光照模型中各参数的图示

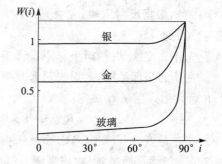

图 6.3.3 $W(i)$ 与 $i$ 的关系

注意:当入射角 $i = 90°$ 时,反射系数为 1,即 100% 反射。由于 $W(i)$ 计算比较复杂,使用时用一个常数 $W$ 代替;$s$ 为视线矢量 $V$ 与反射方向 $R$ 的夹角。视线 $V$ 与 $R$ 重合时,$\cos s = 1$,在这个位置能观察到最大的镜面反射光。

## 3. 透射光线的情况

透射模型如下表示

$$E_{pt} = T_p \cdot I_{pb} \qquad (6-3-3)$$

式中:$E_{pt}$ 表示物体表面 $P$ 点处透射出的光强;$T_p$ 表示 $P$ 点和透射系数,数值范围为 $0 \sim 1$;$I_{pb}$ 表示到达 $P$ 点背后的光强。

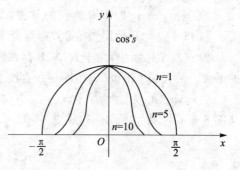

图 6.3.4 $n$ 与高光区域大小的关系

将上述三种情况综合起来,便获得物体表面 $P$ 点处发光强 $E_p$ 之计算式为

$$E_p = E_{pd} + E_{ps} + E_{pt} = R_p I_d + (R_p \cos i + W_p \cos^n s) I_{ps} + T_p I_{pb} \qquad (6-3-4)$$

式(6-3-4)表示单个直射光源情况下的光照模型。如果存在多个直射光源,可以将多个直射光源的效果叠加。设存在 $m$ 个直射光源,则上式变为

$$E_p = R_p I_d + \sum_{j=1}^{m}(R_p\cos i_j + W_p\cos^n s_j)I_{ps_j} + T_p I_{pb}$$

在计算机中使用式(6-3-4)表示的光照模型计算 $P$ 点之光强之前，式右边的各个参数之值应被获得。其中视线方向 $V$、光照方向 $L$、光源强度 $I_d$、$I_{ps}$、$I_{pb}$ 和物体表面特性 $R_p$、$W_p$ 及法向量 $N$ 都应预先被告知。但 $\cos i$ 和 $\cos s$ 的值须从上述已知值中推算出来。下面介绍 $\cos i$ 和 $\cos s$ 的求法。

(1) 求 $\cos i$：$\cos i$ 是 $P$ 点的法矢量 $N$ 与入射光线方向矢量 $L$ 的夹角余弦。故有

$$\cos i = \frac{N \cdot L}{|N||L|} = N \cdot L$$

式中，$N$ 和 $L$ 分别为 $P$ 点 $N$ 和 $L$ 向的单位矢量。

(2) $\cos s$：$\cos s$ 是反射方向 $R$ 和视线 $V$ 的夹角余弦。故有

$$\cos s = \frac{R \cdot V}{|R||V|} = R \cdot V$$

式中 $R$ 和 $V$ 分别为反射方向 $R$ 和视线 $V$ 的单位矢量。视线的 $V$ 可根据已知视线 $V$ 而求得。$R$ 的求法用如下两种方法之一：

第一种，根据反射定律，入射光、表面法线和反射击光必在同一平面上，而且入射角和反射角相等。因此：

① 先作一变换 $T$，使得坐标原点移至物体表面的 $P$ 点，$z$ 轴指向 $P$ 点的法线方向。

② 在新的坐标系下，入射矢量和反射矢量的 $z$ 分量相等；$x$、$y$ 分量大小相等、方向相反，所以 $R$ 可以由入射量 $L$ 决定：

$$R_x = -L_x, \quad R_y = -L_y, \quad R_z = L_z$$

③ 作一逆变换 $T^{-1}$，即可求原坐标系中 $R$ 的方向。

这个方法运算简单，但物体表面上每点的法线方向随物体形状变化而变化，所以对每一点都要进行新的变换 $T$。

第二种，Phong 的求 $R$ 方向的方法如下：

① 作一变换 $T$，使得坐标原点移至物体表面的 $P$ 点，$z$ 轴指向光线射入的反方向（图 6.3.5）。

② 在新坐标系中，由于 $R$、$N$、$L$ 是在同一平面之内，且 $L$ 与 $z$ 轴重合，因此，$N$ 和 $R$ 在 $Oxy$ 的平面上的投影 $On$ 和 $Or$ 在同一条直线上（图 6.3.6），因此有如下关系：

令 $n_x, n_y, n_z$ 为法线 $N$ 在 $x, y, z$ 方向的分量；$r_x, r_y, r_z$ 为反射线 $R$ 在 $x, y, z$ 方向的分量。从图 6.3.6 可见如下比例式成立

$$\frac{r_x}{r_y} = \frac{n_x}{n_y} \tag{6-3-5}$$

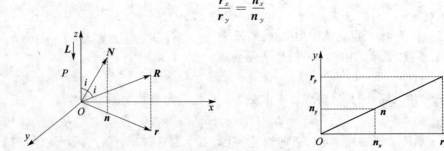

图 6.3.5　坐标原点移至 $P$，$z$ 轴指向光线射入的方向　　图 6.3.6　$R$ 和 $N$ 在 $Oxy$ 平面上的投影

从图 6.3.5 可知，$N$ 与 $z$ 轴的夹角为 $i$，$R$ 与 $z$ 轴的夹角为 $2i$。因此，$N$ 和 $R$ 在 $z$ 轴上的投影 $n_z$ 和 $r_z$ 分别为

$$n_z = \cos i \qquad r_z = \cos 2i = 2\cos^2 i - 1 = 2n_z^2 - 1 \tag{6-3-6}$$

又因为 $R$ 和 $N$ 都是单位矢量，因此有如下关系

$$r_x^2 + r_y^2 + r_z^2 = 1 \tag{6-3-7}$$

$$n_x^2 + n_y^2 + n_z^2 = 1 \tag{6-3-8}$$

将式（6-3-5）化为

$$r_x^2 = \frac{n_x^2}{n_y^2} \cdot r_y^2 \tag{6-3-9}$$

将式（6-3-9）和式（6-3-6）代入式（6-3-7）得

$$r_y^2 \left(1 + \frac{n_x^2}{n_y^2}\right) = 1 - (2n_z^2 - 1)^2 \tag{6-3-10}$$

将式（6-3-8）代入式（6-3-10）之左端，得

$$\frac{r_y^2}{n_y^2}(1 - n_z^2) = 4n_z^2(1 - n_z^2)$$

于是得

$$r_y = 2n_z \cdot n_y \tag{6-3-11}$$

代入式（6-3-5）得

$$r_x = 2n_x \cdot n_z \tag{6-3-12}$$

式（6-3-6）、式（6-3-11）、式（6-3-12）给出了反射矢量 $R$ 的方向。

③ 作逆变换 $T^{-1}$，即可求得原坐标系中的 $R$ 方向。

Phong 方法的特点是：坐标变换要求 $z$ 轴与光照方向平行。在分布式平行光线照射下，从物体表面的一点移向另一点时，坐标变换仅需积累平移，不必重新旋转，这样就大大减少了计算量。因此 Phong 方法的效率较高。

## 6.3.3 明暗的光滑处理

在分布式光源、漫射光源的情况下，一个平面上如果各点的反射、透射等系数相同，那么它们的亮度也相同。因此，只要用光照模型算出平面上任一点的亮度，平面上其余点的亮度也就知道了。这种方法能很好的描绘出多面体表面的明暗。但是，在计算机图形学中，曲面体（例如球）也通常是用多面体来逼近表达的。这时，使用上述明暗处理方法，就会在多边形与多边形之交界处产生明暗的连续变化，影响了曲面的显示效果。如果增加多边形个数，减小每个多边形的面积，当然也能改善显示效果。但是这样一来，数据结构将迅速膨胀，导致操作的空间与时间上升。因此，通常采用的方法是：采用插补的方法，使得表面明暗光滑化。最常使用的表面明暗光滑化的方法有两种，称为 Gourand 方法和 Phong 方法。

Gourand 光滑方法如下：

(1) 先计算出多面体顶点的法线方向：设与多面体之顶点 $v$ 相邻的多边形为 $p_1, p_2, \cdots, p_n$。它们的法线分别为 $(a_1, b_1, c_1), (a_2, b_2, c_2), \cdots, (a_n, b_n, c_n)$。则 $v$ 的法线 $n_v$ 取作：

$$n_v = ((a_1 + a_2 + \cdots + a_n)\boldsymbol{i} + (b_1 + b_2 + \cdots + b_n)\boldsymbol{j} + (c_1 + c_2 + \cdots + c_n)\boldsymbol{k}$$

(2) 用光照模型求得 $v$ 点的亮度。

(3) 由两顶点的亮度,插值得出棱上各点的亮度;由棱上各点的亮度,插值得出面上各点的亮度。以图 6.3.7 为例,点 4、点 5、点 6 的亮度求法如下:

$$I_4 = I_1 \frac{y_4 - y_2}{y_1 - y_2} + I_2 \frac{y_1 - y_4}{y_1 - y_2}; \quad I_6 = I_3 \frac{y_6 - y_2}{y_3 - y_2} + I_2 \frac{y_3 - y_6}{y_3 - y_2}; \quad I_5 = I_4 \frac{x_6 - x_5}{x_6 - x_4} + I_6 \frac{x_5 - x_4}{x_6 - x_4}$$

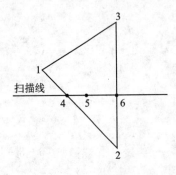

图 6.3.7 Gourand 光滑化方法的插补

如果希望在某处不处理为光滑而保留折痕效果,可以在顶点处,对相邻表面分批取法向量加以平均。例如图 6.3.8 所示,在 4 个多边形 $A$、$B$、$C$、$D$ 之交线中,希望保持 $abc$ 的尖锐性,不被光滑化。方法是在顶点 $b$ 设置 2 条法线。一条为 $A$、$B$ 两面的法线平均值,它用于 $A$、$B$ 两面的明暗插值。另一条为 $C$、$D$ 两面的法线平均值,它用于 $C$、$D$ 两面的明暗插值。结果是 $A$、$B$ 面之间,以及 $C$、$D$ 面之间都光滑化了,同时棱 $abc$ 的尖锐性也保持下来了。

Gourand 光滑化方法的优点是计算量小,缺点是高光部位变得模糊,而且,它有时会引起不规则的现象。例如图 6.3.9 所示的 $A$、$B$、$C$、$D$ 四个面所产生棱处的平均法线 $N_1$、$N_2$、$N_3$ 的方向相同,实施光滑化的结果会使得四个面的明暗成为一个常数。

Phong 光滑化方法不是采用亮度插值,而是采用法线方向插值。然后,按照插值后每一点的法线方向,用光照模型求出其亮度。用 Phong 方法可以产生很好的镜面反射的高光效果,真实感更强,但同时计算工作量也更大。

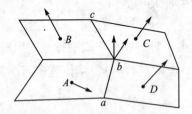

图 6.3.8 保留 $abc$ 折痕的情况

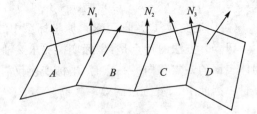

图 6.3.9 造成明暗变化失常的情况

## 6.4 表面图案与纹理

### 6.4.1 表面图案的描绘

表面图案(surface patterns)的描绘,是指将一张平面图案(pattern)描绘到物体表面上去并进行三维明暗真实感显示的过程。

物体表面有图案,意味着物体表面的各点呈现不同的色彩和不同的亮度,而这是由物体表面的反射或透射系数决定的。因此,在物体表面绘上图案,也就是改变物体表面有关部分的反射或透射系数。

设平面图案中的任意点 $P'(x', y')$ 的色彩为 $C'$,$C'$ 由三个分量组成,即

$$C'(x', y') = (R'(x', y'), G'(x', y'), B'(x', y'))$$

物体表面与 $P'$ 对应的位置点为 $P(x, y, z)$,而 $P$ 点的反射系数 $R(x, y, z) = R_r(x, y, z)$,

$R_g(x,y,z)$, $R_b(x,y,z)$。将图案从 $P'$ 描绘到 $P$ 上去,就是令 $P$ 的反射系数为 $P'$ 色彩的函数,并通常取线性函数为

$$\left. \begin{array}{l} R_r(x,y,z) = K \cdot R'(x',y') \\ R_g(x,y,z) = K \cdot G'(x',y') \\ R_b(x,y,z) = K \cdot B'(x',y') \end{array} \right\} \quad (6-4-1)$$

式中 $K$ 是协调 $R$ 与 $R'$、$G'$、$B'$ 之间数值大小的一个系数,它将基色的变化域映射为反射系数的变化域。得到反射系数后,物体表面各点的色彩明暗就可以用光照模型算出。

综上所述,将一幅平面图案描绘到物体表面上去的过程为:将平面图案上的各点 $(x',y')$ 映射到物体表面上的各点 $(x,y,z)$,根据式 (6-4-1) 求出 $(x,y,z)$ 处新的反射系数。用光照模型计算物体表面 $(x,y,z)$ 的色彩明暗。

为了完成上述过程的步骤 1,先研究平面四边形之间的映射,并先限于凸四边形的映射。

设源凸四边形为 $A'B'C'D'$,目的凸四边形为 $ABCD$(见图 6.4.1(a)、(b))。令 $F'$ 为 $A'D'$ 与 $B'C'$ 延长线之交点;$F$ 为 $AD$ 与 $BC$ 延长线之交点;$E'$ 为 $A'B'$ 与 $C'D'$ 延长线之交点;$E$ 为 $AB$ 与 $CD$ 延长线之交点。对于 $S$ 内的任一点 $P$,与在 $S'$ 内的对应点 $P'$ 的映射关系为

$$\frac{f_1}{f_2} = \frac{f_1'}{f_2'}, \quad \frac{e_1}{e_2} = \frac{e_1'}{e_2'}$$

式中:$f_1$、$f_2$ 是线 $PF$ 与 $AB$ 边交点 $P_1$ 分 $AB$ 的两部分长度;
$f_1'$、$f_2'$ 是线 $P'F'$ 与 $A'B'$ 边交点 $P_1'$ 分 $A'B'$ 的两部分长度;
$e_1$、$e_2$ 是线 $PE$ 与 $BC$ 边交点 $P_2$ 分 $BC$ 的两部分长度;
$e_1'$、$e_2'$ 是线 $P'E'$ 与 $B'C'$ 边交点 $P_2'$ 分 $B'C'$ 的两部分长度。

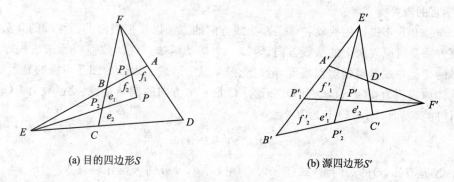

(a) 目的四边形 $S$      (b) 源四边形 $S'$

**图 6.4.1 两个凸多边形中点的映射**

这样,两个凸四边形 $S$ 和 $S'$ 之间的位置映射算法如下:

(1) 求 $S$ 中的边的交点 $F$、$E$,以及 $S'$ 中的边的交点 $F'$、$E'$ 的位置。

(2) 对于目的多边形 $S$ 中的每一个元素 $P$,寻找 $S'$ 中的对应位置 $P'$。

① 求 $PF$ 与 $AB$ 的交点 $P_1$,由 $P_1$ 得 $f_1/f_2$;求 $PE$ 与 $BC$ 的交点 $P_2$,由 $P_2$ 得 $e_1/e_2$。

② 由 $f_1'/f_2' = f_1/f_2$ 得 $P_1'$ 的位置,由 $e_1'/e_2' = e_1/e_2$ 得 $P_2'$ 的位置。

③ 求 $P_1'F'$ 与 $P_2'E'$ 的交点,即为点 $P'$ 的位置。

④ 取 $P'$ 的色彩,求得 $P$ 点新的反射系数。

三角形可视为一种特殊的四边形。两个三角形之间的位置映射可以直接使用上述算法。对于边数大于 4 的凸多边形或凹多边形,可以用网格的办法将目的多边形 $S$ 和源多边形

$S'$ 相对应地划分为凸四边形网格，如图 6.4.2(a)、(b)所示。对于网格中的每个四边形可以实行上述变换。

当 $S'$ 比 $S$ 的面积大很多倍时，$S$ 中的一个像素 $P$ 映射到 $S'$ 中实际上对应于一小块面积。这时，就不应只取 $S'$ 中对应点 $P'$ 的色彩，而应取 $P'$ 周围，大小为 $S'/S$ 面积中所含各点色彩之平均值 $A'$，用 $A'$ 之色彩去求得 $P$ 点新的反射系数。

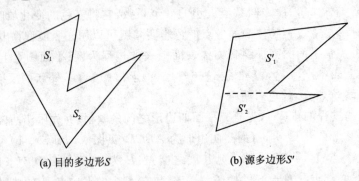

(a) 目的多边形 $S$  (b) 源多边形 $S'$

**图 6.4.2  凹多边形划分为多个凸四边形分别进行映射**

### 6.4.2  表面纹理的描绘

和表面图案不同，表面纹理（texture）的描绘用于表示细微的凹凸不平的物体表面，如布纹、植物和水果的表皮等。由于将这种细微的表面凹凸表达为数据结构既困难，又无必要（通常只是为了逼真的视觉效果）。因此通常用一种特殊的算法来模拟它，将纹理逼真地显示出来，满足感官的需要。

Blinn 在 1978 年提出用扰动物体表面法线方向的方法以模拟表面凹凸纹理的真实感显示效果。该方法是对原表面上的法线方向，附加一个扰动函数。该函数使得原来法线方向的光滑而缓慢的变化方式变得剧烈而短促，通过光照与显示形成了表面的凹凸粗糙的显示效果。

令物体原表面为 $Q(u,v)$，$Q_u$ 和 $Q_v$ 分别是 $Q$ 沿 $u$、$v$ 方向的偏导量，扰动函数为 $P(u,v)$，扰动后，物体的新表面 $S(u,v)$ 定义为

$$S(u,v) = Q(u,v) + P(u,v)\frac{N}{|N|} \tag{6-4-2}$$

其中 $N$ 是 $Q(u,v)$ 的法向量，式(6-4-2)中，对 $u$、$v$ 分别求偏导后得

$$S_u = Q_u + P_u \frac{N}{|N|} + P\left(\frac{N}{|N|}\right)_u \tag{6-4-3}$$

$$S_v = Q_v + P_v \frac{N}{|N|} + P\left(\frac{N}{|N|}\right)_v \tag{6-4-4}$$

式中：$S_u$、$S_v$、$P_u$、$P_v$、$\left(\frac{N}{|N|}\right)_u$ 和 $\left(\frac{N}{|N|}\right)_v$ 分别表示 $S(u,v)$，$P(u,v)$，$\left(\frac{N}{|N|}\right)$ 对 $u$，$v$ 求偏导。由于扰动函数 $P$ 很小，式(6-4-3)、(6-4-4)中的第三项皆可忽略，即得

$$S_u = Q_u + P_u \frac{N}{|N|} \tag{6-4-5}$$

$$S_v = Q_v + P_v \frac{N}{|N|} \tag{6-4-6}$$

记 $N_s$ 为 $S(u,v)$ 的法向量。法向量可以表示为两个偏导向量 $S_u$ 和 $S_v$ 的叉积，即

$$N_s = S_u \times S_v$$
$$N_s = Q_u \times Q_v + \frac{P_u(N \times Q_v)}{|N|} + \frac{P_v(Q_u \times N)}{|N|} = N + \frac{P_u(N \times Q_v)}{|N|} + \frac{P_v(Q_u \times N)}{|N|}$$

$$(6-4-7)$$

式(6-4-7)中的后两项为原表面法矢量 $N$ 的扰动因子。使用 $N_s$ 代替 $N$ 通过光照模型计算，就能在光滑的表面上显示出凹凸不平的纹理来。

任何有偏导数的函数都可以用作纹理扰动函数 $P$。不同的扰动函数控制产生出不同的纹理。

## 6.5 颜色空间

### 6.5.1 颜色的基本概念

要生成具有高度真实感的图形，就必须考虑被显示物体的颜色。对颜色的研究非常复杂，涉及到物理学、心理学、美学等领域。描述颜色最简单的方法是用颜色名词，给每种颜色一个固定的名称，并冠以适当的形容词，如大红、血红、铁锈红、浅黄、柠檬黄等。于是人们可以用颜色名词来交流色知觉信息。但是这种方式不能定量表示色知觉量。在计算机图形学中，需要对颜色进行定量的讨论。

物体的颜色与物体本身、光源、周围环境的颜色以及观察者的视觉系统都有关系。有些物体（如粉笔、纸张）只反射光线，另外有些物体（如玻璃、水）既存在反射光，又存在透射光，而且不同的物体反射和透射光的程度也不同。一个只反射纯红色的物体用纯绿色照明时，呈黑色。类似地，从一块只透红光的玻璃后面观察一道蓝光，也是呈黑色。正常人可以看到彩色，全色盲患者则只能看到黑、白、灰色。

按照 1854 年发表的格拉斯曼(H. Grassmann)定律，从视觉的角度看，颜色包含三个要素：色调(hue)、饱和度(saturation)和亮度(lightness)。色调也称色彩，就是通常所说的红、蓝、紫等，是使一种颜色区别于另一种颜色的要素。饱和度就是颜色的纯度。在某种颜色中添加白色相当于减少该颜色的饱和度。例如，鲜红色的饱和度高，而粉红色的饱和度低。亮度也叫明度，就是光的强度。

这三个要素在光学中也有对应的术语：主波长(dominant wavelength)、纯度(purity)和辉度(luminance)。主波长是观察光线所见颜色光的波长，对应于视觉所感知的色调。光的纯度对应于颜色的饱和度。辉度就是颜色的亮度。一种颜色光的纯度是定义该颜色光的（主波长的）纯色光与白色光的比例。每一种纯色光都是百分之百饱和的，因而不包含白色光。

从物理学知识可以知道，光在本质上是电磁波，波长 $\lambda$ 为 400～700 nm。这些电磁波被视觉系统感知为紫、青、蓝、绿、黄、橙、红等颜色。可以用光谱能量分布图来表征光源特性，如图 6.5.1 所示。横坐标为波长，纵坐标表示各个波长的光在光源中所含的能量值。事实上，许多具有不同光谱分布的光产生的视觉效果（即颜色）是一样的，也就是说，光谱与颜色的对应是多对一的。光谱分布不同而看上去相同的两种颜色称为条件等色。可以用主波长、纯度和辉度三元组来简明地描述任何光谱分布的视觉效果。

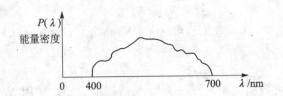

图 6.5.1　某种颜色光的光谱能量分布

彩色图形显示器(CRT)上每个像素是由红、绿、蓝三种荧光点组成。这是以人眼的生理特性为基础设计的。人类眼睛的视网膜中有三种锥状视觉细胞,分别对红、绿、蓝三种光最敏感。实验表明,对蓝色敏感的细胞、对波长为 440 nm 左右的光最敏感;对绿色敏感的细胞、对波长为 545 nm 左右的光最敏感;对红色敏感的细胞、对波长为 580 nm 左右的光最敏感。而且,人类眼睛对蓝光的灵敏度远远低于对红光和绿光的灵敏度。实验表明,在三种视觉细胞的共同作用下,人眼对波长为 550 nm 左右的黄绿色光最为敏感。

## 6.5.2　CIE 色度图

一般地,称具有如下性质的三种颜色为原色:用适当比例的这三种颜色混合,可以获得白色,而且这三种颜色中的任意两种的组合都不能生成第三种颜色。希望用三种原色的混合去匹配,从而定义可见光谱中的每一种颜色。在彩色图形显示器上,通常采用的红、绿、蓝三种基色,就具有以上的性质,因而是三种原色。

可以用红、绿、蓝三色来匹配可见光谱中的颜色,光的匹配可用式子表示为

$$c = rR + gG + bB$$

式中的等号表示两边所代表的光看起来完全相同,加号表示光的叠加(当对应项的权值 $r$、$g$ 或 $b$ 为正时),$c$ 为光谱中某色光,$R$、$G$、$B$ 为红、绿、蓝三种原色光,权 $r$、$g$、$b$ 表示匹配等式两边所需要的 $R$、$G$、$B$ 三色光的相对量。若权值为负,则表示不可能靠叠加红、绿、蓝三原色来匹配给定光,而只能在给定光上叠加负值对应的原色,去匹配另两种原色的混合。如果要用红、绿、蓝三原色来匹配任意的可见光,权值中将会出现负值。由于实际上不存在负的光强,人们希望找出另外一组原色,用于替代 $R$、$G$、$B$ 使得匹配时的权值都为正。

1931 年,国际照明委员会(简称 CIE)规定了三种标准原色 $X$、$Y$、$Z$,用于颜色匹配。对于可见光谱中的任何主波长的光,都可以用这三个标准原色的叠加(即正权值)来匹配。即对于可见光谱中任一种颜色 $c$,可以找到一组正的权$(x,y,z)$,使得

$$c = xX + yY + zZ \qquad (6-5-1)$$

即用 CIE 标准三原色去匹配 $c$。$X$、$Y$、$Z$ 空间中包含所有可见光的部分形成一个锥体,也就是 CIE 颜色空间。由于权值均为正,整个锥体落在第一卦限。若从原点引一条任意射线穿过该锥体,则该射线上任意两点 $(x\ y\ z)$ 和 $(x'\ y'\ z')$ 间具有关系

$$(x\ y\ z) = a\ (x'y'z'), (a > 0)$$

所以该射线上任意两点(除原点外)代表的色光具有相同的主波长和纯度,只是辉度不同。如果只考虑颜色的色调和饱和度,那么在每条射线上各取一点,就可以代表所有的可见光。习惯上,这一点取作射线与平面 $X+Y+Z=1$ 的交点,把它的坐标称为色度值。我们可以通过把式(6-5-1)中的权规格化,即

$$x = \frac{x}{x+y+z}, \quad y = \frac{y}{x+y+z}, \quad z = \frac{z}{x+y+z}$$

使得 $x+y+z=1$，即获得颜色 $c$ 的色度值 $(x,y,z)$。

所有的色度值落在锥形体与 $x+y+z=1$ 平面的相交区域上。把这个区域投影到 $XY$ 平面上，所得的马蹄形区域称为 CIE 色度图。如图 6.5.2 所示，马蹄形区域的边界和内部代表了所有可见光的色度值（因为当 $x,y$ 确定之后，$z=1-x-y$ 也随之确定）。弯曲部分上每一点对应光谱中某种纯度为百分之百的色光。线上标明的数字为该位置所对应的色光的主波长。从最右边的红色开始，沿边界逆时针前进，依次是黄、绿、青、蓝、紫等颜色。图中央一点 $C$ 对应于一种用于近似太阳光的标准白光。$C$ 点接近于但不等于 $x=y=z=1/3$ 的点。

CIE 色度图的一个重要用途是定义颜色域（color gamut）或称颜色区域（color range）以便显示叠加颜色的效果。如图 6.5.3 所示，$I$ 和 $J$ 是两种任意的颜色。当它们用不同的比例叠加时，它们之间可以产生连线上的任意一种颜色。如果加入第三种颜色 $K$，则用三种颜色的不同比例可以产生三角形 $IJK$ 中的所有颜色。对于任意一个三角形，如果它的三个顶点全落在马蹄形可见光区域中，则它们的混合所产生的颜色不可能覆盖整个马蹄形区域，这就是红、绿、蓝三色不能靠叠加来匹配所有可见颜色的原因。

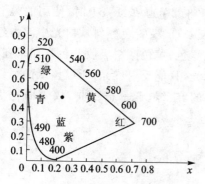

图 6.5.2　CIE 色度图

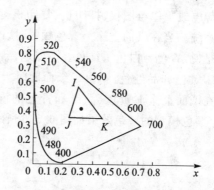

图 6.5.3　用 CIE 色度图定义颜色区域

## 6.5.3　几种常用的颜色模型

在计算机图形学中，常使用一些通俗易懂的颜色模型。所谓颜色模型指的是某个三维颜色空间中的一个可见光子集，它包含某个颜色域的所有颜色。例如，RGB 颜色模型是三维直角坐标颜色系统中的一个单位正方体。颜色模型的用途是在某个颜色域内方便地指定颜色。由上节讨论知，任何一个颜色域都只是可见光的子集，所以，任何一个颜色模型都无法包括所有的可见光。RGB 颜色模型是大家所熟知的，除此以外，本节中还将讨论 CMY 和 HSV 颜色模型。

红、绿、蓝（RGB）颜色模型通常用于彩色阴极射线管和彩色光栅图形显示器。它采用直角坐标系。红、绿、蓝原色是加性原色。也就是说，各个原色的光能叠加在一起产生复合色，如图 6.5.4 所示。RGB 颜色模型通常用如图 6.5.5 所示的单位立方体来表示。在正方体的主对角线上，各原色的量相等，产生由暗到亮的白色，即灰度。$(0,0,0)$ 为黑，$(1,1,1)$ 为白。正方体的其他六个角点分别为红、黄、绿、青、蓝和品红。RGB 模型所覆盖的颜色域取决于显示器荧光点的颜色特性。颜色域随显示器上荧光点的不同而不同。如果要把在某个显示器上的颜色域里指定的颜色转换到另一个显示器的颜色域中,必须以CIE颜色空间为中介进行转换。

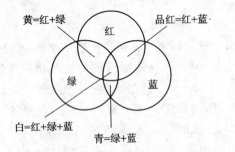

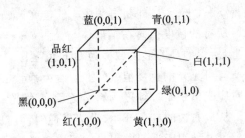

图 6.5.4　RGB 三原色叠加效果示意图　　　　图 6.5.5　RGB 立方体

与RGB颜色模型不同,以红、绿、蓝的补色青(cyan)、品红(magenta)、黄(yellow)为原色构成的CMY颜色系统,常用于从白光中滤去某种颜色,故称为减性原色系统。CMY颜色模型对应的直角坐标系的子空间与RGB模型所对应的子空间几乎完全相同。区别仅在于CMY的原点为白,而RGB的原点为黑。CMY是通过从白色中减去某种颜色来定义一种颜色,而RGB是通过向黑色中加入某种颜色来定义一种颜色。

静电或喷墨绘图仪、打印机、复印机等硬复制设备将颜色画在纸张上时,使用的是CMY颜色系统。当在纸面上涂上青色颜料时,该纸面就不反射红光;青色颜料从白光中滤去红光。也就是说,青色=白色-红色。类似地,品红颜料吸收绿色,黄色颜料吸收蓝色。如果在纸面上涂了黄色和品红色,则由于纸面同时吸收蓝光和绿光,只能反射红光,所以该纸面呈红色。如果在纸面上涂上黄色、品红和青色的混合,则所有的红、绿、蓝都被吸收,故表面呈黑色。CMY颜色模型的减色效果如图6.5.6所示。

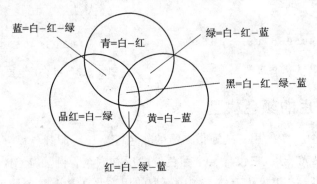

图 6.5.6　CMY 三原色的减色效果示意图

如上所述,RGB和CMY颜色模型是面向硬件的。比较而言,下面要介绍的HSV(hue, saturation, value)颜色模型则是面向用户的。该模型对应于圆柱坐标系中的一个圆锥形子集,如图6.5.7所示。

圆锥的顶面对应于$V=1$,它包含RGB模型中的$R=1$,$G=1$和$B=1$三个面,所代表的颜色较亮。色彩H由绕V轴的旋转角给定。红色对应于角度0°,绿色对应于角度120°,蓝色对应于角度240°。在HSV颜色模型中,每一种颜色和它的补色相差180°。饱和度$S$取值从0到1,所以圆锥顶面的半径为1。HSV颜色模型所代表的颜色域是CIE色度图的一个子集,这个模型中饱和度为100%的颜色,其纯度一般小于100%。

在圆锥的顶点(即原点)处,$V=0$,$H$ 和 $S$ 无定义,代表黑色。圆锥的顶面中心处 $S=0$,$V=1$,$H$ 无定义,代表白色。从该点到原点代表亮度渐暗的灰色,即具有不同灰度的灰色。对于这些点,$S=0$,$H$ 的值无定义。可以说,HSV 模型中的 $V$ 轴对应于 RGB 颜色空间中的主对角线。在圆锥顶面的圆周上的颜色,$V=1$,$S=1$,这种颜色是纯色。

HSV 模型对应于画家配色的方法。画家用改变色浓和色深的方法从某种纯色获得不同色调的颜色,在一种纯色中加入白色以改变色浓,加入黑色以改变色深,同时加入不同比例的白色,黑色即可获得各种不同的色调。如图 6.5.8 所示为具有某个固定色彩的颜色的三角形表示。

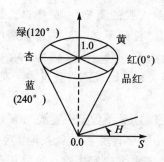

图 6.5.7　HSV 颜色模型示意图

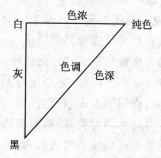

图 6.5.8　色浓、色深、色调之间的关系

如上所述,纯色颜料对应于 $V=1$,$S=1$。添加白色改变色浓,相当于减小 $S$,即在圆锥顶面上从圆周向圆心移动。添加黑色改变色深,相当于减小 $V$ 值。同时改变 $S$、$V$ 值即可获得不同的色调。

许多流行的图像处理软件包(如 adobe photoshop 等)提供了对多种颜色模型的支持,并能够把图像在不同颜色模型间转换。当然,由于不同的颜色模型的颜色空间存在差异,原来的颜色模型下的某些颜色在新的颜色模型下可能无法表达,此时,转换所得的图像和原图像的颜色将不会完全相同。

# 习　题

1. 物体表面的颜色由哪些因素决定?
2. 简述各光照模型之间的区别,并写出它们能模拟的光照效果和不能模拟的光照效果。
3. 写出简单光反射模型近似公式,并说明其适用范围及能产生的光照效果。
4. 简述消隐算法的分类。
5. 简述深度缓存算法及其特点。
6. 设计一个算法,用于检验点与多边形之间的包含性检测关系。
7. 描述扫描线算法。

# 第7章 图像处理

视觉是人类最重要的感觉器官,它是人类从大自然中获取信息的最主要的手段。科学研究和统计表明,在人类获取的信息中,视觉信息约占60%,听觉信息约占20%,其他的如味觉信息、触觉信息等加起来约占20%。由此可见,视觉信息对人类的重要性,而图像正是人类获取视觉信息的主要途径。俗话说"眼见为实"、"一目了然"、"百闻不如一见",这些都反映了图像信息的直接性与正确性。图像所包含的内容非常广泛,如照片、绘图、文稿等具有视觉效果的画面都可以称为图像,它是用各种观测系统以不同的形式和手段观测客观世界而获得的,是直接或间接作用于人眼而产生的视知觉的实体。

图像可分为两大类,即模拟图像和数字图像。图像处理是对图像信息进行加工以改善图像的视觉效果或应用需求的行为。数字图像处理则是利用数字计算机或者其他数字硬件,对从图像信息转换而得到的电信号进行某些数学运算,以提高图像的实用性。数字图像处理技术是一门系统地研究各种图像理论、技术和应用的新的交叉学科,目前已广泛应用于计算机科学、电子学、物理学、医学、生物学、自动化等领域的研究对象。

20世纪20年代,数字图像处理技术首先应用于图像的远距离传输,用来改善伦敦和纽约之间经海底电缆传送的图片质量,并使传输的时间从一个多星期减少到了三个小时。用计算机进行图像处理,改善图像质量的有效应用开始于1964年,当时美国的喷气推动实验室用IBM7049计算机对"徘徊者七号"太空船发回的4 000多张月球照片进行处理,获得了巨大的成功。在20世纪60年代后期至70年代中期,随着成像技术、数字计算机以及信号技术在速度、规模和经济效果上的改进,同时由于离散数学理论的创立和完善,数字图像处理技术得到了极大的重视和长足的进展,出现了许多有关的新理论、新方法和新设备,其理论和方法得到了进一步的完善。到80年代,各种硬件的发展使得人们不仅能处理2D图像,而且开始处理3D图像。进入90年代,图像处理技术已经涉及到人们的生活和社会发展的各个方面,如工业生产中的自动检测,森林火灾监视,军事目标的自动跟踪和卫星遥感中的农作物参量预测等。在21世纪里,图像处理技术必将得到进一步的发展和应用,从而更深刻地改变人们的生活方式及社会结构。

本章将简要地介绍一下数字图像处理的基本内容:图像变换、图像增强、图像恢复、图像编码、图像分割和图像识别等。

## 7.1 图像基础

数字图像在计算机上是以位图的形式存在的,位图是一个矩形点阵,矩形点阵中的每个元素称为像素,它是数字图像中的基本单位。一幅 $M \times N$ 大小的图像,是由 $M \times N$ 个明暗不等的像素组成的。在数字图像中各个像素的明暗程度是由灰度值来表示的。若将白色的灰度值定义为255,黑色的灰度值定义为0,则由黑到白之间的明暗度可均匀地划分成 256 个等级。在上述的灰度图像中 $256=2^8$，因此描述一个像素需用 8 位数据。由于真彩色图像可以分解成红(Red)绿(Green)蓝(Blue)三个单色图像，而每个单色图像中的像素都分别由一个字节来记录，因此在真彩色图像中，每个像素需用 24 位数据，即三个字节来描述。

## 7.1.1 图像的表示

下面来了解一下数字图像在计算机屏幕上显示出来的原理。实际上，计算机中有专用于存储图像信息的帧缓存存储器。计算机实时监视着这个存储器，如果该存储器内被填充了图像数据，该数据就会自动地由光栅扫描方式映射到屏幕上而形成图像。帧缓存存储器中的每一位对应于屏幕上的一个点。当某位上的数据为 1 时，屏幕上的对应位置就会出现一个亮点；当该位上的数据为 0 时，对应位置就是一个暗点。

假设显示器的分辨率为 $800\times600$，若要显示一幅二值图像，由于每个像素占用 1 位，则需要 $800\times600$ 位的帧缓存容量，这个容量被称为一个位平面。若要显示一幅 256 个灰度级的图像则需要配置 8 个位平面，即需要 $800\times600$ 字节的帧缓存。若要显示的 R、G、B 均为 256 个灰度级的彩色图像，则帧缓存的容量还需要扩大到上述容量的三倍。需要注意的是，图像中每一个像素的数据在帧缓存上是以位为单位来描述的，但计算机中数据的输入、输出都是以字节为单位，因此图像数据中的每一个字节对应着画面上横着排列的 8 个像素。

当显示器的分辨率增大时，所需的帧缓存容量也相应增大。在调整显示器的分辨率时，必须考虑到计算机内现有的帧缓存的容量。例如，当现有的帧缓存为 512 KB(1 KB=1 024 字节)时，为了显示 256 个灰度级的单色图像，最多选用 $800\times600$ 的分辨率。若选用 $1\,024\times768$ 的分辨率，图像的灰度级将由 256 降为 16。当然，可以通过增设帧缓存的容量来获取较高的分辨率，但是同时必须注意到显示器本身的能力。当显示器不具备显示较高分辨率的能力时，尽管配置了足够的帧缓存，仍然不能得到高的分辨率。

了解了帧缓存的作用之后，就能够通过直接向帧缓存内填写图像数据来显示图像了。在使用 MS-DOS 操作系统的许多 PC 机中，操作系统管理着一个缓存区，这个缓存区的地址随机型的不同可能有所变化。这里以 NEC-9801 系列微机为例来说明，缓存区位于标准内存的 A8000～BFFFF(96 KB)及 E0000～EFFFF(32 KB)地址上，总共为 128 KB。若 NEC-9801 微机采用 $640\times400$ 分辨率的标准显示器，它要显示一幅二值图像所需的帧缓存的容量为 $640\times400\div8\approx32$ KB，则 128 KB 的缓存区正好容纳 4 幅帧缓存，即在它的缓存区中可同时容纳 4 幅不同的二值图像。如果有一幅 $640\times400$ 大小的二值图像的数据，把它按顺序填写进以 A8000 为首地址的缓存区中时，显示器上就会立刻显示出该图像来。需要说明的是，在系统默认状态下，A8000 为首地址的 32 KB 的帧缓存显示蓝色二值图像；以 B0000 为首地址 32 KB 帧缓存显示绿色二值图像；以 B8000 为首地址的 32 KB 帧缓存则显示红色二值图像；而以 E0000 为首地址的 32 KB 帧缓存是用以增强像素明暗度的。若在 A8000 地址上填入一个 10 进制的数值 14，因为 $14_{(10)}=0000\,1110_{(2)}$，因此在显示器的左上角从左向右的第 5、第 6 和第 7 个像素位置上会出现亮点，而其他地方都是暗的。在默认状态下，这些亮点的颜色都为蓝色。

## 7.1.2 采样和量化

我们知道,计算机所能处理的信息必须是数字信号,而照片、图纸或景物等物理图像信息都是连续信号,因此必须将连续图像转换为数字图像,即图像必须在空间上和颜色深浅的幅度上都进行离散化处理。空间坐标的离散化叫做空间采样,简称"采样";灰度的离散化叫做灰度量化,简称"量化"。

如图 7.1.1 所示,数字图像采集量化系统主要包括三个基本单元。成像子系统是用于检测整个景物辐射、反射、折射光线的强度的图像传感器;采样子系统是对成像子系统的检测数据进行扫描采集的单元;量化器将采样信号进行量化,以适应于计算机处理的模数转换器。

**图 7.1.1 数字图像采集与量化系统**

假定一幅连续图像 $f(x,y)$ 被等距离取点采样形成一个 $M\times N$ 的矩阵,即

$$f(x,y) = \begin{bmatrix} f(0,0) & f(0,1) & \cdots & f(0,m-1) \\ f(1,0) & f(1,1) & \cdots & f(1,m-1) \\ \vdots & \vdots & \vdots & \vdots \\ f(N-1,0) & f(N-1,1) & \cdots & f(N-1,M-1) \end{bmatrix}$$

等式右边就是一个人们通常所说的数字图像的描述。矩阵中的每个元素是 1 个离散变量,它对应数字图像中的像素。

数字图像的采样过程可看成将图像平面划分成网格,每个网格中心点的位置由一对笛卡儿坐标所决定,它们是所有有序元素对 $(a,b)$ 的集合,其中 $a$ 和 $b$ 是整数。如果 $x$ 和 $y$ 是整数,$f(x,y)$ 是对给定点 $(x,y)$ 赋予整数灰度值的函数,那么 $f(x,y)$ 就是一幅空间数字化的图像,该赋值过程就是量化过程。图像的数字化过程需要确定图像尺寸 $M$、$N$ 和每个像素所具有的离散灰度级数 $G$。为了便于处理,数字图像处理中一般将这些量取为 2 的整数次幂,即 $M=2^m$,$N=2^n$,$G=2^k$($m$、$n$、$k$ 均为正整数),则存储一幅数字图像所需的位数(单位是位)为

$$b = M \times N \times k$$

存储一幅数字图像所需的比特数通常很大。例如一幅 $512\times 512$,256 个灰度级的图像需要 2 097 152 位来储存。离散化后的数字图像实际上是对连续图像的一个近似,为达到较好的近似效果,需要多少个采样点和灰度级比较合适呢?我们常说的图像分辨率(区分细节的程度)是与这几个参数紧密相关的。从理论上讲,这几个参数越大,离散数组与原始图像就越接近。但是图像的存储空间以及处理图像所需的时间将随 $M$、$N$、$k$ 的增加而迅速增加,所以采样量和灰度级数也不能太大。

参数 $M$、$N$、$k$ 的变化会对图像质量产生重要的影响。一般情况下:

(1) 图像质量一般随 $M$、$N$、$k$ 的增加而增高。也有极少数情况下对于固定的 $M$ 和 $N$,减小 $k$ 能够改进图像的画质,这很可能是由于降低 $k$ 值时可以提高图像的对比度,因此图像画质看起来有所改善。

(2) 对具有大量细节的图像通常只需很少的灰度级就可较好地表示。

(3) $b$ 为常数的一系列图像主观上看起来可能有较大的差异。

灰度的量化可分为均匀量化和非均匀量化。将像素的连续的灰度值作等间隔分层量化的方式称为均匀量化,而作间隔不等的分层量化方式称为非均匀量化。量化就是用有限个离散值来近似地表示采样值,因此存在量化误差。对于最简单的量化方式——均匀量化,量化分层越多,量化误差就越小,但编码所用码字的比特数就越多。在一定的比特数下,为了减少量化误差,往往采用非均匀量化方式。采用不均匀采样和不均匀量化的方法,可在不增加采样点数和不加大量化级数的情况下,保证图像质量不致受损。

采样和量化之间存在着一种依赖于图像细节的折衷关系。一般来说,对慢变化的图像应侧重于量化的精确性,采样可以相对粗糙一些;而对有大量细节的图像则应持续精确地采样,其量化则可以相对粗糙些。

## 7.1.3 图像文件的数据结构

要将一幅图像记录进文件时,需要同时记录下各像素在点阵中的位置和灰度值。实际上,若将各个像素的数据在文件中按照一定的顺序进行排列,如各行像素的数据首尾相接,则在文件中可以略去像素的位置信息,而只需记录下像素的灰度值。

图像的数据文件基本上包括文件头和数据流。文件头包括图像的尺寸、像素的位长、图像的颜色表等;数据流指的是各个像素的灰度值,它在文件头之后。图像文件的格式比较多,如BMP 文件、PCX 文件、GIF 文件、JPEG 文件、TIFF 文件、TGA 文件等。各种图像文件的主要区别在于文件头的不同。下面重点介绍一下 BMP 文件的数据结构。

BMP 为 Bitmap 的缩写,又称位图,是一种不依赖于具体设备、最为普遍的点阵图像格式,也是 DOS 与 Windows 相兼容的标准 Windows 点阵式图像格式。该格式相对易于理解,便于处理,多数情况下的数字图像处理都是对 RGB 形式的点阵数据进行处理。

位图文件的结构按顺序包括位图文件头结构、位图信息头结构、位图颜色表和图像数据四个部分。

**1. 位图文件结构**

第一部分为位图文件结构,它为定长结构,其结构成员含义如表 7.1.1 所列。

表 7.1.1 位图文件结构成员含义

| 结构成员 | 含 义 |
| --- | --- |
| BfType | BMP 文件的标识,用来识别一个文件是否为 BMP 文件,如果一个文件是 BMP 文件,那么 BfType 的值用"BM"来标识这个文件 |
| BfSize | BMP 文件的大小,它可以用来判定一个 BMP 文件是否完整 |
| BfReserved1 | 总等于 0 |
| BfReserved2 | 总等于 0 |
| BfOffBits | 从本结构到图像数据的偏移,在位图文件中,这个值实际上没有什么用处 |

**2. 位图信息结构**

第二部分为位图信息结构,也是一个定长结构。这个结构非常重要,它包含了描述一个图像的必要数据——宽度、高度和颜色深度等参数,其结构成员含义如表 7.1.2 所列。

表 7.1.2  位图信息结构成员含义

| 结构成员 | 含义 |
| --- | --- |
| BiSize | 结构 BITMAPINFOHEADER 的字节数 |
| BiWidth | 图像宽度,以像素为单位 |
| BiHeight | 图像长度,以像素为单位 |
| BiPlanes | 目标设备的位平面数,只能是 1 |
| BiBitCount | 每个像素的位数,下列值有意义:<br>0:用在 JPEG 格式中<br>1:单色图,调色板含两种颜色<br>4:16 色图<br>8:256 色图<br>16:64 K 图,一般没有调色板,图像数据中每 2 个字节表示一个像素,5 个或 6 个位表示一个 RGB 分量<br>24:16 M 真彩色图,没有调色板,图像数据中每 3 个字节表示一个像素,每个字节表示一个 RGB 分量<br>32:4G 色真彩色;一般没有调色板 |
| BiCompression | 这个值表示图像的压缩格式:<br>BI_RGB,普通格式无压缩<br>BI_RLE,使用 run-length encoded 压缩;每个像素占 8 位<br>BI_BITFIELDS,数据未压缩,但本结构后有一个 32 位的整数,作为 RGB 3 种颜色的掩码,用于 16 位图和 32 位图<br>BI_JPEG,jpeg 压缩<br>这个值几乎总为 0 |
| BiSizeImage | 图像数据的大小;对 BI RGB 压缩方式,以字节为单位 |
| BiXPelsPerMeter | 水平方向上每米的像素个数 |
| BiYPelsPerMeter | 垂直方向上每米的像素个数 |
| BiClrUsed | 调色板中实际使用的颜色数,对 2 色、16 色、256 色图,这个域通常为 0,表示使用 biBitCount 确定的全部颜色;惟一例外是当使用的颜色数目小于指定的颜色深度的颜色数目的最大值 |
| BiClrhnportant | 显示位图时所需的颜色数;作为调色板管理策略的参考参数之一,通常被使用的 0 值表示所有的颜色都是必须的 |

**3. 位图颜色表**

第三部分为位图颜色表,调色板项被存储在该结构中。特别注意,该结构中的颜色顺序是 BGR,其结构成员含义如表 7.1.3 所列。

表 7.1.3  位图颜色表的结构成员含义

| 结构成员 | 含义 |
| --- | --- |
| RgbBlue | 蓝色的比例 |
| RgbGreen | 绿色的比例 |
| RgbRed | 红色的比例 |
| RgbReServed | 一般为 0 |

**4. 位图数据**

对于 8 位的位图图像,每一个字节代表一个像素;对于 16 位的图像,每两个字节代表一个像素;对于 24 位的图像,每三个字节代表一个像素;对于 32 位的图像,每四个字节代表一个像素。

## 7.2 图像变换

在计算机图像处理中,为了有效和快速地对图像进行处理和分析,常常需要将原定义在图像空间的图像以某种形式转换到另外一些空间,并利用这些空间的特有性质进行一定的加工,最后再转换回图像空间以得到所需的效果。图像变换是许多图像处理技术的基础。常见的图像变换有傅里叶变换、离散余弦变换、正弦变换、哈达马变换等可分离变换,它们的特点和应用范围如表 7.2.1 所示。图像的这些变换已经被广泛地应用于图像特征提取、图像增强、图像恢复、图像压缩和图像识别等领域。

表 7.2.1 常用的图像变换的特点和应用范围

| 变换名称 | 特点和应用范围 |
| --- | --- |
| 傅里叶变换 | 具有快速算法,数字图像处理中最为常用。需要复数运算。可把整幅图像的信息很好地用若干个系数来表达 |
| 余弦变换 | 有快速算法,只要求实数运算。在高相关性图像的处理中,最接近最佳的 K-L 变换,在实现编码和维纳滤波时有用。同傅里叶变换一样,可实现很好的信息压缩 |
| 正弦变换 | 比快速余弦变换快一倍。只需实数运算,可导出快速的 K-L 变换算法。在滤波、编码中很有用。具有很好的信息压缩效果 |
| 哈达马变换 | 在图像处理算法的硬件实现时有用。容易模拟但很难分析。在图像数据压缩、滤波、编码中很有用。信息压缩效果好 |
| 哈尔变换 | 非常快速的一种变换。在特征抽取,图像编码,图像分析中有用。信息压缩效果平平 |
| 斜变换 | 一种快速变换。图像编码中有用,有很好的信息压缩功能 |
| K-L 变换 | 在许多意义下是最佳的。无快速算法。在进行性能评价和寻找最佳性能时有用。对小规模的向量有用,如彩色多谱或其他特征向量。对一组图像集而言,具有均方差意义下最佳的信息压缩效果 |
| SVD 变换 | 对任何一幅给定的图像而言,具有最佳的信息压缩效果。无快速算法。设计有限冲激响应(FIR)滤波器时,寻找线性方程的最小范数解时有用。潜在的应用是图像恢复,能量谱估计和数据压缩 |

傅里叶变换对图像处理技术的发展曾经起着重要的作用,特别是快速算法的提出,极大地推动了图像处理的发展。下面重点介绍一下傅里叶变换。

### 7.2.1 离散傅里叶变换

设 $f(x)$ 为 $x$ 的函数,若 $f(x)$ 满足狄里赫莱条件,则 $f(x)$ 的傅里叶变换为

$$F(u) = \int_{-\infty}^{+\infty} f(x) \exp(-\mathrm{j}2\pi ux) \mathrm{d}x \tag{7-2-1}$$

它的逆变换为

$$f(x) = \int_{-\infty}^{+\infty} F(u) \exp(-\mathrm{j}2\pi ux) \mathrm{d}u \tag{7-2-2}$$

傅里叶变换也可以推广到二维情况,如果二维函数 $f(x,y)$ 满足狄里赫莱条件,那么它的二维傅里叶变换对为

$$F(u,v) = \int_{-\infty}^{+\infty}\int_{-\infty}^{+\infty} f(x,y)\exp(-j2\pi(ux+vy))dxdy \\ f(x,y) = \int_{-\infty}^{+\infty}\int_{-\infty}^{+\infty} F(u,v)\exp(j2\pi(ux+vy))dudv \Bigg\} \quad (7-2-3)$$

为了在数字图像处理应用傅里叶变换,必须引入离散傅里叶变换。一维离散傅里叶变换对为

$$F(u) = \frac{1}{N}\sum_{x=0}^{N-1} f(x)\exp[-j2\pi ux/N] \quad u=0,1,\cdots,N-1 \\ f(x) = \sum_{u=0}^{N-1} f(u)\exp[j2\pi ux/N] \quad x=0,1,\cdots,N-1 \Bigg\} \quad (7-2-4)$$

式中:$f(x)$为连续函数,$N$为采样次数,$x$为离散实变量,$u$为离散频率变量。可以证明离散傅里叶变换对总是存在的。

对一维傅里叶变换做一个推广,可得到图像的二维傅里叶变换对为

$$F(u,v) = \frac{1}{N^2}\sum_{x=0}^{N-1}\sum_{y=0}^{N-1} f(x,y)\exp[-j2\pi(ux+vy)/N] \quad u,v=0,1,\cdots,N-1 \\ f(x,y) = \sum_{u=0}^{N-1}\sum_{v=0}^{N-1} F(u,v)\exp[j2\pi(ux+vy)/N] \quad x,y=0,1,\cdots,N-1 \Bigg\} \quad (7-2-5)$$

由式(7-2-5)可以看出,若先对图像 $f(x,y)$ 做傅里叶变换 $F(u,v)$,在频率图像 $F(u,v)$ 上进行某些滤波处理后,再由逆变换返回到 $f(x,y)$,即可在 $f(x,y)$ 图像上看到处理后的结果。

二维傅里叶变换有以下几个基本的性质:分离性、平移性、周期性和共扼对称性、旋转性、分配律、尺度变换、平均值、卷积、相关等。

## 7.2.2 快速傅里叶变换

随着计算机技术和数字电路的迅速发展,离散傅里叶变换已经成为数字信号处理和图像处理的一种重要的手段。然而由于该变换的计算量太大,运算时间长,在某种程度上限制了它的使用。若计算一个长度为 $N$ 的一维离散傅立叶变换,对 $u$ 的每一个值都需要进行 $N$ 次复数乘法和 $(N-1)$ 次复数加法。那么对 $N$ 个 $u$ 则需要 $N^2$ 次复数乘法和 $N(N-1)$ 次复数加法,即复数乘法和加法的次数都正比于 $N^2$。当 $N$ 很大时,计算量是相当惊人的。

1965年,Cooley 和 Tukey 首先提出一种快速傅里叶变换(FFT)算法,采用该算法进行离散傅里叶变换,复数的乘法和加法次数正比于 $N/\log_2 N$,这在 $N$ 很大时计算量会大大减少。快速傅里叶变换算法与原始变换算法的计算量之比为 $N/\log_2 N$。由表7.2.2可见,采用快速傅里叶变换可以减少运算量,图像越大减少越多。对于长为1024的离散序列,如果用普通的离散傅里叶变换需要计算几十分钟,而采用快速傅里叶变换,一般只要几十秒。

快速傅里叶变换不是一种新的变换,它只是离散傅里叶变换的一种改进算法。它分析了变换中重复的计算量,并尽最大的可能使之减少,从而达到快速计算的目的。下面来看一下该快速算法。

表 7.2.2 快速傅里叶变换的计算收益

| N | $N^2$(普通 FT) | $N \operatorname{lb} N$(FFT) | 计算收益($N/\operatorname{lb} N$) |
|---|---|---|---|
| 2 | 4 | 2 | 2.0 |
| 4 | 16 | 8 | 2.0 |
| 8 | 64 | 24 | 2.7 |
| 16 | 256 | 64 | 4.0 |
| 32 | 1 024 | 160 | 6.4 |
| 64 | 4 096 | 384 | 10.7 |
| 128 | 16 384 | 896 | 18.3 |
| 256 | 65 536 | 2 048 | 32.0 |
| 512 | 262 144 | 4 608 | 56.9 |
| 1 024 | 1 048 576 | 10 240 | 102.4 |
| 2 048 | 4 194 304 | 22 528 | 186.2 |

一维傅里叶变换可写成下列形式

$$F(u) = \frac{1}{N} \sum_{x=0}^{N-1} f(x) W_N^{ux} \quad (7-2-6)$$

式中 $W_N^{ux} = \exp[-j2\pi/N]$。设 $N$ 为 2 的整数次幂，即 $N = 2^n$。

若 $M$ 为正整数，且 $N = 2M$，则

$$F(u) = \frac{1}{2M} \sum_{x=0}^{2M-1} f(x) W_{2M}^{ux} = \frac{1}{2} \left[ \frac{1}{M} \sum_{x=0}^{M-1} f(2x) W_{2M}^{u(2x)} + \frac{1}{M} \sum_{x=0}^{M-1} f(2x+1) W_{2M}^{u(2x+1)} \right]$$
$$(7-2-7)$$

又由于 $W_{2M}^{2ux} = W_M^{ux}$，则

$$F(u) = \frac{1}{2} \left[ \frac{1}{M} \sum_{x=0}^{M-1} f(2x) W_M^{ux} + \frac{1}{M} \sum_{x=0}^{M-1} f(2x+1) W_M^{ux} W_{2M}^u \right] \quad (7-2-8)$$

如果定义

$$F_{\text{even}}(u) = \frac{1}{M} \sum_{x=0}^{M-1} f(2x) W_M^{ux} \quad u = 0, 1, \cdots, M-1$$

$$F_{\text{odd}}(u) = \frac{1}{M} \sum_{x=0}^{M-1} f(2x+1) W_M^{ux} \quad u = 0, 1, \cdots, M-1 \quad (7-2-9)$$

则可得到

$$F(u) = \frac{1}{2} [F_{\text{even}}(u) + F_{\text{odd}}(u) W_{2M}^u] \quad (7-2-10)$$

同理，由于 $W_M^{u+M} = W_M^u$ 和 $W_{2M}^{u+M} = -W_{2M}^u$，可得

$$F(u+M) = \frac{1}{2} [F_{\text{even}}(u) - F_{\text{odd}}(u) W_{2M}^u] \quad (7-2-11)$$

由此可以看出：一个 $N$ 点的傅里叶变换可通过原始表达式分成两半来计算，算法的关键是将输入数据排列成满足连续运用式子 $F_{\text{even}}(u)$ 和 $F_{\text{odd}}(u)$ 次序。这里以一个例子来说明：若要计算 1 个 8 点 $\{f(0), f(1), \cdots, f(7)\}$ 的快速傅里叶变换，需要将它们排列成 $\{f(0), f(4), f(1), f(5), f(2), f(6), f(3), f(7)\}$，这样在第 1 层先计算按顺序两点结合的 4 个 2 点变换，在第 2 层用以上 4 个结果计算 2 个 4 点变换，在第 3 层再用以上 2 个结果计算 1 个 8 点变换。

# 7.3 图像增强

当图像从一种形式变换到另一种形式,如经过图像的生成、复制、扫描、传输、显示、变换以后,由于多种因素的影响,输出图像"质量"或多或少地有所降低或退化。图像增强的目的是采用一系列技术去改善图像的视觉效果或将图像转换成一种更适合于人眼观察和机器自动分析的形式。从根本上说,对图像的增强效果还缺乏统一的评价理论,使用者是增强效果的最终判断者,因而一些增强方法往往带有针对性。在实际情况中,要找到一种有效的方法必须多次进行人-机交互实验,多种增强技术的组合是经常采取的方法。

图像增强技术可根据处理策略分为全局增强和局部增强,其处理对象可分为灰度图像和彩色图像,处理方法基本上可分为空域和频域两大类。空域是指由像素组成的空间,空域增强方法是指直接作用于像素的增强方法。若增强是定义在点上的处理称为点操作,若是定义在点的邻域上的处理称为模板操作。频域是将图像从图像空间转换到频域空间进行增强处理,然后再转换回图像空间。

## 7.3.1 空域增强

空域的增强方法可分为空域变换增强和空域滤波增强。

空域变换增强可分为直接灰度变换、图像间的运算和直方图变换等几种方法。直接灰度变换常见的方法有图像求反、增强对比度、动态范围压缩、灰度切分等。动态范围压缩就是对图像进行灰度压缩。灰度切分就是将某两个灰度值间的灰度级突出,将其余灰度值变为某个低灰度值。有些图像运算是靠对多幅图像进行图像间的运算而实现的,如常见的有图像差分法和多幅图像平均法,前者是为了突出两幅图像之间的差异,后者常用于去除图像的噪声。

直方图变换包括直方图均衡化和直方图规定化。

图像的灰度统计直方图是一个一维离散函数

$$p(r_k) = n_k/n \quad k = 0,1,\cdots,L-1 \quad (7-3-1)$$

式中:$L$ 为图像的灰度级数;$r_k$ 为第 $k$ 个灰度级;$n_k$ 为第 $k$ 个灰度级的像素总数;$n$ 为图像的像素总数。图像灰度直方图的横坐标为 $r_k$,纵坐标为对 $r_k$ 出现概率的估计 $p(r_k)$,因此直方图给出了图像的灰度值分布情况。对于图 7.3.1 所示的图像,其直方图如 7.3.2 所示。

图 7.3.1 原始图像

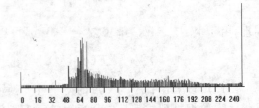

图 7.3.2 图 7.3.1 的直方图

直方图均衡化的基本思想是把原始图的直方图变换为均匀分布的形式,从而自动地增强了图像的整体对比度。直方图规定化是指将图像的直方图变换为规定的形状,从而有选择地增强某个灰度范围内的对比度。

空域滤波是在图像空间借助模板进行邻域操作完成的。空域滤波器的功能包括平滑和锐化,平滑可用低通滤波来实现,其目的是为了模糊和消除噪声;锐化可用高通滤波来实现,其目的是为了增强被模糊的细节。空域滤波中利用模板卷积的过程是这样的:首先将模板在图中移动,并使模板中心与图中某个像素位置重合;将模板上的系数与模板下对应像素相乘,再将所有乘积相加;最后将和赋给图中对应模板中心位置的像素。设有一个 $3\times3$ 的模板如图 7.3.3 所示,模板内所标的字符为模板系数,若模板系数 $k_0 \sim k_8$ 对应的像素依次为 $s_0 \sim s_8$,则模板中心像素的灰度值应为

$$T = \sum_{i=0}^{8} k_i s_i \tag{7-3-2}$$

若对原图中的每个像素都进行这样的操作,则可得到增强图像所有位置的新灰度值。如果在设计滤波器时给各个 $k$ 赋不同的值,就可得到不同的高通和低通滤波效果。在实际中还常用 $4\times4$ 和 $5\times5$ 的模板,原理都是一样的。

| $k_4$ | $k_3$ | $k_2$ |
| --- | --- | --- |
| $k_5$ | $k_0$ | $k_1$ |
| $k_6$ | $k_7$ | $k_8$ |

图 7.3.3 空域滤波中常用的 $3\times3$ 模板

## 7.3.2 频域增强

频域增强技术的基础是卷积定理,滤波是频域中最常用的方法。设 $g(x,y)$ 是图像 $f(x,y)$ 和位置不变因子 $h(x,y)$ 的卷积,即

$$g(x,y) = f(x,y) \cdot h(x,y) \tag{7-3-3}$$

根据卷积定理可得到如下的频域关系

$$G(u,v) = F(u,v)H(u,v) \tag{7-3-4}$$

式中 $G(u,v)$、$F(u,v)$ 和 $H(u,v)$ 分别是 $g(x,y)$、$f(x,y)$ 和 $h(x,y)$ 的傅里叶变换,并称 $H(u,v)$ 为转移函数。

在具体的图像增强问题中,$f(x,y)$ 是给定的,$F(u,v)$ 可由 $f(x,y)$ 变换得到,若转移函数 $H(u,v)$ 确定之后,则可得到 $G(u,v)$,最后对它进行傅里叶反变换即可得到增强后的图像 $g(x,y)$。

常用的频域增强方法有低通滤波、高通滤波、带通和带阻滤波、同态滤波。

常见的低通滤波器有下面几种。

**1. 理想低通滤波器**

$$H(u,v) = \begin{cases} 1 & D(u,v) \leqslant D_0 \\ 0 & D(u,v) > D_0 \end{cases} \tag{7-3-5}$$

式中:$D_0$ 为截止频率,是一个非负的整数;$D(u,v)$ 是从频率域的原点到 $(u,v)$ 的距离,即 $D(u,v) = [u^2 + v^2]^{1/2}$。该法虽然有陡峭的截止特性,但是高频分量完全为 0,使得图像的边缘变得模糊,在截止频率处由于不连续会在图像上产生严重的振铃现象。

## 2. Butterworth 滤波器

$$H(u,v) = \frac{1}{1 + \left[\dfrac{D(u,v)}{D_0}\right]^{2n}} \quad (7-3-6)$$

由于转移特性曲线较平滑,无振铃效应,因而图像边缘的模糊比理想低通滤波器的小。

## 3. 指数型滤波器

$$H(u,v) = \exp\left\{-\left[\frac{D(u,v)}{D_0}\right]^n\right\} \quad (7-3-7)$$

图像边缘的模糊比理想低通滤波器的小,但要比 Butterworth 滤波器严重,没有振铃效应。

## 4. 梯形滤波器

$$H(u,v) = \begin{cases} 1 & D(u,v) \leqslant D_0 \\ \dfrac{D(u,v)-D_1}{D_0-D_1} & D_0 < D(u,v) \leqslant D_1 \\ 0 & D(u,v) > D_1 \end{cases} \quad (7-3-8)$$

$D_0$ 和 $D_1$ 分别为两个截止频率,对图像有一定的模糊和振铃效应。

低通滤波具有保留低频段抑制高频段的功能,而高通滤波正好相反。常见的高通滤波器有理想高通滤波器、Butterworth 滤波器、指数型滤波器和梯形滤波器。

带通滤波器允许一定频率范围内的信号通过而阻止其他频率范围内的信号通过,带阻滤波器正好相反。

同态滤波法的目的在于对图像作非线性变换,使构成图像的非可加性因素成为可加性的,从而容易进行滤波处理。它是把图像的照明反射模型作为频域处理的基础,是一种在频域中同时将图像亮度范围进行压缩和将图像对比度增强的方法。

设图像 $f(x,y)$ 由照度分量 $i(x,y)$ 和反射分量 $r(x,y)$ 的乘积构成,即

$$f(x,y) = i(x,y)r(x,y) \quad (7-3-9)$$

式中:$i(x,y)$ 描述的是照射源的特性,一般认为它在空间是缓慢变化的;而 $r(x,y)$ 描述的是图像中景物的特性,它随物体细节的不同在空间上作快速变化。对上式的两边同时取对数,可得

$$\ln f(x,y) = \ln i(x,y) + \ln r(x,y) \quad (7-3-10)$$

由式(7-3-10)可以看出:$\ln f(x,y)$ 的频谱由两部分组成,一部分是占据低频段的 $\ln i(x,y)$ 的频谱,另一部分则是占据高频段的 $\ln r(x,y)$ 的频谱。下面对频域的图像进行增强处理。这里增强的关键在于原来因乘积不可分的两个分量在进行对数运算后成为可分的,因而可以使用同一个滤波器进行滤波处理。对于转移函数 $H(u,v)$ 而言,其低频特性可根据对 $\ln i(x,y)$ 的增强要求而确定,而其高频特性则可根据对 $\ln r(x,y)$ 的增强要求而确定,故 $H(u,v)$ 对低频段和高频段的影响是不同的。图像在频域得到增强以后,需要反变换到空域,最后再取指数,即可得到增强后的图像效果。

# 7.4 图像恢复与压缩编码

图像在形成、传输、变换、增强、记录的过程中,由于受到多种原因的影响,其质量会有所下

降,具体表现为图像模糊、失真、有噪声等,图像质量下降的过程称为图像的退化。大气湍流效应、传感器特性的非线性、光学系统的像差、成像设备与物体之间的相对运动等都可引起图像的退化。图像恢复的目的就是尽可能地复原被退化图像的本来面目。

随着计算机技术的发展,数据压缩技术的研究受到人们越来越多的关注。众所周知,图像信息的数据量是相当庞大的。例如,一张 A4(210 mm×297 mm)幅面的图片,若用中等分辨率(300 dpi)的扫描仪按真彩色进行扫描,其数据量约为 26MB,可见这是一个不小的数目。我们知道,大型应用系统中的数据库以及数字化图像和语音信号的数据量是非常巨大的。如果不对数据进行压缩处理,这样巨大的数据就很难在计算机系统及其网络上存储、处理和传输。可以说,如果没有数据压缩技术的进步,巨大数据量的存储和传输很难实现,多媒体计算技术也难以获得实际应用和推广。因此可见,图像的数据压缩是非常重要的,而数据编码是数据压缩的基础,因此了解数据编码的知识也是很必要的。

## 7.4.1 图像恢复

图像恢复又称图像复原,它和图像增强有着密切的联系,它们的相同之处在于,两者的主要目的都是要改善给定图像的质量,或者说都希望改进输入图像的视觉质量。但这两者之间又有较大的差异。首先,图像恢复是要将图像退化的过程模型化,并据此采取相反的过程而得到原始的图像;而图像增强则不建立或很少建立模型。其次,图像恢复技术要明确规定质量标准,以便对希望得到的结果做出最佳的评估;而图像增强一般要借助人的视觉系统的特性以取得看起来有较好的视觉结果,很少涉及客观和统一的评价标准。

图像退化的因素很多,一般模型如图 7.4.1 所示,原始图像 $f(x,y)$ 经过一个系统 $H$ 作用之后,和加性噪声 $n(x,y)$ 相叠加,就形成了退化后的图像,即实际得到的图像。这一过程的数学表达式为

$$g(x,y) = H[f(x,y)] + n(x,y)$$

或

$$g(x,y) = h(x,y) * f(x,y) + n(x,y) \qquad (7-4-1)$$

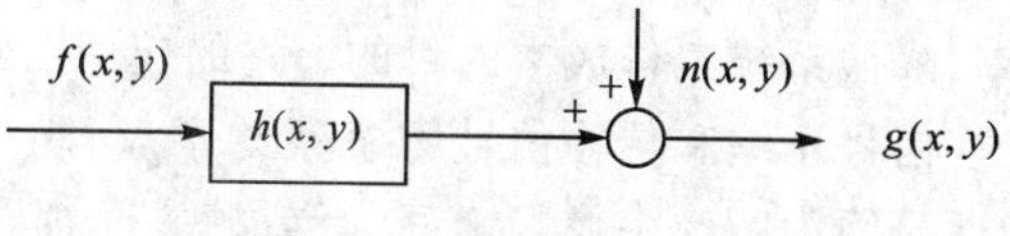

**图 7.4.1 图像退化的一般模型**

式中,$H$ 为包括所有退化因素的函数。因此图像的恢复过程可以看作已知 $g(x,y)$ 和有关 $h(x,y)$、$n(x,y)$ 的一些先验知识,求出 $f(x,y)$。若图像的大小为 $M \times N$,则 $G(u,v) = NMHF(u,v) + N(u,v)$,该式为图像恢复的基础。

假设 $n(x,y)=0$,来考虑 $H[*]$ 有以下 4 个性质:

(1) 线性　如果令 $k_1$ 和 $k_2$ 为常数,$f_1(x,y)$ 和 $f_2(x,y)$ 为两幅输入图像,则

$$H[k_1 f_1(x,y) + k_2 f_2(x,y)] = k_1 H[f_1(x,y)] + k_2 H[f_2(x,y)] \qquad (7-4-2)$$

(2) 相加性　式(7-4-2)中,如果 $k_1 = k_2 = 1$,则

$$H[f_1(x,y) + f_2(x,y)] = H[f_1(x,y)] + H[f_2(x,y)] \qquad (7-4-3)$$

该式表明线性系统对 2 个输入图像之和的响应等于它对 2 个输入图像响应的和。

(3) 一致性　式(7-4-2)中,如果 $f_2(x,y)=0$,则

$$H[k_1 f_1(x,y)] = k_1 H[f_1(x,y)] \qquad (7-4-4)$$

该式表明线性系统对常数与任意输入乘积的响应等于常数与该输入的响应的乘积。

(4) 空间不变性  如果对任意 $f(x,y)$ 以及 $a$ 和 $b$，有

$$H[f(x-a, y-b)] = g(x-a, y-b) \qquad (7-4-5)$$

该式指出线性系统在图像任意位置的响应只与在该位置的输入值有关，而与位置本身无关。

在给定模型的条件下，图像恢复技术可分为无约束和有约束两大类。在假设 $M=N$ 和 $H^{-1}$ 存在的情况下，可得无约束的恢复公式

$$\hat{f} = (H^T H)^{-1} H^T g = H^{-1} g \qquad (7-4-6)$$

设 $Q$ 为 1 个线性操作符，$l$ 为拉格朗日乘数且 $s$ 为 $l$ 的倒数，可得有约束的恢复公式

$$\hat{f} = (H^T H + s Q^T Q)^{-1} H^T g \qquad (7-4-7)$$

无约束恢复又称为逆滤波器恢复方法，对系统存在噪声而且传输函数存在零点时该法不能解决。有约束恢复分为维纳滤波和约束最小平方滤波两种方法，维纳滤波器是根据最小均方误差设计的滤波器，对具有线性的平稳随机过程模型的系统有较好的复原结果。在既有模糊又有噪声时，约束最小平方滤波的效果比维纳滤波略好一些。

### 7.4.2 图像编码

大数据量的图像信息会给存储器的存储容量、通信干线信道的带宽，以及计算机的处理速度增加极大的压力。单纯靠增加存储器容量，提高信道带宽以及计算机的处理速度等方法来解决这个问题是跟不上需求的，因此人们试图采用对图像的新的表达方法以减小表示一幅图像所需的数据量。数据是信息的载体，对给定量的信息可用不同的数据量来表示。数据压缩就是对给定量的信息，设法减少表达这些信息的数据量。

数据压缩最初是信息论研究中的一个重要课题，在信息论中被称为信源编码。近年来，数据压缩已不限于编码方法的探讨和研究，它已逐步形成为一个相对独立的体系，并且还扩展到研究数据的表示、传输及转换方法，目的是不断减少数据存储所占的空间和数据传输所需的时间，从而达到提高工作效率、降低系统工作成本的目的。它的应用已经相当广泛，如文件压缩、图像压缩、数据库压缩、电视信号压缩和传输信号压缩等。

图像数据压缩的可能性是因为图像中像素之间、行或帧之间都存在着较强的相关性。从统计观点出发，就是某个像素的灰度值（颜色）总是和周围其他像素的灰度值（颜色）存在某种关系，应用某种编码方法提取并减少这些相关特性，从而实现图像压缩。从信息论的角度来看，压缩就是去掉信息中的冗余。即保留不确定的信息，去掉确定的信息，也就是用一种更接近信息本质的描述来代替原有冗余的描述。

自从 1948 年 Oliver 提出 PCM 编码理论开始，迄今为止的编码方法有 100 多种。针对不同的应用目的可以使用不同的压缩方法。以下 3 种编码方法是数字图像处理领域中常用的编码方法：

(1) 信息保持编码  该类编码技术主要应用于图像数字存储方面，其机理是完全除去或尽量除去原数据中重复和冗余的部分，而保证不丢失其中的任何有用信息。这类编码要求能够最大限度的压缩图像大小，而且解码后能够无失真的恢复图像信息，通常也称该类编码为无误差编码。依目前的技术所能提供的压缩率一般在 2~10 之间。

(2) 保真度编码  这种编码通常能够取得较高的压缩率,但图像经过压缩后并不能通过解压缩恢复原状,所以只能用于容许有一定信息损失的应用场合,如数字电视技术和静止图像通信等方面。这些图像受传输信道容量的限制,接受图像信息的对象往往是人眼,过高的空间分辨率和过多的灰度层次不仅增加了数据量,且人眼无法区别开来。因此可以在编码过程中丢失一些无用或者用处不大的信息,也就是在允许失真的条件下和在一定的保真度准则下进行图像的压缩编码。

(3) 特征提取  在图像识别和分析、分类等技术中,往往并不需要全部的图像信息。例如,在文字识别过程中,不需要知道文字的具体灰度值,只要能够将文字和背景色区分开就可以了。因此,只要对需要的特征信息进行编码,就可以压缩图像数据量。显然,这种编码也是一种非信息保持编码。

压缩编码的具体方法很多,也有不同的分类方法,其中的一种是按压缩技术所依据和使用的数学理论及计算方法进行分类,这时可将图像编码分成以下四大类。

**1. 统计编码法**

该编码方法是对每个像素进行单独处理,不考虑像素之间的相关性。在统计编码法中常用的几种方法有:脉冲编码调制、熵编码、行程编码和位平面编码。哈夫曼编码和香农编码法是熵编码中常见的编码方法。哈夫曼编码是根据可变长度最佳编码定理,应用哈夫曼算法而确定的一种编码方法。它的基本思想是这样的:对于出现概率大的信息符号编以短字长的码字,对于出现概率小的信息符号编以长字长的码字。只要码字长度按照信息出现的概率大小逆顺序排列,则平均码字长度一定小于其他任何符号顺序的排列方式。

**2. 预测编码法**

预测编码是一种对应空域的变换方法,它是利用相邻像素之间的相关性,去掉图像中冗余的信息,只对有用的信息进行编码。举个简单的例子,由于像素的灰度是连续的,所以在一片区域中,相邻像素之间灰度值的差别可能很小。如果只记录第一个像素的灰度,其他像素的灰度都用它与前一个像素灰度之差来表示,就能起到压缩的目的。如表示灰度值为 250,253,251,252,252,250 的 6 个像素时,可以将它表示为:250,3,1,2,2,0。用原始的灰度值来保存需要 48 位,而采用第二种表示方法,只需要 16 位即可,这样就实现了数据的压缩。预测编码法实现比较简单,但压缩能力不高而且抗干扰能力比较差,对传输中的误差有积累现象。常用的预测编码法有增量调制和微分预测编码。

**3. 变换编码法**

该法是指将给定的图像变换到另一个数据域(如频域)上,即用可逆的线性变换将图像映射成 1 组变换系数,然后将这些系数量化和编码,使得大量的信息能用较少的数据来表示,从而达到压缩的目的。它的基本思想是,大多数自然界图像变换得到的系数值都很小,这些系数往往可以较粗地量化或者甚至可以完全忽略不计,而只产生很少的失真,这样就可以用很少的码字来表示。常用的正交变换编码有前面介绍的离散傅立叶变换、离散余弦变换、K-L 变换等。

**4. 其他编码法**

其他的编码方法也有很多,如内插法中的低取样和亚取样法、方块编码、混合编码、矢量量化和 LZW 算法等。另外,近些年来出现了很多新的压缩编码方法,如使用人工神经元网络的压缩编码算法、分形、小波、基于对象的压缩编码算法和基于模型的压缩编码算法(应用在

MPEG4 及未来的视频压缩编码标准中)等。小波变换编码、分形编码和模型法编码是目前公认的三种最有前途的编码方法之一。

图像压缩编码技术的发展和广泛应用,促进了国际组织制定了一系列的国际标准以规范通信协议和产品。根据各标准所处理图像类型的不同,可分为下列部分:

(1) 二值图像压缩标准,有 G3、G4、JBIG 等;
(2) 静止图像压缩标准,有 JPEG、JPEG2000 等;
(3) 序列图像压缩标准,有 H.261、MPEG-I、MPEG-II、MPEG-IV、MPEG-VII 等。

## 7.5 图像分割

图像分割是一种基本的计算机视觉技术,是图像分析和图像理解的基础,其目的就是按照图像的某些特性将图像分成若干区域,使得在每个区域内的像素有相同或相近的特性,而相邻区域的特性则不同。这里的特性可以是灰度、颜色和纹理等;区域可以是单个区域或多个区域。图像分割应满足 5 个条件:

(1) 分割所得到的全部子区域的总和应能包括图像中的所有像素;
(2) 各个子区域是互不重叠的;
(3) 分割后得到的属于同一个区域中的像素应该具有某些相同特性;
(4) 分割后得到的属于不同区域中的像素应该具有一些不同的特性;
(5) 同一个子区域应当是连通的。

图像分割是一个经典难题。从 20 世纪 70 年代起,图像分割问题就吸引了很多研究人员并为之付出了极大的努力,至今已提出了上千种类型的分割算法,但是到目前为止还不存在一个通用的方法。纵观近几年来图像分割领域的文献,可以看到几个比较明显的趋势:

(1) 在将新概念、新方法引入图像分割领域的同时,更加重视多种分割算法的有效结合;采用什么样的结合方式才能取得好的效果,成为人们关注的问题。
(2) 将注意力转向图像分割方法在某些特定领域的应用,利用这些领域中特有的知识来辅助解决图像分割问题。
(3) 人-机交互式的分割方法引起了广泛的注意。

### 7.5.1 四类图像分割技术

在灰度图像的分割中,区域内部的像素一般具有灰度相似性,而在区域之间边界上的像素一般具有灰度不连续性,因此分割算法可分为基于边界的算法和基于区域的算法。另外根据分割过程中处理策略的不同,分割算法又可分为并行算法和串行算法。在并行算法中可以独立、同时地作出所有的判断和决定;而在串行算法中,早期处理的结果可被其后的处理过程所利用,一般串行算法所需的计算时间比并行算法要长,但抗噪声能力较强。因此分割算法可根据上述两个准则分成四类:并行边界类、串行边界类、并行区域类和串行区域类。这种分类法能够满足图像分割的 5 个条件,基本上包括了图像分割综述文献中所提到的各种算法。

**1. 并行边界技术**

边界是指其周围像素灰度有阶跃变化或屋顶变化的那些像素的集合。边界检测,又称边缘检测,是所有基于边界的分割方法的第一步,可以说是人们研究最多的技术。它试图通过检测包含不同区域的边缘来解决图像的分割问题,基于在不同区域之间的边缘上像素灰度值的变化往往比较剧烈。这类方法大多是基于局部信息的,边缘的灰度值不连续可利用求导数方便地检测到,一般利用图像一阶导数的极大值或二阶导数的过零点信息来检测边缘。

这类方法大致包括以下几类:

(1) 基于局部图像函数的方法　该法的基本思想是将灰度看成高度,用一个曲面来拟合一个小窗口内的数据,然后根据该曲面来决定边缘点。

(2) 图像滤波法　用某个滤波算子与图像作卷积运算,常用的微分算子有梯度算子(罗伯特交叉算子、蒲瑞维特算子、索贝尔算子)、拉普拉斯算子、综合正交算子等。它们不仅可用于检测 2-D 边缘,也可用于检测 3-D 边缘。在有噪声时,用各种算子得到的边缘像素常是孤立的或分小段连续的,为组成区域的封闭边界而将不同的区域分开,需要将边缘像素连接起来。一般是通过邻域之内像素的梯度的幅度之差和梯度的方向之差小于某个固定的阈值来实现的,利用哈夫变换可以方便地得到边界的曲线而将不连续的边缘像素点连接起来。

(3) 多尺度方法　一般多尺度滤波是指滤波算子的尺度,即滤波器采用的窗口宽度。常用的多尺度算子是高斯函数的二阶导数,这种算子的尺度就是高斯函数的方差。近年来对多尺度滤波方法的研究主要由两个方面:一是用其他多尺度算子来取代计算量大的高斯核函数;二是提出局部尺度的概念。由于对图像中不同区域不加区分而采用同样尺度的滤波器会带来检测、定位不准等问题。

(4) 基于反应—扩散方程的方法　它是用反应—扩散方程的观点来看待多尺度滤波。

(5) 多分辨率方法　该法的基本着眼点是较大的物体能在较低的分辨率下存在,而噪声则不能,该法一般与其他的方法共同使用。

(6) 基于边界曲线拟合的方法　用平面曲线来表示不同区域之间的图像边界线,试图根据图像梯度等信息找出能正确表示边界的曲线从而得到图像分割的目的,而且它直接给出的是边界曲线而不像一般的方法找出的是离散的、不相关的边缘点,因而对图像的高层处理有很大的帮助。

**2. 串行边界技术**

用并行方法检测边界和连接边界点在图像受噪声的影响较大时效果较差,为此也可采用先检测边缘再串行连接出闭合边界的方法。图搜索法和动态规划法是两种边缘检测和边界连接互相结合顺序进行的方法。

**3. 并行区域技术**

取阈值方法是最常见的、并行的直接检测区域的分割方法,其他同类方法如像素特征空间分类可看作是阈值分割技术的推广。下面来看一下最简单的阈值分割图像。

若要对一幅 $M \times N$ 大小、256 灰度级的灰度图像 $f(x,y)$ 进行二值化处理,假定目标的灰度在 160 以下,背景的灰度在 160 以上,则所取的分割阈值应为 $T=160$。对图像中的每一个像素都按式(7-5-1)处理,就形成了二值化图像。对于图 7.5.1 所示的图像,取阈值 $T$ 为 200,分割后的二值化图像如图 7.5.2 所示。

$$f(x,y) = \begin{cases} 255 & f(x,y) > T \\ 0 & f(x,y) \leqslant T \end{cases} \quad (7-5-1)$$

图7.5.1 原始图像

图7.5.2 阈值后的二值化图像

因此可见,阈值分割不仅可以压缩数据,减少存储容量,而且能大大简化其后的分析方法和处理步骤。取阈值分割得到的图像常包括多个区域,需要通过标记把它们分别提取出来。标记分割后图像中各区域的简单而有效的方法是检查各像素与其相邻像素的连通性,常用的方法是像素标记法和游程连通性分析。

**4. 串行区域技术**

区域生长法和分裂合并法是两种常用的串行区域技术。

### 7.5.2 阈值分割法

阈值分割是图像处理的基本问题,而阈值选取是阈值分割的关键。若阈值选的过高,则过多的目标点将误归为背景;反之会出现相反的情况,这势必影响分割出来的目标的大小和形状,甚至会使目标丢失。阈值分割选取技术不仅是图像增强、边界检测中一个常用的方法,而且在模式识别与景物分析中也有着重要的使用价值。国内外研究学者针对这一问题进行了广泛而深入的研究,提出了多种阈值选取方法,这些方法还可划分为以下8类。

**1. 直方图法与直方图变换法**

直方图法是直接从图像的原始灰度级直方图上确定阈值,包括 p—分位数法、最频值法和直方图凹面分析法。最频值法是众所周知的一种阈值选取方法,即如果灰度级直方图呈明显的双峰状时,选取双峰之间的谷(最小值)所对应的灰度级作为阈值。该方法比较简单,但不能用于直方图中双峰值差别很大或双峰间的谷比较宽广而平坦的图像,以及单峰直方图的情况。有两种直方图的变换方法:一种是通过构造图像的灰度级—边缘值二维散射图,并计算它在灰度级轴上的各种加权投影法;另一种是四元树法。该法的思想根据是,基于灰度级标准差较高的非均匀区域可划分为若干标准差较小的均匀区域。

**2. 矩量保持法**

它的基本思想是使阈值分割前后图像的矩保持不变。该方法无需任何叠代或搜寻,运算速度快,效果较好,可用于实时处理,且可推广到多阈值选取,但分割精度不甚理想。

**3. 最小误差法与均匀化误差法**

它是由 Kittler 等人提出的,该法受目标大小和噪声影响小,计算简单,寻求其最小值也比较方便,而且适合于目标与背景大小之比低于 1:100 的很不均衡的图像。该法可用叠代方式实现,并可推广到多阈值的情况,是一种好的阈值选取方法。

**4. 概率松弛法**

它的基本思想是首先根据其灰度级按概率分成"亮"或"暗"两类;然后,按照邻近像素的概率调整每个像素的概率,调整过程以迭代进行,以使对于属于"亮(或暗)"区域的像素,"亮(或暗)"概率变得非常高。概率初值影响收敛率和松弛所得结果。在图像存在噪声、对比度和目标面积较小时,该法仍能得到较好的效果。

**5. 最大类间方差法**

它是由 Ostu 在判决分析或最小二乘法的基础上推导出来的,该法是引起较多关注的选取方法。该法对噪声和目标大小十分敏感,它仅对类间方差为单峰的图像产生较好的分割效果。后来 Reddi 等提出了一种快速搜索法——最陡上升法,提高了运算速度,但并没有解决准则函数极大值不惟一的缺陷。但当目标与背景的大小比例悬殊时,类间方差准则函数可能呈现双峰或多峰,此时用 Ostu 法选取的全局最大值不一定是正确阈值。

**6. 最大熵方法**

该法的基本思想是根据目标和背景两个概率分布使熵达到最大以求得最佳阈值。它对不同目标大小和信噪比的图像均能产生很好的分割效果,且受目标大小的影响小,可用于小目标分割,但它涉及对数运算,运算量较大,不能用于实时处理。

**7. 简单统计法**

Kittler 等人提出了一种基于简单的图像统计的阈值选取方法,该法避免了分析复杂的图像灰度级直方图,不涉及对某种准则函数的最优化问题。该法对目标背景大小为 1∶1 的图像,具有良好的分割效果,且运算简单快速。但当目标变小或变大时,背景在图像中所占的比例相应增大或减小,则阈值向背景或目标方向偏移,使分割效果变差。由于该法主要利用像素的灰度和梯度信息,因此易受噪声影响。因此在实际应用中,不但要估计目标大小而且还要考虑图像的信噪比。

**8. 共生矩阵法**

灰度共生矩阵的定义是:设一幅图像大小为 $M \times N$,灰度级为 $L$,$G = \{0,1,2,\cdots,L-1\}$,$f(x,y)$ 是坐标 $(x,y)$ 处像素的灰度级,共生矩阵是一个 $L \times L$ 的矩阵 $\boldsymbol{T}[t_{ij}]_{L \times L}$,$T$ 中的元素是图像灰度的空间关系,以及按特定方式表示的两灰度间变化的次数。广泛使用的共生矩阵是一种非对称矩阵,该矩阵仅含有两个相邻像素间的灰度变化。灰度共生矩阵法考虑了图像的二阶灰度统计量,缺点是计算量大,需要较多的内存容量。

# 7.6 应用实例——储粮害虫图像识别

图像识别是在图像处理和模式识别两门学科相结合的基础上发展起来的,其基本原理是将待识别(输入)的图像模式与事先准备好的标准模式进行对比,确定输入模式与哪一个标准模式最接近,然后把这个标准模式所代表的对象作为识别结果输出。图像识别现在已经在各个领域中得到了广泛而深入的应用,如各种文字(包括手写体和印刷体)识别系统、指纹识别系统、虹膜识别系统等。

下面以储粮害虫的智能检测为例,简要地介绍一下图像识别系统。

我国是世界上最大的粮食生产、储藏及消费大国,搞好粮食储藏是关系到国计民生的大事。目前国内外的扦样、声测、近红外等检测方法均不能准确地在线提供粮虫的种类、密度等信息。因此,开发科学实用、准确方便的储粮害虫在线检测系统是很有必要的,也是极为迫切的。利用图像识别的方法在线检测储粮害虫,具有准确度高、价格低廉、劳动量小、便于和粮库现有的计算机粮情检测系统相连接等优点,有助于粮库管理人员进行科学的决策,以及时采取合理的防治措施,达到粮食保质、保量、保鲜的目的。

储粮害虫智能检测的识别系统的组成如图7.6.1所示。

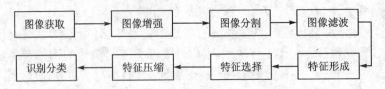

图7.6.1 储粮害虫自动识别系统组成

下面将识别系统的各个环节逐个简要地介绍一下。

**1. 图像获取**

图像获取的设备有CCD摄像机、扫描仪、数码摄像机、数码录像机等,本系统的采集设备是CCD摄像机。在粮食的取样装置中,CCD摄像机放置在传送带的正上方,当粮食样本在传送带上单层传送时,由CCD摄像机实时地摄取粮虫样本的图像序列,图像采集卡将采集到的图像信号由PCI总线高速传送到微机内存。

**2. 图像增强**

在采集粮虫图像时,由于光照系统照明不均匀,传送带的运动,抽取装置中电机的运转,传送带上的污点褶皱,灰尘对CCD摄像机镜头的影响等因素的影响,使视觉系统所获取的图像不够理想,有必要对图像进行增强处理。

由于粮虫目标属于运动的小目标研究对象,若使用全局性算法(直方图变换、直方图均衡等)不仅不易提取出信号,反而还可能降低清晰度,为此要采取一种适宜于小目标提取的自适应增强算法。本系统所采用的自适应增强是利用每个像素的邻域内像素的均值和方差的特性进行的,其基本思想就是要自适应增强微弱峰和谷之间的反差。以对图像各区域进行动态调节,增强区域内部的局部对比度,达到既影响动态范围又影响对比度的目的。

**3. 图像分割**

粮虫图像增强之后,需要将粮虫从背景中提取出来,以利于后面的特征提取和分类识别。可把粮虫的灰度图像变换成为二值图像,即用图像分割的方法将粮虫提取出来。这里采用阈值分割的方法,在该方法中,阈值选取是个关键问题。若阈值选取过高,则过多的目标点将误归为背景;反之会出现相反的情况。

本系统采用基于相对熵的图像阈值分割法,相对熵可理解为两种信息间的距离测量,可以用作测量一幅图像和它的二值图像间误差的标准。该法求图像阈值的基本思想是:先对一幅图像和其二值图像分别计算共生矩阵灰度变化的概率分布,然后求两种灰度变化概率分布之间的误差(也就是它们的相对熵)为最小时的 $t$,此时的 $t$ 便是所求的阈值。

**4. 图像滤波**

经过图像分割环节之后,粮虫的灰度图像变换为二值化图像。在二值化图像中,可能存在孔洞、孤立点等噪声,需要进行滤波处理。

数学形态学是一门建立在集合论基础上的学科,其基本思想是用具有一定形态的结构元素去量度和提取图像中的对应形状,以达到对图像分析和识别的目的,其算法具有天然并行实现的结构,近年来得到了广泛的应用。数学形态学的基本运算有四个:膨胀、腐蚀、开启和闭合。

开启即对图像依次进行腐蚀、膨胀操作。用 $b$ 开启 $f$ 的表达式为

$$f \cdot b = (f \ominus b) \oplus b \qquad (7-6-1)$$

闭合即对图像依次进行膨胀、腐蚀操作。用 $b$ 闭合 $f$ 的表达式为

$$f \cdot b = (f \oplus b) \ominus b \qquad (7-6-2)$$

本系统中图像的滤波就是对图像依次进行开启、闭合操作。原始图像经过开启操作后,消除了尺寸较小的亮细节,使图像偏暗,再经过闭合操作后,消除了尺寸较小的暗细节,使图像偏亮。平滑后的图像与原始图像相比,整体灰度值基本上没有发生变化,亮区或暗区的各类噪声得到了减弱。

**5. 特征形成**

特征分为物理的、结构的、数学的三大类,良好的特征应具有可区别性、可靠性、独立性、数量少四个特点。特征抽取是模式识别中的一个关键问题,其目的是获取一组"少而精"的特征,即获取一个维数低且分类错误概率小的特征向量,其基本任务是如何从许多特征中找出那些最有效的特征。

传统害虫的识别就是人们通过感觉器官对虫子的物理特征和结构特征,如有无翅膀、有无鼻子、触角长短、头部大小、背部斑纹等进行识别。在数字图像识别中,特征形成即是要对粮虫图像的像素的灰度值经过统计计算来产生一组原始特征。本系统中,主要应用粮虫的形态学特征进行识别分类。

在图像识别的过程中,基于图像的几何特征和形状特征的提取往往是非常重要的。几何形状特征描述目标区域的几何性质,与区域的灰度值大小无关。因此在提取几何特征之前,先对其进行二值化处理。提取出粮虫二值化图像的面积、周长、圆形性、不变矩等形态学特征。

**6. 特征选择**

由特征形成过程所得到的原始特征可能很多,如果把所有的原始特征都作为最终的分类特征送往分类器,不仅使得分类器的设计很复杂,分类判别量很大,而且分类错误概率也不一定小,甚至影响分类器的性能。因此需要减少原始特征的数目。把高维特征空间压缩到低维特征空间有特征选择和特征压缩两种方法。当然这两种方法可根据需要,有时需要特征选择,有时需要特征压缩,有时两种方法都要应用。

特征选择的任务是从一组数量为 $D$ 的特征中,选择出数量为 $d(D > d)$ 的一组最优特征。一般情况下 $d$ 由人为确定。特征选择有两种方法:一种是根据专家经验挑选,另一种是用数学方法进行筛选比较。对于复杂的模式识别系统,应用数学方法筛选应用比较普遍。在选择的过程中涉及到两个重要的问题:

(1) 选择的判据,即按照某个定量的标准挑选出性能最好的特征向量;

(2) 算法的性能,即在较短的时间内找出最优的一组特征向量。从 $D$ 个特征中挑选 $d$ 个,所有可能的组合个数如式(7-6-1)所示,一般情况下,计算量太大而无法实现。

$$q = C_D^d = \frac{D!}{(D-d)!d!} \qquad (7-6-3)$$

目前,能搜索到最优解的惟有穷举法和分支定界法。穷举法搜索遍所有可行解,分支定界法合理地组织搜索过程,可使所有可能的特征组合都被考虑到。对于规模较大的问题这两种方法的效率很低,有时候甚至是不现实的。因此不得不采取次优搜索方法,该法最常用的有以下几种:单独最优特征组合法、顺序前进法、广义顺序前进法、顺序后退法、广义顺序后退法、增 $l$ 减 $r$ 法等。这些算法一个比一个复杂,当然从概率意义上的可靠性也越来越高。

特征选择需要以可分性判据来度量特征选择的优劣,实际上特征选择是一个组合优化问题,因此可以使用优化问题的方法来解决。总体上优化方法可以分为两类:决定性方法和随机性方法。决定性方法速度非常快,但容易陷入局部极小值点;随机性方法不易陷入局部极小值点,但在有限步内没有一种随机性方法可以保证找到全局最小。许多研究人员对此问题进行了深入的研究,提出了不少新的算法。在所有的优化方法中,模拟退火算法和遗传算法应用非常广泛,被认为是当前最有效的方法。

模拟退火算法具有高效、健壮、通用、灵活等特点,是近年来特别引人注目的一种求解大规模组合优化问题的随机性方法。遗传算法是模拟自然进化过程的一种随机性全局优化方法,具有全局性、快速性、并行性、鲁棒性等特点,比较适用于处理传统方法难以解决的复杂的非线性问题。经过研究这两种优化方法,发现本系统采用模拟退火算法比较合适。经过特征选择以后,大大减少了特征的维数。

## 7. 特征压缩

提取的原始特征经过特征选择后,数据维数还是很高的,若把它们直接送入分类器进行分类是不可取的,因为特征空间的维数太高会增加计算量,同时由于这些参数中有些是相关的,存在信息冗余度,可能导致系统性能下降。因此在分类之前,需要进行样本空间压缩。

特征压缩在广义上就是指一种变换,是另一种减少特征数目的方法,即通过映射(或变换)的方法把高维的特征向量变换为低维的特征向量,并保持足够的信息来鉴别事物之间的类别,映射后的特征通常是原始特征的某些组合。

在数据维数压缩的过程中,必须保证以下几点:

(1) 保熵性  即通过变换后不丢失信息的特征;

(2) 去相关性  即去掉彼此相关性较强的信息;

(3) 能量不变性  即保证信息在两种离散空间进行转换时保持能量不变;

(4) 能量的重新分配和集中  即在变换域中尽量使能量集中在少数几个变换系数上。

特征压缩的方法很多,目前主要有以下几种方法:基于概率距离判据的特征压缩、基于散度准则函数的特征压缩、基于判别熵最小化的特征压缩、基于类内类间距离的特征压缩、基于 $K-L$ 变换的特征压缩、基于神经网络的特征压缩和基于小波分析的特征压缩等。

$K-L$(Karhunen-Loeve)变换又称主成分分析,是一种基于数据统计特征的多维正交线性变换,是在最小均方误差准则意义下获得数据压缩的最佳变换。变换的目的是在 $n$ 维的数据空间中找出一组 $m$ 个正交向量,将数据从原来的 $n$ 维空间投影到由这组正交向量所组成的 $m$ 维子空间上。它具有提取信号的主要特征、抑制噪声、压缩维数等功能,在数据压缩、图像处理、遥感监测、信号分析等方面有着广泛的应用。

$K-L$ 变换的产生矩阵通常取为训练样本集的总体类内离散度矩阵和类间离散度矩阵。对于具有 $\omega_i(i=1,2,\cdots,c)$ 类的样本集,其总类内离散度矩阵为

$$S_w = \sum_{i=1}^{c} p_i \sum\nolimits_i \qquad (7-6-4)$$

$$\sum\nolimits_i = E[(x-u_i)(x-\mu_i)^T], \qquad x \in \omega_i \qquad (7-6-5)$$

式中: $p_i$ 为第 $i$ 类的先验概率, $\mu_i$ 为相应的均值向量, $\Sigma_i$ 为相应的协方差矩阵。

本系统运用基于距离可分性准则的特征压缩,即对 $S_w^{-1}S_b$ 作 $K-L$ 变换。

式中,类间离散度矩阵 $S_b$ 为

$$S_b = \sum_{i=1}^{c} P_i (\boldsymbol{\mu}_i - \boldsymbol{\mu})(\boldsymbol{\mu}_i - \boldsymbol{\mu})^{\mathrm{T}} \qquad (7-6-6)$$

该法主要强调模式的分类识别信息,大大减少了特征的维数,提高了识别系统的整体性能。

### 8. 识别分类

模式的分类是根据模式的统计、结构、模糊、知识等特性进行分类,分类器设计的好坏,对于识别效果有着重要的影响。目前的分类方法可分为经典的分类方法和现代的分类方法。其中,经典的分类方法主要包括统计法和结构法,现代的分类方法包括模糊分类法、神经网络法、支持向量机法等。基于统计学方法的分类器是图像分类识别中最基本、最常用的方法,该法可分为自动聚类法、贝叶斯分类法、近邻法、子空间法等。结构法识别分类,又称句法模式识别,该法基于模式的结构信息,对于描述结构复杂的模式具有独到的效果,与常规方法相比,具有模糊性强、准确度高、适应性广和效率高等特点。

大谷盗、谷蠹、米象、长头谷盗、杂拟谷盗、赤拟谷盗等,是粮仓中常见的、危害严重的害虫。有些害虫如米象和玉米象、赤拟谷盗和杂拟谷盗通过肉眼很难分辨开来,因此在进行分类之前,根据现场工作人员的经验要将它们进行合并为一类进行处理。

本系统应用一种基于模糊决策的模糊分类器进行分类识别,该算法由两部分组成:一是建立各类虫种的均值、方差模型库及相应的隶属函数;二是利用模糊决策的方法,在模糊极大极小原则的基础上对待识别样本进行识别分类。通过现场的试验证明,该法的分类效果较好,基本上能够满足粮库现场管理的需要。

## 习 题

1. 简述图像处理的发展历史。
2. 为使计算机能够显示 800×600 分辨率、128 灰度的图像,至少需要多大容量的帧缓存?
3. 用扫描仪扫描一幅尺寸为 $(15 \times 10) \mathrm{cm}^2$ 的图像,当选用分辨率为 120 dpi,色彩为 4 位时,试计算生成的图像数据大约为多少字节?
4. 试述图像的大小、存储容量与图像的质量之间的关系?
5. 简述位图文件的数据结构。
6. 试编写二维 FFT 处理程序。
7. 简述图像增强技术的增强方法及其分类情况。
8. 哪几种编码方法是数字图像处理领域中常用的编码方法?
9. 图像的分割应满足哪 5 个条件?
10. 阈值分割是图像处理的基本问题,阈值选取是阈值分割的关键。选取图像的阈值有哪些方法?
11. 简述储粮害虫检测系统的构成。

# 下 篇

第 8 章　基于 MFC 的图形编程基础

第 9 章　基于 MFC 的交互绘图

第 10 章　OpenGL 基础知识和实验框架的建立

第 11 章　OpenGL 的基本图形

第 12 章　OpenGL 的组合图形及光照和贴图

第 13 章　摄像漫游与 OpenGL 的坐标变换

# 第8章 基于 MFC 的图形编程基础

如果需要进行有关图形处理方面的编程,仅仅有了图形学的理论还是不够的,假如按照上篇的理论一切从底层做起,效率就太低了,不符合软件工程的思想。因此,要学习一些实用的有关图形方面的编程技术,对于一些简单的二维图形问题可以使用微软的 MFC 完成,对于较复杂的三维图形问题可以使用 OpenGL 来解决。但这两种技术所牵涉的知识和函数都比较多,在介绍时只能选择最主要的内容,正所谓师傅引进门,修行靠个人。

微软基础类库(MFC:Microsoft Foundation Class)是微软为 Windows 程序员提供的一个面向对象的 Windows 编程接口,大大简化了 Windows 编程工作。使用 MFC 类库的好处是:首先,MFC 提供了一个标准化的结构,这样开发人员可从一个比较高的起点编程,节省了大量的时间;其次,它提供了大量的代码,指导用户编程时实现某些技术和功能。MFC 库充分利用了 Microsoft 开发人员多年开发 Windows 程序的经验,并可以将这些经验融入到自己开发的应用程序中去。

Windows 提供了丰富的内部函数,称为 API(Application Programming Interface),又叫 Windows 应用程序编程接口,图形设备接口 GDI(Graphics Device Interface,用于处理图形函数调用和驱动绘图设备的动态链接库)是其基本组成部分之一。作为一种图形操作系统,Windows 把所有的东西都作为图形在屏幕上进行显示,甚至把文本也作为图形进行显示。因此,用户就明白为什么 Windows 拥有大量的图形处理函数库,即通常所说的 GDI 函数库。

## 8.1 图形软件的 MFC 实现方法

考虑到实用性和适用性,本书使用的程序开发工具是微软公司的 Visual Studio 6.0,这是 VC++的程序开发环境。所以在实验前应安装好 VC++6.0。

### 8.1.1 建立工程 myvc

对一些读者来说,建立工程 myvc 是在 Visual C++中做的第一次程序,因此这里要作一下详细说明。该程序可按下面的步骤进行。

首先在机器上启动 VC++的开发环境 Visual Studio。在 Windows 的开始栏→程序项→ Visual Studio 项→Visual C++6.0 中启动 Visual C++6.0 的集成开发工具 Visual Studio,如图 8.1.1 所示。

图 8.1.2 是 Visual C++6.0 的集成开发工具 Visual Studio 的工作界面。它集 VC 程序编辑、编译、连接、调试于一体。在这里整个"实用编程技术篇"的程序都是在这里编制调试。

工程的具体创建步骤如下:

(1) 单击 File\New 菜单。

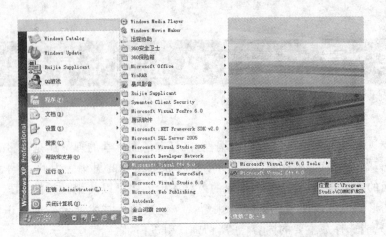

图 8.1.1　启动 VC++6.0 的开发环境 Visual Studio

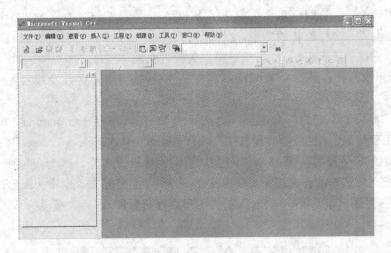

图 8.1.2　Visual C++6.0 的集成开发工具工作界面

（2）从弹出的对话框中选择第二个，即"工程"选项卡，并在左侧列表框中选择 MFC App-Wizard(exe)；在 Project name 编辑框中输入项目名称"myvc"；在 Location 目录中选择要存放项目的文件夹。如图 8.1.3 所示，单击"确定"按钮进入下一步。

（3）在应用程序向导的第一步中，选择"Single document"（单文档），然后单击"Finish"接受所有其余的默认设置，如图 8.1.4 所示。

（4）单击"OK"按钮确认项目设置。此时，已经通过 VC 提供的向导完成了一个应用程序的设计。

（5）编译连接程序：在 Visual Studio 的工具栏 Build 按钮可对源程序进行编译连接，如果没有错误就生成可运行的目标程序".EXE"。Execute Program 按钮可运行程序，如果程序还没编译，它就先给你编译连接，然后运行。

大家可以研究一下这个程序，它具有 windows 应用程序的标准界面。

相关知识：文件扩展名为 cpp，它是 C++类型的文件。

预编译头文件 StdAfx.h 的作用是放置一些标准系统。该系统包含文件和经常使用但不

# 第 8 章 基于 MFC 的图形编程基础

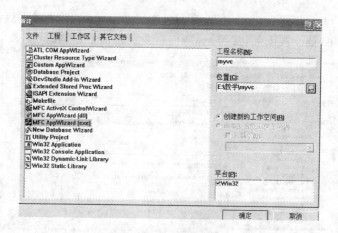

图 8.1.3 新建对话框

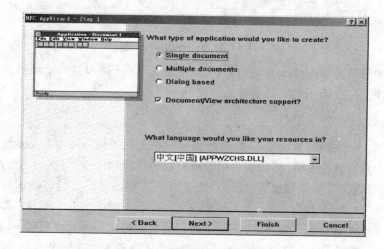

图 8.1.4 选择"Single document"

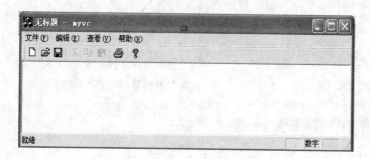

图 8.1.5 myvc 程序运行效果

经常变化的项目特定包含文件的包含文件。

## 8.1.2 OnDraw 成员函数

现在关闭图 8.1.5 的窗口(请注意,再次运行程序前,必须先关闭已执行的程序,否则会出错),观察图 8.16 所示 VC 的 Workspace 窗口,选择 ClassView 标签,观看 Class 窗口中的四个基本类(CMainFrame、CMyvcApp、CMyvcDoc、CMyvcView),找到 CMyvcView 类,这个类的名称以 View 结尾,属于视图类,父类是 CView,负责图形的绘制。

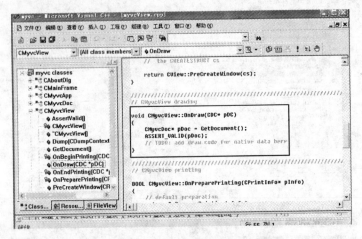

图 8.1.6　VC 的 Workspace 窗口

在视图类中最常使用 OnDraw 函数来绘图,它是 CView 类中的一个虚函数,每当窗口需重绘时应用程序框架会调用它。其函数原型如下:

`virtual void OnDraw(CDC* pDC);`

参数是 CDC 类的指针,Windows 是通过和窗口相关联的设备环境和显示硬件进行通信,有了这个指针便可以调用 CDC 类的成员函数来完成各种绘制工作。例如,当用户改变了窗口尺寸,或者当窗口恢复了先前被遮盖的部分,或者当应用程序改变了窗口数据时,应用程序框架都会自动调用 OnDraw 函数。

如程序中某个函数修改了数据,为了把更改后的数据形象地体现在视图中,则它必须通过调用视图类所继承的 Invalidate(或者 InvalidateRect)成员函数来通知 Windows 重绘窗口。

下面的 OnDraw 函数是由 AppWizard 直接生成的:

```
void CMyvcView::OnDraw(CDC* pDC)
{
    CMyvcDoc* pDoc = GetDocument();       // 获取当前文档指针
    ASSERT_VALID(pDoc);                   // 检查该指针是否为空
    // TODO: add draw code for native data here
    // 以下部分可添加自己的程序代码
}
```

如果想绘图,可以在此函数的"// 以下部分可添加自己的程序代码"部分添加代码。为了正确的添加代码,先研究一下 OnDraw 函数的参数 CDC 类。

## 8.2　CDC 类

Windows 为实现其操作的设备无关性,定义了设备环境 DC(Device Context,又称设备上下文,也称设备描述表)。用户绘制屏幕时需通过设备环境 DC 来间接实现。所以,图形编程就是对 Windows 自带的 GDI 函数库和 DC 进行操作,通过调用这些函数库中的函数,来完成绘制工作。

Visual C++ 的 MFC 封装了许多与设备环境相关的类,通过这些类使得用户可以很容易地对 DC 进行处理。这些类不仅包含 DC 自身,而且还有字体、画笔、画刷等绘图工具。

设备环境 DC 实际上就是一个关于如何绘制图形方法的集合,它不仅可以绘制各种图形,而且还可以确定在应用窗口中绘制图形的方式,即确定绘图模式和映射模式。应该注意的是,Windows 的设备环境是 GDI 的关键元素,它代表了不同的物理设备。可分为四种类型:显示器型、打印机型、内存型和信息型。每种类型的设备环境都有各自的特定用途,详见表 8.2.1。

表 8.2.1 设备环境的类型和用途

| 设备环境 | 用途 |
| --- | --- |
| 显示器型 | 支持视频显示器上的绘图操作 |
| 打印机型 | 支持打印机和绘图仪上的绘图操作 |
| 内存型 | 支持位图上的绘图操作 |
| 信息型 | 支持设备数据的访问 |

MFC4.21 版中包含了一些设备环境类,在 MFC 中,提出这些派生类的目的就是为了在不同的显示设备上进行显示。

## 8.2.1 CDC 类中常用的成员函数

基类 CDC 中一些常见的成员函数如表 8.2.2 所列。

表 8.2.2 基类 CDC 中常见的成员函数列表

| 函数 | 说明 |
| --- | --- |
| Arc() | 绘制椭圆弧 |
| BitBlt() | 把位图从一个 DC 复制到另一个 DC |
| Draw3dRect() | 绘制三维矩形 |
| DrawDragRect() | 绘制用鼠标拖拽的矩形 |
| DrawEdge() | 绘制矩形的边缘 |
| DrawIcan() | 绘制图标 |
| Ellipse() | 绘制椭圆 |
| FillRect() | 用给定画刷的颜色填充矩形 |
| FillRgn() | 用给定画刷的颜色填充区域 |
| GetBkColor() | 获取背景颜色 |
| GetCurrentBitmap() | 获取所选位图的指针 |
| GetCurrentBrush() | 获取所选画刷的指针 |
| GetCurrentFront() | 获取所选字体的指针 |
| GetCurrentPalette() | 获取所选调色板的指针 |
| GetCurrentPen() | 获取所选画笔的指针 |
| GetCurrentPosition() | 获取画笔的当前位置 |
| GetMapMode() | 获取当前设置映射模式 |

续表 8.2.2

| 函　数 | 说　明 |
|---|---|
| GetPixel() | 获取给定像素的 RGB 颜色值 |
| GetTextColor() | 获取文本颜色 |
| GetTextExtent() | 获取文本宽度和长度 |
| GetWindow() | 获取 DC 窗口的指针 |
| LineTo() | 绘制线条 |
| MoveTo() | 设置当前画笔的位置 |
| Pie() | 绘制饼图 |
| Polygon() | 绘制多边形 |
| Polyline() | 绘制一组线条 |
| RealizePalette() | 将逻辑调色板映射到系统调色板 |
| Rectangle() | 绘制矩形 |
| RoundRect() | 绘制圆角矩形 |
| SelectObject() | 选取 GDI 绘图对象 |
| SelectStockObject() | 选取库存(预定义)图形对象 |
| SetBkColor() | 设置背景颜色对象 |
| SetMapMode() | 设置映射模式 |
| SetPixel() | 把像素设置成给定颜色 |
| SetTextColor() | 设置文本颜色 |
| StretchBlt() | 把位图从一个 DC 复制到另一个 DC，并根据需要扩充或压缩位图 |
| TextOut() | 绘制文本串 |

若用户需要创建派生的设备环境类对象，就可以将 CDC 指针传给诸如 OnDraw 之类的函数。对于用屏幕进行显示来说，常用的 CDC 派生类有 CClientDC 和 CWindowDC，而对于用其他的设备进行输出来说(如打印机或内存缓冲区)，则可以直接构造基类 CDC 的一个对象。

## 8.2.2　CDC 类的派生类

CDC 的派生类各有特点，并可以完成不同的功能，表 8.2.3 介绍了各派生类的主要功能。

表 8.2.3　CDC 类的派生类简介

| 派生类名称 | 说　明 |
|---|---|
| CClientDC | 这是一个设备环境，提供对窗口客户区域的图形访问。在窗口中画图时可使用此类 DC，但 WM_PAINT Windows 消息除外 |
| CMetaFileDC | 这个设备环境代表 Windows 图元文件，它包含一系列命令已重新产生图形。想要创建独立于设备的文件时可使用此类 DC，用户可以回放这种文件来创建图像 |
| CPaintDC | 这是创建响应 WM_PAINT Windows 消息的设备环境，通常在 MFC 应用程序的 OnPaint() 函数中使用 |
| CWindowDC | 可以提供在整个窗口(包括客户区和非客户区)中画图的设备环境 |

使用 CDC 派生类时需要说明的是：

**1. CWindowDC 类与 CPaintDC 和 CClientDC 类**

用 CPaintDC 类和 CClientDC 类的对象只能在客户区绘制图形，而非客户区的图形绘制可以用 CWindowDC 类的对象，其中客户区和非客户区的定义参见图 8.2.1。CWindowDC 类也只有在框架窗口类中（CMainFrame）引用时才能绘制非客户区；在视图窗口中引用 CWindowDC 类时，由于视图类只能管理客户区，所以并不能在非客户区进行绘制。另外，在 CWindowDC 类中，坐标系是建立在整个屏幕上的，即以像素为单位，坐标原点在屏幕的左上角。而在 CPaintDC 和 CClientDC 类中，坐标系是建立在客户区上的，以像素为单位，坐标原点在客户区的左上角。

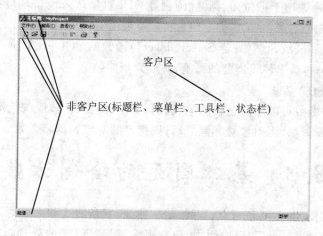

图 8.2.1　客户区和非客户区

**2. CPaintDC 类与 CClientDC 类**

CPaintDC 类与 CClientDC 类都在窗口的客户区内绘制图形，但在调用时，两者有着本质的区别。CPaintDC 类应用在 OnPaint 函数中，以响应 Windows 的 WM_PAINT 消息，而 CClientDC 应用在不响应消息 WM_PAINT 的情况下。

### 8.2.3　CDC 类的调用函数

下面列出了与设备环境有关的常用函数：

**1. GetDC() 函数**

GetDC() 函数用于获取指定窗口的客户区的显示器设备环境，其原型声明如下：

```
CDC*　CWnd::GetDC();
```

该函数不带任何参数。它用于获取一个窗口工作区指针，指向公用的或者私有的基于类的设备环境，该设备环境由 CWnd 类指定其风格。对于公用的设备环境，GetDC() 成员函数为每一次被获取的设备环境指定默认属性。对于私有的设备环境，GetDC() 成员函数保持先前所具有的属性不变。

后面的 GDI 函数可以应用此设备环境在客户区中绘图，除非设备环境属于窗口类。在完成绘图之后，必须调用 ReleaseDC() 成员函数来释放该设备环境。因为在一个给定的时刻，只有 5 个公共的设备环境是可用的，所以不释放设备环境可能妨碍其他的应用程序访问设备环境。

### 2. ReleaseDC()函数

ReleaseDC()用于释放由调用 GetDC 或 GetWindowDC 函数获取的指定设备环境。它对类或私有设备环境无效,以便该设备环境可以被其他应用程序使用。其原型声明如下:

```
int ReleaseDC(CDC * pDC);
```

其中 pDC 为待释放的设备环境的指针。

对于每个由 GetWindowDC()成员函数和 GetDC()成员函数所获取的设备环境,必须调用 ReleaseDC()成员函数来释放。

### 3. SelectObject()函数

SelectObject()函数用于把位图、画笔、画刷等 GDI 对象选入设备环境中。新选入的对象将替代同一类型的先前对象。CDC 类专门为特定类型的 GDI 对象提供了 5 种版本,它们是画笔、画刷、字体、位图和区域。例如:若 SelectObject()函数的 pObject 指向一个 CPen 对象,函数将以 pObject 指向的画笔替代当前的画笔,并成为当前画笔。

### 4. DeleteObject()函数

DeleteObject()函数可以删除逻辑画笔、画刷、字体、位图、区域或调色板对象,并释放所有与该对象相关的系统资源,当对象被删除之后,则指定的对象句柄将无效。

## 8.3 基本图元的绘制方法

图形元素(简称图元)主要包括点、直线、简单曲线、复杂曲线和文字等,这些图形元素是构成复杂图形的基础。在 AutoCAD 应用中,包含很多鼠标"事件"的处理,如单击左键、双击左键,单击右键等,可实现各种图形的绘制功能,其优点在于操作灵活、直观,可以动态生成图形元素,增强系统操作的可视性,更加有利于软件的使用者掌握其使用方法。

### 8.3.1 绘制点、直线、矩形

#### 1. 点的绘制

绘制点的 CDC 类的成员函数为 SetPixel,函数声明如下:

```
COLORREF SetPixel(int x,int y,COLORREF crColor);
```

该函数只能绘制大小为一个像素的点,参数 x 和 y 表示逻辑坐标系下所绘制点的坐标,参数 crColor 表示绘制点的颜色。

前面已经建立好了一个程序框架 myvc,并说明了后面的作图都是在 OnDraw()中进行。

假设上次建立的程序已经关闭,若要重新打开上次的工程文件,加入相应程序显示以上图形,则需打开 VCD 源程序(VC 工程文件),打开 VC 工程文件一般有两种方法:

第一种方法是在资源管理器上找到你的 VC 工程文件的目录,双击".dsw"的工程文件,Windows 将启动与此关联的 Visual Studio 并将".dsw"工程文件调入。

第二种方法是在 Visual Studio 中调入。首先启动 Visual Studio,并在 Visual Studio 的"File"菜单栏选择 Open Workspace 打开工程文件。

调入前面的框架程序 myvc。

在 OnDraw()中的添加代码部分加入下面的代码即可绘制一条红色的由点组成的水平

虚线,如图 8.3.1 所示,图中阴影部分代码表示需要读者手工添加的代码,后面类同。

```
for(int i = 0;i<150;i++)
    pDC->SetPixel(4*i,50,RGB(255,0,0));
```

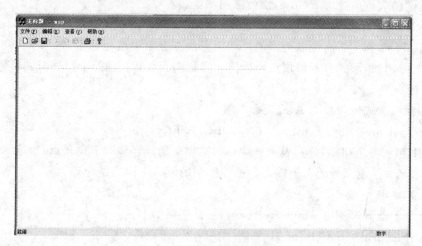

图 8.3.1 点的输出示例

以上的代码中,通过 pDC 这个指向 CDC 类的指针调用了 CDC 类的函数 SetPixel()实现了绘图。

### 2. 直线的绘制

直线的绘制要用到两个有关的 CDC 类的成员函数:

```
CPoint MoveTo(int x,int y);        // 移动当前点到 x 和 y 指定的点,CPoint 是 MFC 预定义的一
                                   // 种类型:点
BOOL LineTo(int x,int y);          // 从当前点向 x 和 y 指定的点画线
```

每次画直线都是以当前位置为起始点,画直线操作结束之后,直线的结束位置又成为当前位置。下面的程序可实现从屏幕的中间自左向右画一条直线。

```
……
// 获得屏幕矩形的客户区
CRect rc;                          // CRect 是 MFC 预定义的一种类型:矩形
GetClientRect(&rc);                //获得屏幕矩形客户区域,并赋给 rc
// 从屏幕的中间自左向右画一条直线
pDC->MoveTo(0,rc.bottom/2);
pDC->LineTo(rc.right,rc.bottom/2);
……
```

以上的代码中,通过 pDC 这个指向 CDC 类的指针调用了 CDC 类的函数 MoveTo()、LineTo()便实现了绘图。

### 3. 矩形的绘制

矩形的绘制主要是调用 CDC 类的成员函数 Rectangle,函数声明如下:

```
BOOL Rectangle(int x1,int y1,int x2,int y2);
```

参数 x1 和 y1,x2 和 y2 分别代表所要绘制的矩形的左上角顶点坐标值和右下角顶点坐标值。

## 8.3.2 绘制简单曲线

**1. 椭圆的绘制**

绘制椭圆的成员函数为 Ellipse,函数声明如下:

BOOL Ellipse(int x1,int y1,int x2,int y2);

参数 x1 和 y1 指定了所绘制椭圆的外切矩形的左上角顶点坐标值,参数 x2 和 y2 指定了所绘制椭圆的外切矩形的右下角顶点坐标值。圆是椭圆在其长轴等于短轴时的特例。

**2. 圆弧的绘制**

绘制圆弧线的成员函数为 Arc,函数声明如下:

BOOL Arc(int x1,int y1,int x2,int y2,int x3,int y3,int x4,int y4);

参数 x1 和 y1,x2 和 y2 分别表示外切矩形的左上角顶点和右下角顶点;参数 x3 和 y3,x4 和 y4 分别表示所绘制弧线的首末端点。弧线绘制的默认方向为逆时针。

**3. 圆角矩形的绘制**

圆角矩形的绘制可使用 RoundRect()函数,其声明如下:

BOOL RoundRect(int x1,int y1,int x2,int y2,int x3,int y3);

参数 x1 和 y1 指定了矩形左上角点坐标,x2 和 y2 指定了矩形右下角点坐标,x3 表示用来画圆角的椭圆的宽度,y3 表示该椭圆的高度。

**4. 扇形的绘制**

绘制扇形可使用 Pie()函数,其声明如下:

BOOL Pie(int x1,int y1,int x2,int y2,int x3,int y3,int x4,int y4);

其参数含义与 Arc()函数是一样的。

**5. 多边形的绘制**

绘制多边形可以使用函数 Polygon(),其声明如下:

BOOL Polygon(LPPOINT lpPoints,int nCount);

参数 lpPoints 指向一个存放多边形顶点的矩阵。参数 nCount 记录多边形顶点个数。下面的代码使用 Polygon()函数,以给定的控制顶点绘制多边形,并使用现成的 CDC 类的成员函数,绘制三次 Bezier 曲线:

```
……
CRect rc ;
GetClientRect(&rc) ;
pDC->SetViewportOrg(rc.right/2,rc.bottom/2) ;    // 以屏幕中心为坐标原点
CPoint pt[7] ;
pt[0].x = -150  ; pt[0].y = 0    ;
pt[1].x = -100  ; pt[1].y = -75 ;
pt[2].x = -50   ; pt[2].y = -75 ;
pt[3].x = 0     ; pt[3].y = 0    ;
pt[4].x = 50    ; pt[4].y = 75  ;
pt[5].x = 100   ; pt[5].y = 75  ;
pt[6].x = 150   ; pt[6].y = 0    ;
pDC->Polygon(pt,7);                              // 绘制控制多边形
```

```
pDC->PolyBezier(pt,7);        // 使用现成的 CDC 类的成员函数,绘制三次
                              // Bezier 曲线;
……
```

将以上代码添加到 OnDraw()函数中,编译并运行工程,结果如图 8.3.2 所示。

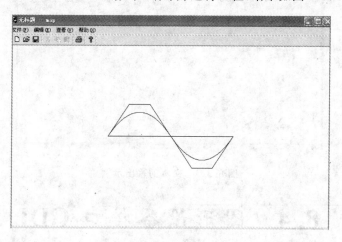

图 8.3.2 使用 Polygon( )函数绘制多边形、三次 Bezier

### 8.3.3 文本的绘制

人们经常遇到文本的输出,CDC 类所提供的成员函数可实现文本的样式、颜色等的设置。下面介绍几个常用的文本输出函数。

**1. Textout**

BOOL TextOut(int x,int y,const CString& str);

该函数输出默认样式的文本,即使用当前被选中的绘图对象(如画笔或画刷等),在指定的屏幕位置输出 CString 类的一个字符串。

**2. DrawText**

int DrawText(const CString& str,LPRECT lpRect,UINT nFormat);

调用该成员函数可以在指定的矩形区域内输出一定格式的文本。该文本既可以通过扩展的制表符将文本格式化成具有适当空隙的文本,还可以使文本按给定矩形的左、右或中心对齐;另外还可以将文本打断成行以便适合于给定的矩形。

**3. SetTextColor**

virtual COLORREF SetTextColor(COLORREF crColor);

该函数设置输出文本的颜色,参数 crColor 就是文本的颜色。

下面是一个应用示例,运行结果如图 8.3.3 所示。

```
……
pDC->SetTextColor(RGB(255, 0 ,0));        // 文本为红色
pDC->TextOut(50,200,"There are 15 girls in our class.");
……
```

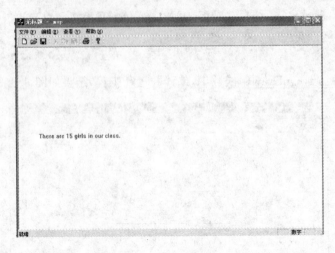

图 8.3.3 文本的输出示例

## 8.4 图形设备接口 GDI

前面的示例使用了系统默认的画笔、字体等 GDI 对象,实际上也可以改变这些对象的属性,使图形更生动。

GDI 表示的是一个抽象的接口,相当于一个关于图形显示的函数库。GDI 是一个可执行程序,它接受 Windows 应用程序的绘图请求(表现为 GDI 函数调用),并将它们传给相应的设备驱动程序,完成特定硬件的输出,如打印机打印和屏幕显示。GDI 负责 Windows 的所有图形输出。Windows 图形编程主要是调用 GDI 中的相关函数并通过获取 DC 的"状态",以确定图形的颜色、尺寸等属性。

需要说明的是,设备环境(DC)和图形设备接口(GDI)是实现计算机绘图的两个重要的组成部分,DC 主要负责设置绘图的状态和方式,而 GDI 则主要负责设置所用的绘图工具。

### 8.4.1 GDI 对象

GDI 对象基类 CGdiObject 及其派生类之间的关系如图 8.4.1 所示。

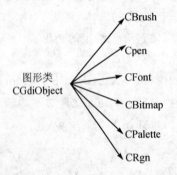

图 8.4.1 基类 CGdiObject 及其派生类

使用 GDI 对象要注意两点:

(1) 同其他 MFC 对象一样，GDI 对象的创建也要分为两步：第一步是定义一个 GDI 绘图对象类的实例；第二步是调用该对象的创建方法以真正创建对象。

(2) 使用该对象时，首先要调用 CDC∷SelectObject()，将它选入到设备上下文之中，同时保存原来的设置到一个 GDI 对象指针如 pOldObject 中。在使用完后，再用 SelectObject(pOldObject) 恢复原来的设置。

具体应用可参见下面的 OnDraw 函数（其中阴影部分代码表示需要读者手工添加的代码，后面类同）。

```
void    CMyvcView::OnDraw(CDC *   pDC)
{
……
Cpen   NewPen(PS_SOLID,1,RGB(0,0,0));        // 构造画笔类对象
// 选择新设备环境的同时，保存旧的绘图对象到设备环境
Cpen *  pOldPen = pDC->SelectObject(&NewPen);
……
pDC->SelectObject(pOldPen);                  // 恢复旧的绘图对象
……
}
```

## 8.4.2 库存 GDI 对象

在 Windows 中包含了一些库存的 GDI 对象，这些库存对象是通过一些预定义的宏来表示的。它们是 Windows 系统的一部分，由 Windows 系统维护，用于绘制屏幕的常用对象，包括库存画笔、刷子、字体等，因此用户在使用以后无需删除它们。MFC 库函数 SlectStockObject() 可以把一个库存对象选进设备环境中，并返回原先被选中的对象的指针，同时使该对象被分离出来。该函数的声明及其参数设置如下：

virtual CGdiObject* SelectStockObject(int nIndex);

如果函数调用成功，则返回一个被代替的 CGdiObject 对象的指针，而实际指向的是 CPen、CBrush、CFont 等类的实例。如果调用不成功，则返回值为 NULL。参数 nIndex 用来指定想要得到的库存对象的种类，其参数值如表 8.4.1 所列。

表 8.4.1  nIndex 参数的值

| 参数值 | 说明 |
|---|---|
| BLACK_BURUSH | 黑色画刷 |
| DKGRAY_BRUSH | 深灰色画刷 |
| GRAY_BRUSH | 灰色画刷 |
| HOLLOW_BRUSH | 中空画刷 |
| LTGRAY_BRUSH | 浅灰色画刷 |
| NULL_BRUSH | 空画刷 |
| WHITE_BRUSH | 白色画刷 |
| BLACK_PEN | 黑色画笔 |
| NULL_PEN | 空画笔 |

续表 8.4.1

| 参数值 | 说明 |
| --- | --- |
| WHITE_PEN | 白色画笔 |
| ANSI_FIXED_FONT | ANSI 标准定义的固定尺寸的系统字体 |
| ANSI_VAR_FONT | ANSI 标准定义的可变尺寸的系统字体 |
| DEVICE_DEFAULT_FONT | 设备相关的字体 |
| OEM_FIXED_FONT | 与 OEM 相关的固定尺寸的字体 |
| SYSTEM_FIXED_FONT | Win 3.0 版以前使用的固定宽度的系统字体,只与其早期版本兼容 |
| DEFAULT_PALETTE | 默认的颜色调色板,包含了在系统调色板中的 20 个静态颜色 |

## 8.4.3 CPen 类的使用

画笔是一种用来画线及绘制有形边框的工具,用户可以指定它的颜色及宽度,并且可以指定它画实线、点线或虚线。运用默认画笔画的是一个像素宽的黑色实线,它包含在"afxwin.h"头文件中。

**1. CPen 类构造函数**

该类共重载了 3 个构造函数:

CPen();

CPen(int nPenStyle,int nWidth,COLORREF crColor);

throw(CResourceException);

CPen(int nPenStyle,int mWidth,const LOGVRUSH * pLogBrush,int nStyleCount = 0,const DWORD * lpStyle = NULL); throw(CResourceException);

第一个构造函数不带任何参数,由于它所构造的只是一个未初始化的 CPen 对象,因此它总是可以被成功调用的。

第二个构造函数带有 3 个参数,分别对画笔的线型、线宽和颜色进行了初始化。

参数 nPenStyle 指定画笔的风格(样式),也就是画笔的线型,该参数值如表 8.4.2 中所列。

表 8.4.2 参数 nPenStyle 的值

| 参数值 | 注释 |
| --- | --- |
| PS_SOLID | 创建一个实线画笔 |
| PS_DASH | 创建一个虚线画笔,该值只有当画笔宽度小于 1 个设备单位或更小时才有效 |
| PS_DOT | 创建一个点线画笔,该值只有当画笔宽度小于 1 个设备单位或更小时才有效 |
| PS_DASHDOT | 创建一个双点线画笔,该值只有当画笔宽度小于 1 个设备单位或更小时才有效 |
| PS_DASHDOTDOT | 创建一个空线画笔 |
| PS_INSIDEFRAME | 创建一个内框线画笔,该画笔可以在 WindowsGDI 输出函数定义的矩形边界所生成的封闭形状的边框内绘制直线 |

参数 nWidth 指定画笔的宽度。如果该值为 0,那么无论是什么映射模式,设备单位的宽度总是 1 个像素。

参数 crColor 包含了一个画笔所具有的 RGB 颜色。

第三个构造函数带有 5 个参数。参数 nPenStyle 功能同上,除了具有上一个构造函数中所介绍的参数值外,还新增了一些参数值,这里不作详细介绍,有兴趣的读者可以查阅有关资料。

### 2. CPen 类初始化成员函数

调用 CreatePen()成员函数:CreatePen()成员函数通过指定线型、线宽和颜色等画笔属性参数直接创建一个具有特定线型、线宽和颜色的画笔对象,其原型声明如下:

BOOL CreatePen(int nPenStyle,int nWidth,COLORREF crColor);

BOOL CreatePen(int nPenStyle, int nWidth, const LOGBRUSH * pLogBrush, int nStyleCount=0,const DWORD * lpStyle=NULL);

所有参数的含义与上面介绍的一样。

### 3. CPen 对象应用举例

//方法一:使用第二种构造函数来直接创建一支黑色画笔。

```
for(int i = 0 ;i<7 ;i++)//使用7种风格的画笔
{
    CPen NewPen(PS_SOLID+i,1,RGB(0,0,0));        // 创建新画笔
    CPen * pOldPen = pDC->SelectObject(&NewPen); //保存原对象,使用新画笔对象
    pDC->MoveTo(120,30*i+100);                    // 光标移动到指定起始位置
    pDC->LineTo(500,30*i+100);                    // 使用当前画笔画线
    pDC->SelectObject(pOldPen);                   // 恢复原对象
}
```

程序运行结果如图 8.4.2 所示。

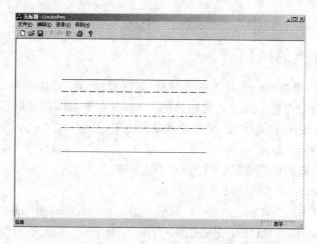

图 8.4.2 使用方法一创建的画笔所绘制的直线

这里使用了 RGB 宏来完成确定图形颜色值。宏 RGB 形式如下:

COLORREF RGB(cRed,cGreen,cBlue);

三个参数的取值在 0~255 之间。可以使用 RGB 组合成各种色彩。

方法二:使用成员函数 CreatePen()创建一支蓝色画笔。

```
for(int j = 0 ;j<7 ;j++)
{
CPen NewPen;
NewPen.CreatePen(PS_SOLID,j*2,RGB(0,0,255));// 设置画笔线粗为 j*2
// 新画笔选进设备环境的同时,保存原画笔
CPen * pOldPen = pDC->SelectObject(&NewPen);
pDC->MoveTo(120,120+30*j);// 光标移动到指定起始位置
pDC->LineTo(500,120+j*30);// 使用当前画笔画线
pDC->SelectObject(pOldPen);// 恢复原画笔
}
```

该段代码实现的功能为绘制一组粗细不同的蓝色直线,运行结果如图 8.4.3 所示。

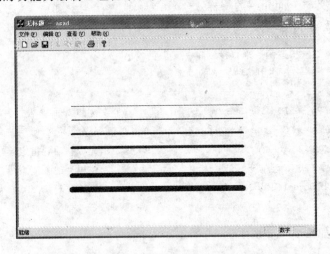

图 8.4.3 使用方法二创建的画笔所绘制的直线

### 8.4.4 CBrush 类的使用

CBrush 类画刷用来填充一个封闭图形对象(如矩形、椭圆)的内部区域。默认的画刷将封闭图形的内部填充成全白色。通过该类构造的 CBrush 对象可以传递给任何一个需要画刷的 CDC 成员函数。该画刷可以是实线、阴影线或某种图案,并包含在"afxwin.h"头文件中。

**1. CBrush 类构造函数**

该类具有 4 个重载的构造函数,下面分别予以介绍:
CBrush();
CBrush(COLORREF crColor); throw(CResourceException);
CBrush(int nIndex,COLORREF crColor);throw(CResourceException);
CBrush(CBitmap * pBitmap); throw(CResourceException);

第一个构造函数构造了一支未被初始化的画刷,如果用户使用了该构造函数,则必须对所得到的 CBrush 对象进行初始化。

参数 crColor 以 RGB 颜色指定画刷的前景色。如果是表示阴影线的画刷,则该参数指定的是阴影线的颜色。

参数 nIndex 指定了画刷的阴影线的风格,详细介绍如表 8.4.3 所列。

表 8.4.3  画刷的阴影线的样式

| 阴影线参数值 | 注　释 |
|---|---|
| HS_BDIAGONAL | 从左到右向下成 45°的对角线 |
| HS_CROSS | 水平线和垂直线相交的十字交叉线 |
| HS_DIAGCROSS | 夹角为 45°的斜十字交叉线 |
| HS_FDIAGONAL | 从左到右向上成 45°的对角线 |
| HS_HORIZONTAL | 水平阴影线 |
| HS_VERTICAL | 垂直阴影线 |

参数 pBitmap 指向一个 CBitmap 对象,该对象指定了一幅画刷用来绘图的位图。

**2. CBrush 初始化成员函数**

(1) 调用 CBrush::CreateSolidBrush()成员函数来初始化实画刷,以便使用纯色来填充区域内部。

(2) 调用 CBrush::CreateHatchBrush()成员因数来初始化阴影画刷,参数与构造函数中的参数完全相同。

(3) 调用 CBrush::CreatePatternBrush()成员函数来初始化一个图形画刷,当使用该画刷填充图形时,图形内部将用位图一个接一个的填充。

(4) 调用 CBrush::CreateBrushIndirect()成员函数来创建画刷对象,画刷的属性并不是直接通过函数参数的形式给出的,而是通过 LOGBRUSH 结构的成员变量间接的给出的。

**3. CBrush 对象应用举例**

下面的 OnDraw()函数中的代码介绍了如何使用上面讲述的 CBrush 类的构造函数及其成员函数来创建 CBrush 对象绘制矩形区域。

方法一:使用成员函数 CreateBrushIndirect 来创建一个黑色的画刷,并绘制一个具有垂直阴影线的圆形区域。

```
……
LOGBRUSH lb;
lb.lbStyle = BS_HATCHED;//风格为垂直阴影线
lb.lbColor = RGB(0,0,0);
lb.lbHatch = HS_VERTICAL;
CBrush NewBrush1;
NewBrush1.CreateBrushIndirect(&lb);
CBrush * pOldBrush1 = pDC->SelectObject(&NewBrush1);
pDC->Ellipse(50,150,200,300);
pDC->SelectObject(pOldBrush1);
……
```

方法二:使用第二种构造函数来创建一支黑色画刷(系统默认的画刷),并绘制一个不带任何阴影线的矩形区域。

……
CBrush NewBrush2(RGB(0,0,0));
CBrush* pOldBrush2 = pDC->SelectObject(&NewBrush2);
pDC->Rectangle(270,150,370,300);
pDC->SelectObject(pOldBrush2);
……

方法三：使用第三种构造函数来创建一支黑色，样式为 CROSS 的画刷，并绘制一个具有阴影线的椭圆区域。

……
CBrush NewBrush3(HS_CROSS,RGB(0,0,0));
CBrush* pOldBrush3 = pDC->SelectObject(&NewBrush3);
pDC->Ellipse(450,120,600,320);
pDC->SelectObject(pOldBrush3);
……

程序运行结果如图 8.4.4 所示。

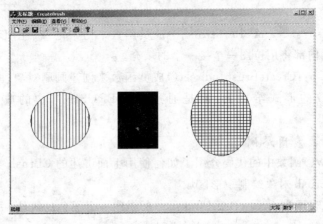

图 8.4.4　CBrush 类应用实例程序运行结果

## 8.4.5　CFont 类的使用

字体 CFont 类是一种具有某种风格和尺寸的所有字符的完整集合，它常常被当作资源存于磁盘中，其中有一些还依赖于某种设备。字体 CFont 类包含在"afxwin.h"头文件中。

**1. CFont 类构造函数及初始化成员函数**

该类只有一个构造函数 CFont()，该函数构造一个 CFont 对象，该对象在使用之前必须使用成员函数 CreateFont、CreateFontIndirect、CreatePointFont 或 CreatePointFontIndirect 进行初始化，以便确定字体对象的参数。

调用 CreateFont 函数来选择一种字体时，需要很多参数，其原型声明如下：

BOOL CreateFont(int nHeight、int nWidth、int nEscapement、int nOrientation、int nWeight、BYTE bItalic、BYTE bUnderLine、BYTE cStrikeOut、BYTE nCharSet、BYTE nOutPrecision、BYTE nClipPrecision、BYTE nQuality、BYTE nPitchAndFamily LPCTSTR lpszFacename);

下面对其参数分别予以介绍:

参数 nHeight 定义单位度量的字体高度。

参数 nWidth 指定字体中字符平均宽度(用逻辑单位)。

参数 nEscapement 指定偏离垂线与 $x$ 轴在显示面上的夹角(用 0.1°为单位)。

参数 nOrientation 指定字符基线和 $x$ 轴之间的夹角(用 0.1°为单位)。

参数 nWeight 指定字体磅数(用每 1 000 点中墨点像素数计)。一般其常用值和常数如下表 8.4.4 所列。

表 8.4.4 字体的浓度值——粗细程度

| 常　量 | 值 | 常　量 | 值 |
| --- | --- | --- | --- |
| FW_DONTCARE | 0 | FW_SEMIBOLD | 600 |
| FW_THIN | 100 | FW_DEMIBOLD | 600 |
| FW_EXTRALIGHT | 200 | FW_BOLD | 700 |
| FW_ULTRALIGHT | 200 | FW_EXTRABOLD | 800 |
| FW_LIGHT | 300 | FW_ULTRABOLD | 800 |
| FW_NORMAL | 400 | FW_BLACK | 900 |
| FW_REGUNAL | 400 | FW_HEAVY | 900 |
| FW_MEDIUM | 500 | | |

参数 bItalic 确定字体是否为斜体。参数 bUnderline 确定字体是否加下画线。参数 cStrikeOut 确定字体是否被穿透(字符中央有一条横线)。参数 cCharSet 指出了字体的字符集。表 8.4.5 列出了预定义的字符集常量的值。

表 8.4.5 预定义的字符集常量

| 常　量 | 值 |
| --- | --- |
| ANSI_CHARSET | 0 |
| DEFAULT_CHARSET | 1 |
| SYMBOL_CHARSET | 2 |
| SHIFTJIS_CHARSET | 128 |
| OEM_CHARSET | 255 |

参数 nOutputPrecision:指定所需的输出精度,该精度确定了输出与所要求的字体高度、宽度、控制、字符方位及间距的匹配和接近程度。

参数 nClipPrecision:指定所需的剪贴精度,当对图像的一个区域进行剪贴时,字体可能正好在剪贴线上。

参数 nQuality:指出输出字体的质量。

参数 nPitchAndFamily:确定字体的间距和所属的族。

参数 lpszFacename:CString 或指向一个以空终止字符串的指针,字符串指定字体字样的名字。

创建 CFont 对象的其他方法还有 CreateFontIndirect 函数等,基本创建方法不会有太大差异,有兴趣的读者可查阅其他相关资料。由于篇幅限制这里就不再一一讨论了。

**2. CFont 类对象应用举例**

下面的 onDraw 函数中的代码,介绍了如何使用上面所介绍的函数来绘制不同样式字体:

使用成员函数 CreateFont 来创建 CFont 对象并绘制文本。

```
CFont NewFont;//创建新字体对象
NewFont.CreateFont(  50,0, 100,0,FW_BOLD, TRUE,FALSE,0,ANSI_CHARSET,
                     OUT_DEFAULT_PRECIS,      // 定义新字体属性
                     CLIP_DEFAULT_PRECIS,DEFAULT_QUALITY,
                     DEFAULT_PITCH|FF_SWISS,"Arial");
// 保存原对象,将新字体对象选进设备环境
CFont *  pOldFont = pDC->SelectObject(&NewFont);
pDC->TextOut(  0,  200,  "快快乐乐每一天!");      // 对应输出要求文本
pDC->SelectObject(pOldFont);// 恢复原对象
```

程序运行结果显示的字体如图 8.4.5 所示。

图 8.4.5　使用成员函数 CreateFont 创建 CFont 对象

# 8.5　Windows 映射模式与窗口视区变换

Windows 映射模式是在 Windows 方式下的屏幕的坐标方式。一个实际的物理屏幕是由像素组成的,像素与实际尺寸的某种比例关系称为坐标映射方式。

## 8.5.1　Windows 中定义的映射模式

Windows 提供了 8 种映射模式,已在表 8.5.1 中详细地给以介绍。

表 8.5.1　Windows 的 8 种映射模式

| 映射模式 | 映射识别码 | 逻辑单位 | $x$ 轴正向 | $y$ 轴正向 |
| --- | --- | --- | --- | --- |
| MM_TEXT | 1 | pixels | 右 | 下 |
| MM_LOMETRIC | 2 | 0.1 mm | 右 | 上 |
| MM_HIMETRIC | 3 | 0.01 mm | 右 | 上 |
| MM_LOENGLISH | 4 | 0.01 in | 右 | 上 |

续表 8.5.1

| 映射模式 | 映射识别码 | 逻辑单位 | x 轴正向 | y 轴正向 |
|---|---|---|---|---|
| MM_HIENGLISH | 5 | 0.001 in | 右 | 上 |
| MM_TWIPS | 6 | 1/1440 in | 右 | 上 |
| MM_ISOTROPIC | 7 | 可变(X 等于 Y) | 可变的 | 可变的 |
| MM_ANISOTROPIC | 8 | 可变(X 不等于 Y) | 可变的 | 可变的 |

MM_TEXT 映射模式允许应用程序利用设备像素工作,因此用它来表示设备坐标系是再合适不过了。这是 Windows 默认的映射模式,它以像素为单位。坐标原点约定在屏幕(窗口)左上角,而 X 和 Y 方向向右向下方增长。

MM_LOMETRIC、MM_HIMETRIC、MM_LONGLISH、MM_HIENGLISH、MM_TWIPS 被称为"固定比例"映射模式。它们默认的坐标原点都是在左上角。所有固定比例的映射模式的 X 值向右是递增的,Y 值向下是递减的(即笛卡儿坐标系)。其区别在于每一个逻辑单位对应的物理大小不一样。值得注意的是,映射模式 MM_TWIPS 常常用于打印机,一个"twip"单位相当于 1/20 磅(磅是一种度量单位,在 Windows 中 1 磅等于 1/72 英寸)。

对于可变比例的映射模式,用户可以自己定义一个逻辑单位代表的大小,其大小可以任意,也可以让这个大小随环境改变而改变。MM_ISOTROPIC,MM_ANISOTROPIC 属于这种映射模式。其逻辑单位的大小等于视口范围和窗口范围的比值。两者的不同在于前者要求 X 轴和 Y 轴的度量单位必须相同,而后者没有这样的限制。在 MM_ISOTROPIC 模式下,X 方向与 Y 方向上的比例因子总是相等的(即纵横比为 1∶1);而在 MM_ANISOTROPIC 模式下,X 方向与 Y 方向上的比例因子可以不相等(即纵横比任意),通过这一特点,可以很容易地将圆拉伸成椭圆。

特别提示:对实用来说,MM_ISOTROPIC 模式最有用处,因为它可指定任意比例因子,且纵横比为 1∶1,但是需要指定窗口和视口的值;实际上它实现了在第 3 章所学的窗口视区变换,只不过它指定窗口和视口的方式与第 3 章所学不一样。

## 8.5.2　Windows 映射模式设置

映射模式的设置比较容易,只需在 VC++中调用 CDC 类中的成员函数 SetMapMode 即可完成。该函数的声明如下:

virtual int SetMapMode(int nMode);

其中 nMode 就是上面所介绍的 8 种映射模式。返回值是先前的映射模式。

下面通过一个实例来说明如何设置映射模式以及各映射模式之间的相互差别。

(1) 使用 VC++创建一个 MFC AppWizard(exe)工程,并命名为 MapMode(此工程名用户可以任意指定)。在向导的第一步中选择单文档,其余各步骤为默认即可。

(2) 打开 ResouceView 标签,选择 Menu 项,双击名为 IDR_MAINFRAME 菜单资源。如图 8.5.3 添加"映射模式"菜单项。通过属性窗口(见图 8.5.1)(双击一个菜单项即可打开属性窗口)编辑该菜单资源,再添加如表 8.5.2 所列的命令 ID(实际上 ID 可以随意给定)。

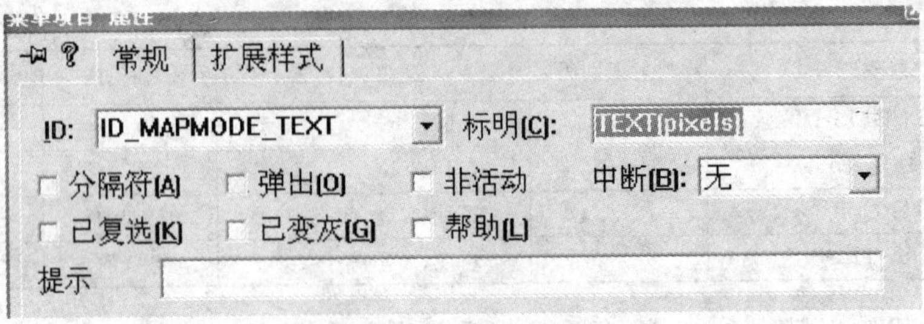

图 8.5.1 属性窗口

表 8.5.2 菜单命令及其命令响应函数

| 命令 ID | 标 题 | 命令消息函数 |
|---|---|---|
| ID_MAPMODE_TEXT | TEXT(pixels) | Om_nMapModeText() |
| ID_MAPMODE_LOMETRIC | LOMETRIC(0.1 mm) | Om_nMapModeLometric() |
| ID_MAPMODE_HIMETRIC | HIMETRIC(0.01 mm) | Om_nMapModeHimetric() |
| ID_MAPMODE_LNGLISH | LONGLISH(0.01 in) | Om_nMapModeLonglish() |
| ID_MAPMODE_HIENGLISH | HIENGLISH(0.001 in) | Om_nMapModeHienglish() |
| ID_MAPMODE_ISOTROPIC | ISOTROPIC(纵横比为1) | Om_nMapModeIsotropic() |
| ID_MAPMODE_ANIISOTROPIC | ANIISOTROPIC(纵横比可变) | Om_nMapModeAnisotropic() |

（3）然后使用 ClassWizard，选择 Message Maps 选项卡，并保证类名为 CMapModeView（即视类名），如给刚刚添加的命令 ID 响应 COMMAND 消息，此时相应的命令消息函数就已添加。添加 ID 响应 COMMAND 消息是，先选择如图 8.5.2 所示的 ID 号，然后选择 Messages 里的 COMMAND 消息，最后单击 Add Function 按钮。

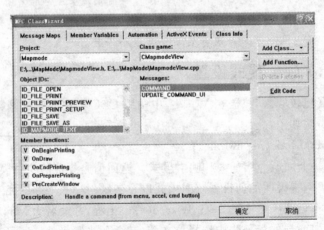

图 8.5.2 命令 ID 响应 COMMAND 消息

对菜单的第一项，命令消息响应函数如下：

void CMapmodeView::OnMapmodeText()
{

```
// TODO: Add your command handler code here
}
```

这样当程序运行时,若选择菜单,就会执行相应的函数。比如选择了第一个菜单项 TEXT (pixels),程序就会执行 CMapmodeView::OnMapmodeText()函数。

(4) 最后,实现命令消息函数,以指定当前的映射模式。比如对第二个菜单项 LOMETRIC(0.1mm),其形式如下:

```
void CMapModeView::Om_nModeLometric()
{
    m_nMode = MM_LOMETRIC;
    Invalidate();
}
```

该消息响应函数先将成员变量 m_nMode 赋值为 MM_LOENGLISH,然后再调用 Invalidate 函数对视图进行重绘。

特别提示:一共有 7 个菜单项,所以上述过程进行 7 次,但为调试方便起见,可以一个一个的试。m_nMode 是一个整型变量,用来记录当前的映射模式,是 CMapModeView 类的成员变量。

为了使程序界面更加友好,每个菜单命令可以对应一个命令更新函数。其添加过程同上面一样,运行效果如图 8.5.3 所示,即在你所选择的菜单项上打一个对勾即可。每个菜单命令对应一个命令更新函数,形式如下:

```
void CMapModeView::OnUpdateModeLometric(CCmdUI * pCmdUI)
{
    // TODO: Add your command update UI handler code here
    int Flag = 0 ;
    if(m_nMapMode == MM_LOMETRIC)
    Flag = 1 ;
    pCmdUI->SetCheck(Flag);
}
```

其中 SetCheck 函数的功能是给选定的菜单命令加上复选框,这样可以使用户清楚当前的命令状态是什么了。该函数原型如下:

```
virtual void SetCheck(int nCheck = 1);
```

参数 SetCheck 指定菜单状态,即"0"表示不加选择标记,"1"表示加选择标记,"2"则表示未确定状态。

接下来,通过下面的 OnDraw 函数添加如下代码,以便完成在不同的映射模式下绘制一个圆形。请注意该圆形在不同的映射模式下的大小和坐标轴方向的变化。

```
void CMapModeView::OnDraw(CDC * pDC)
{
CMapModeDoc * pDoc = GetDocument();
ASSERT_VALID(pDoc);
```

```
// 获得屏幕窗口的矩形区域,并赋给 rc
CRect rc ;
GetClientRect(&rc) ;
pDC->SelectStockObject(NULL_BRUSH) ;         // 选取库存的 GDI 对象
pDC->SetMapMode(m_nMode) ;                   // 设置映射模式,因为通过不同的菜单
                                             // 项选择不同的变量值,因此就设置了
                                             // 不同的映射模式
pDC->SetWindowOrg(0,0) ;                     // 设置窗口中心为原点
pDC->SetViewportOrg(CPoint(rc.right/2,rc.bottom/2)) ;// 设置视口的原点绘制 XY 坐标轴
pDC->MoveTo(0,0) ;
pDC->LineTo(rc.right/2,0) ;                  // 由原点开始绘制 X 轴
pDC->TextOut(rc.right/2-10,10,"X") ;         // 画出"X"
pDC->MoveTo(0,0) ;
pDC->LineTo(0,rc.bottom/2-0) ;               // 由原点开始绘制 Y 轴
pDC->TextOut(10,rc.bottom/2-10,"Y") ;        // 画出"Y"
// 根据不同的映射模式,进行不同的显示
if(m_nMode ! = MM_ISOTROPIC && m_nMode ! = MM_ANISOTROPIC)
    //"固定比例"映射模式下的图形显示
        pDC->Rectangle(0,0,100,100) ;
else
{
    //"可变比例"映射模式下的图形显示
    pDC->SetWindowExt(400,400) ;             // 设置窗口的大小
    pDC->SetViewportExt( rc.right, rc.bottom) ; // 设置视口的大小
    pDC->Ellipse(CRect( -100, -100,100,100)) ;
}
}
```

最后,编译并运行该应用程序。运行结果如图 8.5.3 和图 8.5.4 所示。

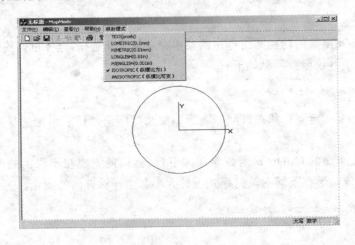

图 8.5.3　映射模式为 MM_ ISOTROPIC

第 8 章 基于 MFC 的图形编程基础    219

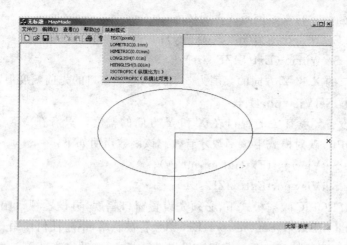

图 8.5.4 映射模式为 MM_ANISOTROPIC

特别提示:对我们来说,这可能是第一次编制菜单应用程序,所以应进行一个总结。因为 VC 是面向对象的开发工具,且提供了很多可以使用的对象,因此,使用 ResouceView 标签,添加一些 Menu 项对象;然后通过这些 Menu 项的属性框设定这些 Menu 的属性:标题栏、ID 号(以便于其他对象识别)等;然后通过 ClassWizard 窗口的 Message Maps 选项卡,给这些 Menu 项(通过 ID 号选择)添加 COMMAND 消息响应(也就是说,当你选择这个菜单项时发出的消息),注意这里保证类名为 CMapModeView 是让 CMapModeView 来响应这个消息;具体如何响应消息,最后要在自动生成的消息响应函数里添加代码。

### 8.5.3 窗口和视口

前面已经说过,MM_ISOTROPIC 映射模式最有用,因为它可指定任意比例因子,且纵横比为 1:1,实际上它实现了在第 3 章所学的窗口视区变换,只不过它指定窗口和视口的方式不一样。它通过指定窗口高和视口高以及窗口宽和视口宽之间的对应关系,确定窗口和视口之间幅度关系,通过指定窗口原点和视口原点之间的对应关系,来确定窗口和视口位置关系。

在 CDC 类中,与窗口和视口有关的成员函数介绍如下:

**1. 成员函数 SetWindowOrg**

用来设置一个窗口原点(中心点)。该函数的声明如下:
Cpoint SetWindowOrg(int x,int y);
Cpoint SetWindowOrg(POINT point);
参数 x 和 y 分别表示了新的窗口原点的值,参数 point 具有同样的功能。函数返回前一个窗口原点。

**2. 成员函数 SetViewportOrg**

用来设置一个与环境有关的视口原点(中心点)。该函数的声明如下:
virtual Cpoint SetViewportOrg(int x,int y);
virtual Cpoint SetViewportOrg(POINT point);
参数表示新的视口原点的值。函数返回前一个视口原点。

**3. 成员函数 SetWindowExt**

用来设置窗口在 X 和 Y 方向的幅度。只有在 MM_ANISOTROPIC 和 MM_ISOTROP-

IC 映射模式下该函数才有效。该函数声明如下：
    virtual CSize SetWindowExt(int cx,int cy);
    virtual CSize SetWindowExt(SIZE size);
    函数设置窗口的 X 和 Y 方向的幅度为 cx 和 cy，返回窗口的先前幅度值。

### 4. 成员函数 SetViewportExt

用来设置与设备环境有关的视口在 X 和 Y 方向的幅度。只有在 MM_ANISOTROPIC 和 MM_ISOTROPIC 映射模式下该函数才有效。该函数声明如下：
    virtual CSize SetViewportExt(int cx,int cy);
    virtual CSize SetViewportExt(SIZE size);
    在 MM_ISOTROPIC 映射模式下，必须先设置窗口幅度，再设置视口幅度。而在其他映射模式下，SetWindowExt 和 SetViewportExt 函数将被忽略，不起任何作用。
    特别提示：千万不要把窗口原点和视口原点混淆起来，这里的窗口原点和视口原点指的是同一个点分别在窗口（世界坐标系）和视口（屏幕坐标系）中的坐标值，它决定了图形从窗口转换到视口的相对位置。

## 习 题

1. 用 MFC 开发的单文档应用程序有哪些基本的类，它们之间的关系如何？
2. 完成 8.3 节的应用实例，并绘制一个红色五角星。
3. 完成 8.4 节的应用实例，并改变画笔、字体的属性，然后绘图。
4. 完成 8.5 节的应用实例，并改变窗口的大小，观察显示效果，理解窗口视区变换。

# 第9章 基于MFC的交互绘图

在Word以及各种CAD的绘图应用中,包含很多鼠标"事件"的处理,如单击、双击和右击等,可实现各种图形的绘制功能,其优点在于操作灵活、直观,可以动态生成图形元素,增强了系统操作的可视性,更加有利于软件的使用者掌握其使用方法。本章重点介绍利用鼠标如何在视图内进行绘图以及通过对话框绘图。

## 9.1 鼠标绘图

### 9.1.1 如何响应鼠标消息

当用户在视图窗口中单击鼠标左键时,Windows就会自动发送一个WM_LBUTTONDOWN消息给该视图,该视图类中的函数OnLButtonDown就是应用程序对该消息的响应函数。

可以通过如下的方法来实现:应用程序框架能自动捕获单击鼠标左键的事件,并通知给视图类以做出响应。首先建立一个工程111,打开视类向导ClassWizard进行如图9.1.1所示的设置(注意:类名称为C111View,也就是说将来由此类来响应消息),在Messages项目中找到WM_LBUTTONDOWN(是由Windows发出的鼠标左键按下消息)并双击,可产生成员函数OnLButtonDown,此时单击"Edit Code"即可进入视类进行函数体的编辑,函数体如下:

```
void C111View::OnLButtonDown(UINT nFlags,CPoint point)
{
    //TODO: Add your message handler code here
}
```

打开类的头文件"111View.h"可看到其中包含的相应函数原型声明:
afx_msg void OnLButtonDown(UINT nFlags,CPoint point);
afx_msg用来表明该原型声明是相对消息映射函数而言的。
在"111View.cpp"文件中还有一个消息映射宏,该宏用于将OnLButtonDown函数等消息响应函数和应用程序框架联系在一起。即:

```
BEGIN_MESSAGE_MAP(C111View,CView)
//{{AFX_MSG_MAP(C111View)
    ON_WM_LBUTTONDOWN()
//}}AFX_MSG_MAP
END_MESSAGE_MAP()
```

最后,在头文件中还包含有如下语句:

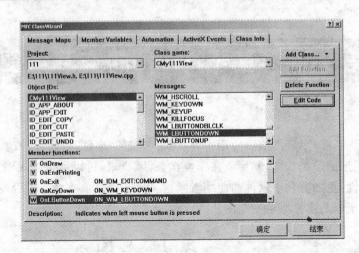

图 9.1.1  用视类向导 ClassWizard 添加鼠标事件即其响应函数 OnLButtonDown

DECLARE_MESSAGEMAP();

特别提示：以上的代码都是由向导生成的，在这里只需要了解它的含意即可。

在以上 OnLButtonDown(UINT nFlags,CPoint point)消息处理函数中，参数 point 指定当前鼠标光标在当前窗口中的位置坐标，参数 nFlags 指定了何种虚拟键被按下。表 9.1.1 中列出了一些较为常用的鼠标消息及其响应函数。参数 nFlags 可以是表 9.1.2 中各值的组合。

表 9.1.1  常用的鼠标消息及其响应函数

| 鼠标操作 | 预定义的鼠标消息处理函数 | 相应的鼠标消息 |
| --- | --- | --- |
| 移动鼠标 | OnMouseMove(UINT nFlags,CPoint point) | WM_MOUSEMOVE |
| 单击鼠标左键 | OnLButtonDown(UINT nFlags,CPoint point) | WM_LBUTTONDOWN |
| 放开鼠标左键 | OnLButtonUp(UINT nFlags,CPoint point) | WM_LBUTTONUP |
| 单击鼠标右键 | OnRButtonDown(UINT nFlags,CPoint point) | WM_RBUTTONDOWN |
| 放开鼠标右键 | OnRButtonUp(UINT nFlags,CPoint point) | WM_RBUTTONUP |
| 双击鼠标左键 | OnLButtonDblClk(UINT nFlags,CPoint point) | WM_LBUTTONDBCLK |
| 双击鼠标右键 | OnRButtonDblClk(UINT nFlags,CPoint point) | WM_RBUTTONDBCLK |

表 9.1.2  常用的虚拟键

| nFlags 参数值 | 说　明 |
| --- | --- |
| MK_CONTROL | 当【Ctrl】键被按下时，nFlags 为该值 |
| MK_LBUTTON | 当单击鼠标左键时，nFlags 为该值 |
| MK_MBUTTON | 当单击鼠标中键时，nFlags 为该值 |
| MK_RBUTTON | 当单击鼠标右键时，nFlags 为该值 |
| MK_SHIFT | 当【Shift】键被按下时，nFlags 为该值 |

通过在这些预定义的鼠标消息处理函数中加入适当的代码，便可以达到捕捉和处理鼠标消息的目的。

假如想在单击时在鼠标当前位置显示字符串"鼠标位置"，并且从坐标原点到鼠标当前位置画线，可以在响应函数 OnLButtonDown(UINT nFlags,CPoint point)中添加如下代码：

## 第9章 基于 MFC 的交互绘图

```
CDC * pDC = GetDC();                              // 获取设备环境
pDC->MoveTo(0,0);                                 // 画笔移到原点
pDC->LineTo(point);                               // 画线到当前位置
pDC->TextOut(point.x,point.y,"鼠标位置");         // 输出字符串
ReleaseDC(pDC);                                   // 释放掉不再使用的 DC;
```

运行效果如图 9.1.2 所示。

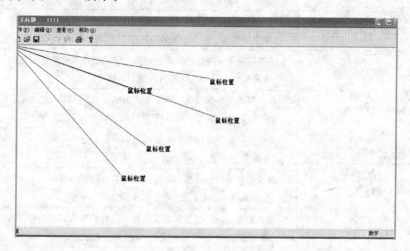

图 9.1.2  鼠标单击 5 个点后

假如在想画线的同时,擦除上一次画的线,可以用背景色在原位置画一次线,或者使用更好的方式:Windows 的绘图模式。

### 9.1.2 绘图模式的设置

绘图模式只应用于光栅设备,而不能应用于矢量设备。绘图模式指定了画笔颜色和被填充物体内部颜色是如何与显示平面的颜色相混合的。设置绘图模式就是使用下面的成员函数 SetROP2,该函数的原型声明如下:

int CDC::SetROP2(int nDrawMode);

该函数返回先前的绘图模式。参数 nDrawMode 指定新的绘图模式,其值如表 9.1.3 所列。

表 9.1.3  绘图模式

| 参数值 | 说明 |
|---|---|
| R2_BLACK | 像素总是黑色的 |
| R2_WHITE | 像素总是白色的 |
| R2_NOP | 像素颜色保持不变 |
| R2_NOT | 像素为屏幕颜色的反色 |
| R2_COPYPEN | 像素为画笔的颜色 |
| R2_NOTCOPYPEN | 像素为画笔颜色的反色 |

续表 9.1.3

| 参数值 | 说明 |
| --- | --- |
| R2_MERGEPENNOT | 像素颜色为画笔的颜色和屏幕颜色反色的组合<br>(像素颜色=(NOT 屏幕颜色)OR 画笔颜色) |
| R2_MASKPENNOT | 像素颜色为画笔的颜色和屏幕颜色的反色中共有颜色的组合<br>(像素颜色=(NOT 屏幕颜色)AND 画笔颜色) |
| R2_MERGENOTPEN | 像素颜色是屏幕颜色和画笔颜色的反色的组合<br>(像素颜色=(NOT 画笔颜色)OR 屏幕颜色) |
| R2_MASKNOTPEN | 像素颜色是屏幕颜色和画笔的颜色的反色中共有颜色的组合<br>(像素颜色=(NOT 画笔颜色)AND 屏幕颜色) |
| R2_MERGEPEN | 像素颜色是屏幕颜色和画笔颜色的组合<br>(像素颜色=(画笔颜色)OR 屏幕颜色) |
| R2_NOTMERGEPEN | 像素颜色是屏幕颜色和画笔颜色的组合颜色的反色<br>(像素颜色=NOT(画笔颜色 OR 屏幕颜色)) |
| R2_MASKPEN | 像素颜色是画笔颜色和屏幕颜色中共有颜色的组合<br>(像素颜色=画笔颜色 AND 屏幕颜色) |
| R2_NOTMASKPEN | 像素颜色是画笔颜色和屏幕颜色中共有的颜色的组合颜色的反色<br>(像素颜色=NOT(画笔颜色 AND 屏幕颜色)) |
| R2_XORPEN | 像素颜色既属于画笔颜色又属于屏幕颜色,但并不是两种颜色的公共部分的组合颜色<br>(像素颜色=画笔颜色 XOR 屏幕颜色)"XOR"代表"异或" |
| R2_NOTXORPEN | 像素颜色既属于画笔颜色又属于屏幕颜色,但并不是两种颜色的公共部分的组合颜色的反色<br>(像素颜色=NOT(画笔颜色 XOR 屏幕颜色)) |

在响应函数 OnLButtonDown(UINT nFlags,CPoint point)中添加入下代码:

```
CDC * pDC = GetDC( );                      // 获取设备环境
int nDrawmode = pDC->SetROP2(R2_NOT);      // 设置绘图模式为 R2_NOT,并将先前的绘图模式
                                           // 加以保存

pDC->MoveTo(0,0);                          // 画笔移到原点
pDC->LineTo(temp_pt);                      // 画线到前一点的位置,因为模式为 R2_NOT,所
                                           // 以将前一条线擦除

pDC->MoveTo(0,0);                          // 画笔移到原点
pDC->LineTo(point);                        // 画线到当前位置
pDC->TextOut(point.x,point.y,"鼠标位置");   // 输出字符串
temp_pt = point;                           // 保存前一点的值
pDC->SetROP2(nDrawmode);                   // 恢复到先前的绘图模式
ReleaseDC(pDC);                            // 释放掉不再使用的 DC;
```

以上代码中,temp_pt 是 CPoint 类型的变量,用于记录前一次的鼠标位置,需要先声明一下。

运行效果如图 9.1.3 所示。

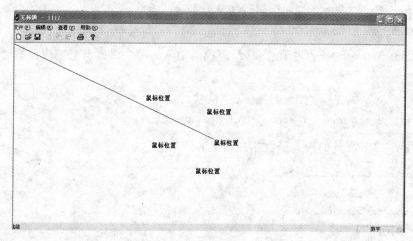

**图 9.1.3  设置 R2_NOT 绘图模式后用鼠标单击 5 个点**

另外,可通过成员函数 GetROP2 来获取当前的绘图模式,该函数的完整定义如下:
　　int CDC::GetROP2() const;
调用该函数可以返回当前设备环境的绘图模式。

## 9.2　用鼠标绘制圆

使用鼠标绘制圆时,主要用到了表 9.2.1 中的 3 个鼠标消息。

**表 9.2.1　常用的鼠标消息**

| 鼠标消息 | 功　　能 |
| --- | --- |
| WM_LBUTTONDOWN | 获取基本图元的特征点 |
| WM_MOUSEMOVE | 实现绘制过程的拖拽显示(也称橡皮线) |
| WM_RBUTTONDOWN | 用来取消当前的绘制任务 |

表中的特征点指的是能够完全定义图元形状的点,如圆的特征点是圆心点和圆周上的任意点。

圆的绘制有很多种方法,这里采用选取圆心和圆周上任意点的方法(简称为 C+P 方法)来实现,即以两次按下鼠标左键来获取圆心点和圆周上的点,以一个成员变量来记录绘制圆形的步骤。直线、矩形的绘制与圆的绘制过程大致相同,它也需要 2 点(左上角顶点和右下角顶点)的输入信息,它们的绘制可参考圆的绘制过程。

下面的程序可实现在视图中的任意个圆的绘制,过程如下:

(1) 向视类的头文件中添加自定义的成员变量:

```
protected:
CPoint   m_bO;              // 标识圆心
CPoint   m_bR;              // 标识圆周上任意一点
int      m_ist;             // 圆心和圆周点的区分标志
```

(2) 在视类头文件中添加如下自定义的成员函数原型:

```
public:
```

```
void    DrawCircle(CDC * pDC, CPoint cenp, CPoint ardp) ;
int     ComputeRadius(CPoint cenp, CPoint ardp) ;
```

(3) 在 ClassWizard 中,通过消息映射,向视类中添加两个鼠标消息响应函数:

```
protected:
afx_msg void OnLButtonDown(UINT nFlags, CPoint point);
afx_msg void OnMouseMove(UINT nFlags, CPoint point);
```

(4) 在视类 CPP 文件的构造函数中初始化各成员变量:

```
CCreateCircleView::CCreateCircleView()
{
// TODO: add construction code here
m_bO.x = 0 ;                    // 圆心
m_bO.y = 0 ;
m_bR.x = 0 ;                    // 圆上某点
m_bR.y = 0 ;
m_ist = 0 ;
}
```

(5) 在 OnDraw 函数中加入下列代码,实现视图的绘制:

```
void CCreateCircleView::OnDraw(CDC * pDC)
{
CCreateCircleDoc * pDoc = GetDocument();
ASSERT_VALID(pDoc);
pDC->SelectStockObject(NULL_BRUSH) ;
DrawCircle(pDC,m_bO,m_bR) ;
}
```

(6) 添加鼠标消息函数代码:

```
void CCreateCircleView::OnLButtonDown(UINT nFlags, CPoint point)
{
CDC * pDC = GetDC() ;
pDC->SelectStockObject(NULL_BRUSH) ;
if(! m_ist)                     //绘制圆
{
    m_bO = m_bR = point ;       // 记录第一次单击鼠标左键位置,标定圆心
    m_ist = 1 ;                 // 等待输入圆上的任意点
}
else
{
    m_bR = point ;              // 记录第二次单击鼠标左键位置,标定圆周上某点
    m_ist = 0 ;                 // 为画新圆作准备
    DrawCircle(pDC,m_bO, m_bR) ; // 绘制新圆
}
ReleaseDC(pDC) ;                // 释放设备环境;
```

```
    CView::OnLButtonDown(nFlags, point);
}
```

以下 OnMouseMove 中的代码实现了橡皮筋式画圆的,也就是画圆前先将原来的圆擦掉。

```
void CCreateCircleView::OnMouseMove(UINT nFlags, CPoint point)
{
    CDC * pDC = GetDC() ;
    int nDrawmode = pDC->SetROP2(R2_NOT) ;
    pDC->SelectStockObject(NULL_BRUSH) ;
    if(m_ist == 1)
    {
        CPoint prePnt, curPnt ;
        prePnt = m_bR ;              // 获得鼠标所在的前一个位置
        curPnt = point ;
        // 绘制橡皮线
        DrawCircle(pDC, m_bO,prePnt) ;
        DrawCircle(pDC, m_bO,curPnt) ;
        m_bR = point ;
    }
    pDC->SetROP2(nDrawmode) ;        // 恢复原绘图模式
    ReleaseDC(pDC) ;                 // 释放设备环境
    CView::OnMouseMove(nFlags, point);
}
```

(7) 在画圆的函数中加入下列代码:

```
void CCreateCircleView::DrawCircle(CDC * pDC, CPoint cenp, CPoint ardp)
{
    int radius = ComputeRadius(cenp, ardp) ;
    // 由圆心确定所画圆的外切区域
    CRect rc(cenp.x - radius,cenp.y - radius, cenp.x + radius, cenp.y + radius) ;
    pDC->Ellipse(rc) ;// MFC 类库函数
}
```

(8) 计算半径:

```
int CCreateCircleView::ComputeRadius(CPoint cenp, CPoint ardp)
{
    int dx = cenp.x - ardp.x ;
    int dy = cenp.y - ardp.y ;
    // sqrt()函数的调用,需要在 CPP 文件的前端加入代码行:#include "math.h"
    return (int)sqrt(dx * dx + dy * dy) ;
}
```

## 9.3 通过对话框绘图

本实例重点介绍通过对话框输入几何参数绘图,同时也介绍绘制复杂曲线的基本方法——直线段逼近曲线法。该方法的基本思想如下:首先写出该曲线的参数方程,当自变量由小到大依次变化时,就会得到一系列曲线上点的坐标,即逼近点;最后依次将各逼近点顺序连接起来。

若要绘制的复杂曲线是梅花曲线,它的参数方程如下:

$$x = a\sin\phi\cos^2\phi$$
$$y = a\sin^2\phi\cos\phi$$

(其中 $0 \leqslant \phi \leqslant 2\pi$)

实现绘制该梅花曲线的编程步骤及代码如下:

**1. 创建工程**

使用系统菜单创建一个单文档的 MFC AppWizard(exe) 工程 Club。用鼠标左键单击"Finish"按钮便可完成该工程的初始化工作。

**2. 添加菜单资源**

在 ResourceView 标签下,选择 Menu 中的默认菜单资源 ID 号为 IDR_MAINFRAME,打开并编辑该菜单,使用"属性对话框",可以添加新的菜单项"绘图(&D)"及其子菜单命令"参数输入(&P)"和"满屏显示(&F)",命令 ID 分别为"ID_DRAW_PARAINPUT"和"ID_DRAW_FULLSCREEN"。"参数输入"的命令用以弹出一个输入参数的对话框,通过此参数可以确定所绘梅花曲线的半径和使用多少个直线段来逼近该曲线。"满屏显示"是使所绘曲线完整地显示在窗口客户区域中,如图 9.3.1 所示。

图 9.3.1 添加的菜单资源

**3. 添加对话框资源**

使用系统菜单 Insert/Resource... 命令,在弹出的 Insert/Resource 对话框中选择 Dialog,并单击"New"按钮。使用"属性对话框",将新创建的对话框的标题命名为"输入梅花曲线参数:",ID 号改为"IDD_PARAINPUT",并加入两个文本框:第一个 ID 号指定为"IDC_SEGMENT",用于输入曲线的分段数;第二个 ID 号指定为"IDC_RADIUS",用于输入曲线的半径。对话框如图 9.3.2 所示。使用快捷键【Ctrl+W】弹出 ClassWizard 对话框,并提示生成对话框类,请按照向导提示填充 New Class 对话框,这样就可以建立对话框类 CParaInputDialog。

**4. 使用 ClassWizard 添加菜单命令响应函数以及对话框类的成员变量**

当"类名"列表框的类为"CParaInputDialog"时,单击"Member Variables"选项卡,选择控件 ID 号为"IDC_SEGMENT"的控件;双击后弹出 Add Member Variable 对话框来添加变量,并命名为"m_Segment",类型为 int,范围从 10~1 000。用同样的方法可为 ID 号是"IDC_RADIUS"的控件添加变量,命名为"m_Radius",类型为 int,范围从 10~500。选择"Message

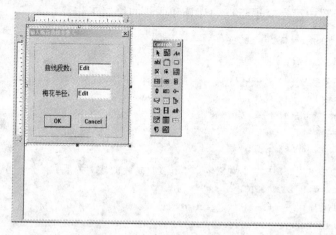

图 9.3.2 参数输入的对话框

Maps"选项卡,并将"类名"列表框的类改为"CClubView",在"对象 ID"列表框中选择新添加的菜单命令 ID"ID_DRAW_PARAINPUT",并双击"Messages"列表框中的"COMMAND",便可添加两个新的菜单消息响应函数:

```
void CClubView::OnDrawParainput ();                    // 弹出输入参数的对话框
同样对 ID 为"ID_DRAW_FULLSCREEN"的菜单也添加一个响应函数:
void CClubView::OnDrawFullscreen();                    // 对图形满屏显示
```

**5. 添加成员函数**

在 Class View 标签下,选择 CClubView 类并右击,在弹出的快捷菜单中,选择"Add Member Function…",设定"Access"为"Public",并为菜单命令添加下列成员函数:

```
void DrawCoord(CDC * pDC);                             // 用来绘制坐标系中的 X 和 Y 轴
void ComputePoint(CPoint&,double,int);                 // 用来计算每个直线段的端点
```

选择"Add Member Variables…"菜单命令添加下列成员变量:

```
int m_Segment;                                         // 存放所绘曲线被分成的直线段数
CRect m_rect;                                          // 存放矩形区域
int m_Radius;                                          // 存放该曲线方程中的参数 a
```

**6. 添加功能的实现代码**

在 CClubView.cpp 文件的顶端加入运行中需要链接的函数库及宏如下:

```
#include "math.h"
#include "CParaInputDialog.h"                          // 参数输入对话框的头文件
#define PI 3.1415926                                   // 常数 PI 的宏定义
```

在视类 CClubView 的构造函数中,对成员变量进行初始化:

```
CClubView::CClubView()
{
m_Segment = 1000 ;
m_Radius = 400 ;
m_rect = CRect(0,0,500,500) ;
}
```

在 OnDraw 函数中可完成逼近点的计算和曲线的绘制工作：

```
void CClubView::OnDraw(CDC* pDC)
{
    CCurveDoc* pDoc = GetDocument();
    ASSERT_VALID(pDoc);
    // 获得当前客户区的大小
    CRect rc ;
    GetClientRect(&rc) ;
    // 设置映射模式为 MM_ISOTROPIC,并确定窗口和视口之间的比例关系
    pDC->SetMapMode(MM_ISOTROPIC) ;
    pDC->SetWindowExt(m_rect.right,m_rect.bottom) ;
    pDC->SetViewportExt(rc.right,rc.bottom) ;
    pDC->SetViewportOrg(rc.right/2,rc.bottom/2) ;      // 设置视口坐标系的原点
    DrawCoord(rc,pDC) ;                                // 绘制坐标系
    // 绘制梅花曲线
    for(int i = 0 ;i<= m_Segment ;i++)
    {
        CPoint SegPoint ;
        // 计算梅花曲线的逼近点
        ComputePoint(SegPoint,2.0*PI*(double)i/(double)m_Segment,m_Radius) ;
        // 使用直线段逼近曲线
        if(i==0)                                       // 使第一个逼近点为当前位置
            pDC->MoveTo(SegPoint) ;
        else
            pDC->LineTo(SegPoint) ;
    }
}
```

下面是 OnDrawParainput 菜单命令响应函数,通过调用该函数以便调用输入参数对话框来进行参数的输入：

```
void CClubView::OnDrawParainput ()
{

    CParaInputDialog Para ;                            // 构造 CparaInputDialog 的一个对象
    if(Para.DoModal() == IDOK)                         // 调用参数输入的对话框
    {
        // 通过对话框指定新的参数值
        m_Segment = Para.m_Segment ;
        m_Radius = Para.m_Radius ;
        Invalidate() ;                                 // 屏幕进行重画
    }
}
```

下面的代码响应了菜单命令"满屏显示":

```
void CCurveView::OnDrawFullscreen()
{
    m_rect = CRect(0,0,0.77 * m_Radius,0.77 * m_Radius) ;    // 指定新窗口的大小
    Invalidate() ;
}
```

坐标系的绘制由下面的 DrawCoord 函数来完成:

```
void CClubView::DrawCoord(CRect rc,CDC * pDC)
{
    pDC->TextOut(0,0,"O") ;
    pDC->MoveTo(-10000,0) ; pDC->LineTo(10000,0) ;    // 绘制 x 轴
    pDC->TextOut(rc.right/2,0,"X") ;
    pDC->MoveTo(0,-10000) ; pDC->LineTo(0,10000) ;    // 绘制 y 轴
    pDC->TextOut(0,rc.bottom/2,"Y") ;
}
```

以下代码是成员函数 ComputePoint,它的功能是由参数方程计算出逼近点:

```
void CClubView::ComputePoint(CPoint& SegPoint,double t, int radius)
{
    // 根据参数方程计算逼近点;
    SegPoint.x = (int)((double)radius * cos(t) * cos(t) * sin(t)) ;
    SegPoint.y = (int)((double)radius * sin(t) * sin(t) * cos(t)) ;
}
```

### 7. 编译并运行

直线段逼近曲线——梅花曲线的运行结果如图 9.3.3 所示。

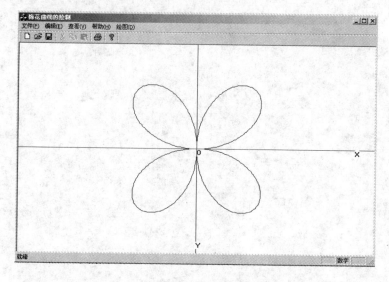

图 9.3.3 初始化参数值下的梅花曲线

## 习 题

1. 完成 9.2 节关于用鼠标绘制圆的示例,并改造成画直线的程序。
2. 完成 9.3 节关于通过对话框绘图——梅花曲线的示例,并改造成画圆的程序。
3. 利用面向对象的思想改造 9.3 节的示例,建立梅花曲线类。

# 第 10 章 OpenGL 基础知识和实验框架的建立

OpenGL 已被认为是高性能图形和交互式视景处理的标准，包括 ATT 公司 UNIX 软件实验室、IBM 公司、DEC 公司、SUN 公司、HP 公司、Microsoft 公司和 SGI 公司在内的几家在计算机市场占领导地位的大公司都采用了 OpenGL 图形标准。

值得一提的是，由于 Microsoft 公司在 Windows 中提供 OpenGL 图形标准，OpenGL 将在微型计算机机中广泛应用，尤其是 OpenGL 三维图形加速卡和微型计算机图形工作站的推出，人们可以在微型计算机上实现三维图形应用，如 CAD 设计、仿真模拟、三维游戏等，从而更有机会、更方便地使用 OpenGL 及其应用软件来建立自己的三维图形世界。

在 OpenGL 的基础上还有 Open Inventor、Cosmo3D、Optimizer 等多种高级图形库，适应不同应用。其中，Open Inventor 应用最为广泛。该软件是基于 OpenGL 面向对象的工具包，提供创建交互式 3D 图形应用程序的对象和方法，提供了预定义的对象和用于交互的事件处理模块，创建和编辑 3D 场景的高级应用程序单元，有打印对象和用其他图形格式交换数据的能力。

## 10.1 OpenGL 基础知识和功能介绍

### 10.1.1 OpenGL 的简单介绍

严格地讲，OpenGL 被定义为"图形硬件的一种软件接口"，是《OpenGL 图形系统：规范》中定义的一个图形 API。OpenGL 使用该规范的实现来显示 2D 和 3D 几何数据和图像。

从本质上讲，OpenGL 是一个 3D 图形和模型库，具有高度的可移植性，并具有非常快的速度。

OpenGL 是一个与硬件图形发生器的软件接口，它包括了 100 多个图形操作函数，开发者可以利用这些函数来构造景物模型和进行三维图形交互软件的开发。OpenGL 支持网络，在网络系统中用户可以在不同的图形终端上运行程序显示图形。OpenGL 作为一个与硬件独立的图形接口，不提供与硬件密切相关的设备操作函数；同时，也不提供描述类似于飞机、汽车、分子形状等复杂形体的图形操作函数。用户必须从点、线、面等最基本的图形单元开始构造自己的三维模型。当然，像 OpenInventor 那样更高一级的基于 OpenGL 的三维图形建模开发软件包将提供方便的工具。

因此 OpenGL 的图形操作函数十分基本、灵活。例如 OpenGL 中的模型绘制过程就多种多样，内容十分丰富，OpenGL 提供了以下 9 种对三维物体的绘制方式：

(1) 网格线绘图方式(wireframe)——这种方式仅绘制三维物体的网格轮廓线。

(2) 深度优先网格线绘图方式(depth_cued)——用网格线方式绘图，增加了模拟人眼看物体一样的功能，使远处的物体比近处的物体要暗些。

(3) 反走样网格线绘图方式(antialiased)——用网格线方式绘图,绘图时采用反走样技术以减少图形线条的参差不齐现象。

(4) 平面消隐绘图方式(flat_shade)——对模型的隐藏面进行消隐,对模型的平面单元按光照程度进行着色,但不进行光滑处理。

(5) 光滑消隐绘图方式(smooth_shade)——对模型进行消隐对应在光照渲染着色的过程中进行光滑处理,这种方式更接近于现实。

(6) 加阴影和纹理的绘图方式(shadows,textures)——在模型表面贴上纹理甚至加上光照阴影,使得三维景观象照片一样清晰美丽。

(7) 运动模糊的绘图方式(motion−blured)——该方式模拟物体运动时人眼观察所感觉的动感现象。

(8) 大气环境效果(atmosphere−effects)——在三维景观中加入如雾等大气环境效果,使人身临其境。

(9) 深度域效果(depth−of−effects)——类似于照相机镜头效果,模型在聚焦点处清晰,反之则模糊。

这些三维物体绘图和特殊效果处理方式,说明 OpenGL 已经实现了计算机图形学理论所涉及的几乎所有内容,能够模拟比较复杂的三维物体或自然景观。

## 10.1.2 OpenGL 工作流程

整个 OpenGL 的基本工作流程如图 10.1.1 所示。

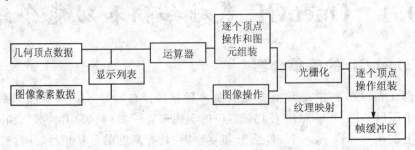

图 10.1.1 OpenGL 基本工作流程

OpenGL 工作流程中,几何顶点数据包括模型的顶点集、线集、多边形集,这些数据经过流程图的上部,包括运算器、逐个顶点操作等;图像数据包括像素集、影像集、位图集等,而图像像素数据的处理方式与几何顶点数据的处理方式是不同的,但它们都经过光栅化、逐个片元(Fragment)处理直至把最后的光栅数据写入帧缓冲器。在 OpenGL 中的所有数据包括几何顶点数据和像素数据都可以被存储在显示列表中或者立即可以得到处理。

OpenGL 工作流程中,显示列表技术是一项重要的技术。OpenGL 要求把所有的几何图形单元都用顶点来描述,这样运算器和逐个顶点计算操作都可以针对每个顶点进行计算和操作,然后进行光栅化形成图形碎片;对于像素数据,像素操作结果被存储在纹理组装用的内存中,再像几何顶点操作一样光栅化形成图形片元。整个流程操作的最后,图形片元都要进行一系列的逐个片元操作,这样最后的像素值 BZ 送入帧缓冲器实现图形的显示。

## 10.1.3  OpenGL 图形操作步骤

根据 OpenGL 的基本工作流程可以归纳出在 OpenGL 工作流程中进行主要的图形操作直至在计算机屏幕上渲染绘制出三维图形景观的基本步骤：

(1) 根据基本图形单元建立景物模型，并且对所建立的模型进行数学描述(OpenGL 工作流程中把点、线、多边形、图像和位图都作为基本图形单元)。

(2) 把景物模型放在三维空间中的合适的位置，并且设置视点(Viewpoint)以观察所感兴趣的景观。

(3) 计算模型中所有物体的色彩，其中的色彩根据应用要求来确定，同时确定光照条件和纹理粘贴方式等。

(4) 把景物模型的数学描述及其色彩信息转换至计算机屏幕上的像素，这个过程也就是光栅化(rasterization)。

在这些步骤的执行过程中，OpenGL 可能执行其他的一些操作，例如自动消隐处理等。另外，景物光栅化之后被送入帧缓冲器之前还可以根据需要对像素数据进行操作。

## 10.1.4  Windows 下的 OpenGL 函数

Windows 下的 OpenGL 包含 100 多个库函数，这些函数都按一定的格式来命名，即每个函数都以 gl 开头。Windows 下的 OpenGL 除了具有基本的 OpenGL 函数外，还支持其他 4 类函数。这 4 类函数是：OpenGL 实用库(glu)、OpenGL 辅助阵(aux)和 Windows 专用库函数。

表 10.1.1 列出了 Windows 下的 OpenGL 函数及说明。

表 10.1.1  Windows 下的 OpenGL 函数

| 相应函数 | 具体说明 |
| --- | --- |
| OpenGL 基本函数库(gl) | 100 多个函数 |
| OpenGL 实用库(glu) | 43 个函数，每个函数以 glu 开头 |
| OpenGL 辅助库(aux) | 31 个函数，每个函数以 aux 开头 |
| Windows 专用库函数(WGL) | 6 个函数，每个函数以 wgl 开头 |
| OpenGl 实用函数工具包(glut) | 不断更新中 |
| Win32 API 函数 | 5 个函数，函数前面没有专用前缀 |

在 OpenGL 中有 115 个基本函数。这些函数是最基本的，它们可以在任何 OpenGL 的工作平台上应用。这些函数用于建立各种各样的形体，产生光照效果，进行反走样以及进行纹理映射，进行投影变换，等等。由于这些基本函数有许多种形式并能够接受不同类型的参数，实际上这些函数可以派生出 300 多个函数。

OpenGL 的实用函数是比 OpenGL 基本函数更高一层的函数。这些函数是通过调用基本函数来起作用的。这些函数提供了十分简单的用法，从而减轻了开发者的编程负担。OpenGL 的实用函数包括纹理映射、坐标变换、多边形分化和绘制一些如椭球、圆柱、茶壶等简单多边形实体(本书将详细讲述这些函数的具体用法)等。这部分函数象基本函数一样在任何 OpenGL 平台都可以应用。

OpenGL 的辅助库是一些特殊的函数。这些函数本来用于初学者做简单的练习之用，因此这些函数不能在所有的 OpenGL 平台上使用，在 Windows NT 环境下可以使用这些函数。这些函数使用简单，它们可以用于窗口管理、输入输出处理以及绘制一些简单的三维形体。为了使 OpenGL 的应用程序具有良好的移植性，在使用 OpenGL 辅助库的时候应谨慎。

OpenGL 实用工具库(glut)是一个独立于平台的库，用于管理窗口、输入和渲染上下文。它并不能完全代替平台特定的代码，但实现了一组对范例，演示和简单应用程序来说很有用的功能。

6 个 WGL 函数用于连接 OpenGL 和 Windows，这些函数用于在 WindowsNT 环境下的 OpenGL 窗口能够进行渲染着色，在窗口内绘制位图字体以及把文本放在窗口的某一位置等。这些函数把 Windows 和 OpenGL 揉合在一起。

最后的 5 个 Win32 函数用于处理像素存储格式和双缓冲区，显然这些函数仅仅能够用于 Win32 系统而不能用于其他 OpenGL 平台。

## 10.1.5 OpenGL 基本功能

OpenGL 能够对整个三维模型进行渲染着色，从而绘制出与客观世界十分类似的三维景象。另外，OpenGL 还可以进行三维交互、动作模拟等。具体的功能主要有以下这些内容。

(1) 模型绘制　　OpenGL 能够绘制点、线和多边形。应用这些基本的形体，可以构造出几乎所有的三维模型。OpenGL 通常用模型的多边形的顶点来描述三维模型。如何通过多边形及其顶点来描述三维模型，本书的基础篇和提高篇中有详细的介绍。

(2) 模型观察　　在建立了三维景物模型后，就需要用 OpenGL 描述如何观察所建立的三维模型。观察三维模型是通过一系列的坐标变换进行的。模型的坐标变换在使观察者能够在视点位置观察与视点相适应的三维模型景观。在整个三维模型的观察过程中，投影变换的类型决定观察三维模型的观察方式，不同的投影变换得到的三维模型的景象也是不同的。最后的视窗变换则对模型的景象进行裁剪缩放，即决定整个三维模型在屏幕上的图像。

(3) 颜色模式的指定　　OpenGL 应用了一些专门的函数来指定三维模型的颜色。程序开发者可以选择两个颜色模式，即 RGBA 模式和颜色表模式。在 RGBA 模式中，颜色直接由 RGB 值来指定；在颜色表模式中，颜色值则由颜色表中的一个颜色索引值来指定。开发者还可以选择平面着色和光滑着色两种着色方式对整个三维景观进行着色。

(4) 光照应用　　用 OpenGL 绘制的三维模型必须加上光照才能更加与客观物体相似。OpenGL 提供了管理四种光(辐射光、环境光、镜面光和漫反射光)的方法，另外还可以指定模型表面的反射特性。

(5) 图像效果增强　　OpenGL 提供了一系列的增强三维景观的图像效果的函数。这些函数通过反走样、混合和雾化来增强图像的效果。反走样用于改善图像中线段图形的锯齿而更平滑；混合用于处理模型的半透明效果；雾使得影像从视点到远处逐渐褪色，更接近于真实。

(6) 位图和图像处理　　OpenGL 还提供了专门对位图和图像进行操作的函数。

(7) 纹理映射　　三维景物因缺少景物的具体细节而显得不够真实，为了更加逼真地表现三维景物，OpenGL 提供了纹理映射的功能。OpenGL 提供的一系列纹理映射函数使得开发者可以十分方便地把真实图像贴到景物的多边形上，从而可以在视窗内绘制逼真的三维景观。

(8) 实时动画　　为了获得平滑的动画效果，需要先在内存中生成下一幅图像，然后把已经生成的图像从内存复制到屏幕上,这就是 OpenGL 的双存技术(double buffer)。OpenGL 提供了双缓存技术的一系列函数。

(9) 交互技术　目前有许多图形应用需要人机交互,OpenGL 提供了方便的三维图形人机交互接口,用户可以选择修改三维景观中的物体。

### 10.1.6　Windows 下 OpenGL 的结构

OpenGL 的作用机制是客户(client)/服务器(sever)机制,即客户(用 OpenGL 绘制景物的应用程序)向服务器(即 OpenGL 内核)发布 OpenGL 命令,服务器则解释这些命令。大多数情况下,客户和服务器在同一机器上运行。正是 OpenGL 的这种客户/服务器机制,OpenGL 可以十分方便地在网络环境下使用。因此 Windows 下的 OpenGL 网络是透明的。

正像 Windows 的图形设备接口(GDI)把图形函数库封装在一个动态链接库(Windows 下的 GDI32.DLL)内一样,OpenGL 图形库也被封装在一个动态链接库内(OPENGL32.DLL)。受客户应用程序调用的 OpenGL 函数都先在 OPENGL32.DLL 中处理,然后传给服务器 WINSRV.DLL。

OpenGL 的命令再次得到处理并且直接传给 Win32 的设备驱动接口(Device Drive Interface,DDI),这样就把经过处理的图形命令送给视频显示驱动程序。下图简要说明 OpenGL 在 Windows 下的运行过程。

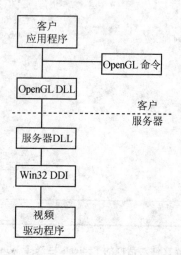

图 10.1.2　OpenGL 在 Windows 下运行机制

## 10.2　OpenGL 的程序框架

任何一种程序都有它的运行环境。OpenGL 的所有绘图命令(函数)都必须在 OpenGL 的运行环境中使用,这个运行环境称为 OpenGL 的框架。现在使用的是微软公司的 Windows 系统,所有程序又都是在 Windows 系统下运行的。所以,编制 OpenGL 程序必须首先建立 Windows 框架,再从 Windows 框架下建立 OpenGL 的框架。

考虑到实用性和适用性,本部分使用的程序开发工具仍然是微软公司的 Visual Studio 6.0。为简单明了起见,我们采用 VC++的"SDK"开发模式,"SDK"开发模式下 Windows 程序框架就得自行建立。好在这个包含 OpenGL 的 Windows 框架是一个通用的模式,所有的 OpenGL 程序都可以直接使用它。一旦建立,终生受用。

## 10.2.1 建立非控制台的 Windows 程序框架

建立非控制台的 Windows 程序框架步骤是:

(1) 启动 VC+的开发环境 Visual Studio  首先在机器上启动 VC+的开发环境 Visual Studio。在 Windows 的开始栏→程序项→Visual Studio 项→Visual C++6.0,启动 Visual C++6.0 的集成开发工具 Visual Studio。

(2) 创建一个 Win32 程序(非控制台程序)  在 Visual Studio 的 File 菜单上选择新建文件(New)。

(3) 在 Projects(工程向导)中选择建立程序  在新建文件对话框的 Projects 栏选择 Win32 Application(Win32 非控制台程序),这时在建立一个 SDK 程序模式的 Windows 框架,此框架如图 10.2.1 所示。

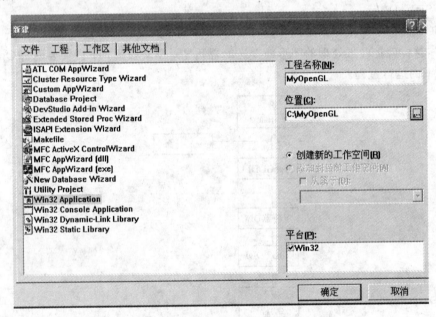

图 10.2.1  新建文件对话框的 Projects 栏选择 Win32 Application

在 Location(工程位置)栏选择建立工程的目录,在 Project name 给出工程名 MyOpenGL。

(4) 在工程向导第一步选择 Asimple Win32 Application(简单的 Win32 非控制台程序),按确定键(Finish)。

经过上述 4 个步骤一个在 Visual C++中的 Win32 程序(非控制台程序)框架已建立。为此在这个 Windows 程序框架可以直接在 Visual Studio 中编译通过,因为它包含了 Windows 程序的基本要素。若程序一运行便退出,说明这个程序是空的,如图 10.2.2 所示,只见在主程序 WinMain(…)中只有一条"return0"返回语句。下面开始在这个完整的程序框架中加入内容,即一个包含 OpenGL 的 Windows 程序框架。

# 第 10 章 OpenGL 基础知识和实验框架的建立

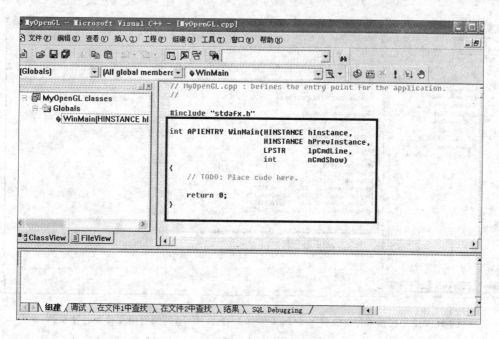

图 10.2.2  Win32 程序框架

## 10.2.2  建立 OpenGL 框架

指示 OpenGL 的引用和连接位置：OpenGL 是一个国际标准的三维图形开发库，它已经被微软公司纳入到 Windows 系统中（在 Win 95 以后的各个版本中不再单独安装 OpenGL 系统）。在开发 OpenGL 程序时只要在程序中指示 OpenGL 头文件的引用和 lib 库的连接位置，就可以直接在程序编译连接时调用 OpenGL 开发包。正如图 10.2.3 所示可以在预编译头文件 StdAfx.h 中加入 OpenGL 相关的引用文件和连接文件。

```
#include <mmsystem.h>
#include <stdlib.h>
#include <stdio.h>
#include <math.h>
#include <gl\gl.h>          // OpenGL32 库的头文件
#include <gl\glu.h>         // GLu32 库的头文件
#include <gl\glaux.h>       // GLaux 库的头文件
#pragma comment( lib, "winmm.lib")
#pragma comment( lib, "opengl32.lib")   // OpenGL32 连接库
#pragma comment( lib, "glu32.lib")      // GLu32 连接库
#pragma comment( lib, "glaux.lib")      // GLaux 连接库
```

## 10.2.3  建立 OpenGL 框架的类文件

为了对基本的 OpenGL 框架程序有更好的理解，也为了后面的使用更加方便下面用类文件的方式将 OpenGL 框架程序建立起来。

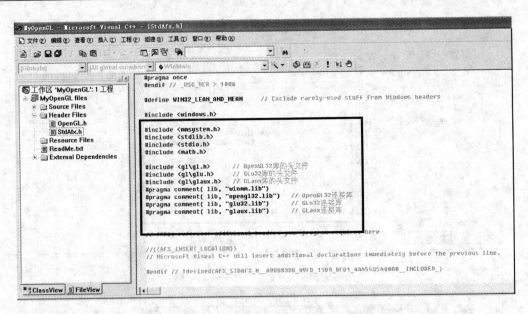

图 10.2.3　在预编译头文件 StdAfx.h 中加入 OpenGL 相关的引用文件和连接文件

首先建立一个新类，命名为 OpenGL，并由它负责处理 OpenGL 相关的问题。由此 Windows 框架和 OpenGL 框架就相对独立，若以后采用时，就可以直接调用它（不用再建立、输入）。

### 1. 新建一个类文件

在 Visual Studio 菜单 Insert 中选择 NewClass 新建一个类文件。在 NewClass 框输入类文件名"OpenGL"（文件名是任意的），如图 10.2.4 所示。

图 10.2.4　新建一个类 OpenGL

### 2. 在新建类中加入 OpenGL 的框架程序

如图 10.2.5 所示，在类文件的头文件 OpenGL.h 中加入类函数的定义。可以注意到：它有两个变量和四个函数：

| | | |
|---|---|---|
| HDC | hDC; | // GDI 设备描述表 |
| HGLRC | hRC; | // 永久着色描述表 |
| BOOL | SetupPixelFormat(HDC hDC); | |
| void | init(int Width, int Height); | |

```
void        Render();
void        CleanUp();
```

这是类文件必须的,也是今后直接使用 OpenGL 类中函数的连接枢纽。

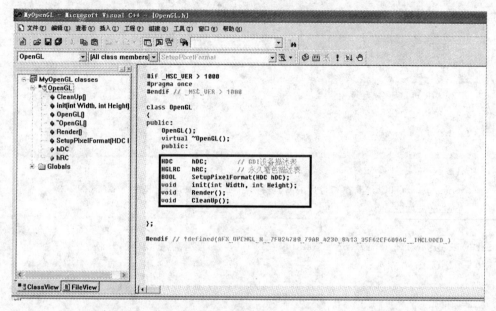

图 10.2.5　在类文件的头文件 OpenGL.h 中加入类函数的定义

### 3. 输入 OpenGL 类的实现代码源程序

将以下代码输入到这个新建类的实现文件 OpenGL.CPP 中。输入时应一句一句的敲吧,注意源程序的位置要放正确。代码如下:

```
#include "OpenGL.h"
OpenGL::OpenGL()
{}
OpenGL::~OpenGL()
{   CleanUp();
}
BOOL OpenGL::SetupPixelFormat(HDC hDC0)          // 检测安装 OpenGL
{   int nPixelFormat;                            // 像素点格式
    hDC = hDC0;
PIXELFORMATDESCRIPTOR pfd = {                    // 像素点对象 pfd 比想象的要复杂,他有很多
                                                 // 属性需要设定,是显示图形的基本要素
    sizeof(PIXELFORMATDESCRIPTOR),               // pfd 结构的大小
    1,                                           // 版本号
    PFD_DRAW_TO_WINDOW |                         // 支持在窗口中绘图
    PFD_SUPPORT_OPENGL |                         // 支持 OpenGL
    PFD_DOUBLEBUFFER,                            // 双缓存模式
    PFD_TYPE_RGBA,                               // RGBA 颜色模式
    16,                                          // 24 位颜色深度
```

```
        0, 0, 0, 0, 0, 0,                        // 忽略颜色位
        0,                                        // 没有非透明度缓存
        0,                                        // 忽略移位位
        0,                                        // 无累加缓存
        0, 0, 0, 0,                               // 忽略累加位
        16,                                       // 32 位深度缓存
        0,                                        // 无模板缓存
        0,                                        // 无辅助缓存
        PFD_MAIN_PLANE,                           // 主层
        0,                                        // 保留
        0, 0, 0                                   // 忽略层,可见性和损毁掩模
    };
    if (! (nPixelFormat = ChoosePixelFormat(hDC, &pfd)))
      { MessageBox(NULL,"没找到合适的显示模式","Error",MB_OK|MB_ICONEXCLAMATION);
         return FALSE;
      }
    SetPixelFormat(hDC,nPixelFormat,&pfd);        // 设置当前设备的像素点格式
    hRC = wglCreateContext(hDC);                  // 获取渲染描述句柄
    wglMakeCurrent(hDC, hRC);                     // 激活渲染描述句柄
    return TRUE;
}
void OpenGL::init(int Width, int Height)
{       glViewport(0,0,Width,Height);             // 设置 OpenGL 视口大小
    glMatrixMode(GL_PROJECTION);                  // 设置当前矩阵为投影矩阵
    glLoadIdentity();                             // 重置当前指定的矩阵为单位矩阵
    gluPerspective                                // 设置透视图
       ( 54.0f,                                   // 透视角设置为 45°
         (GLfloat)Width/(GLfloat)Height,          // 窗口的宽与高比
         0.1f,                                    // 视野透视深度:近点 1.0f
         3000.0f                                  // 视野透视深度:始点 0.1f 远点 1000.0f
       );
    // 这和照相机很类似,第一个参数设置镜头广角度,第二个参数是长宽比,后面是远近剪切
    glMatrixMode(GL_MODELVIEW);                   // 设置当前矩阵为模型视图矩阵
    glLoadIdentity();                             // 重置当前指定的矩阵为单位矩阵
    //= = = = = = = = = = = = = = = = = = = = = = = = = = = = = = = = = = = = =
}
void OpenGL::Render()                             //OpenGL 图形处理
{       glClearColor(0.0f, 0.0f, 0.5f, 1.0f);     // 设置刷新背景色
    glClear(GL_COLOR_BUFFER_BIT|GL_DEPTH_BUFFER_BIT);
                                                  // 刷新背景
    glLoadIdentity();                             // 重置当前的模型观察矩阵
    glFlush();                                    // 更新窗口
    SwapBuffers(hDC);                             // 切换缓冲区
```

```
}
void OpenGL::CleanUp()                              // 清除 OpenGL 的连接
{    wglMakeCurrent(hDC, NULL);                     // 取消 OpenGL
  wglDeleteContext(hRC);                            // 删除 OpenGL
}
```

这个 OpenGL 类在后面编程的每一个实例中都要用到,所以应该将它的大致意义搞清楚。

此 OpenGL 类包含四个函数。

(1) SetupPixelFormat(HDD hDC)检测安装 OpenGL 主要设置 OpenGL 的参数,并测试显卡安装 OpenGL 的图形系统。OpenGL 安装成功后就不再使用。

(2) init(int Width, int Height)OpenGL 视口进行变换 根据 Windows 窗口的变化对 OpenGL 视口进行变换。这里的视口就是我们看到的三维世界视觉效果的窗口。OpenGL 安装成功后就不再使用。

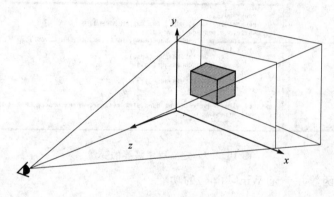

10.2.6 视口

(3) CleanUP 清除 OpenGL 的连接 在程序退出时调用,清除 OpenGL 的视口和图形环境。

(4) Render() OpenGL 图形处理 这是处理 OpenGL 图形的关键函数,它在程序的整个程序运行时间中都在调用,它的调用周期也就是屏幕刷新周期。今后的所有图形显示命令都在这里给出。

## 10.2.4 完善 Windows 框架

如前所述,我们已经建立非控制台的 Windows 程序框架,但这还过于简单,这个框架不仅要同 Windows 系统打交道,还要协调与新建类 OpenGL 的关系,完成绘图工作。因此还要给它定义一些变量和函数。

(1) 首先定义程序需要的变量(见图 10.2.7),在这里定义的变量在本源程序文件 "MyOpenGL.CPP"的所有函数中都有作用。代码如下:

```
# include "OpenGL.h"                    // 在头部加入 OpenGL 类的引用
OpenGL *  m_OpenGL;                     // 定义类名为 m_OpenGL
HDC       hDC;                          // GDI 设备句柄,将窗口连接到 GDI(图形设备接口)
HGLRC     hRC = NULL;                   // 渲染描述句柄,将 OpenGL 调用连接到设备描
                                        // 述表
HWND      hWnd = NULL;                  // 保存 Windows 分配给程序的窗口句柄
```

```
int     Width = 800;          // 窗口宽
int     Height = 600;         // 窗口高
int     bits   = 16;          // 颜色深度
```

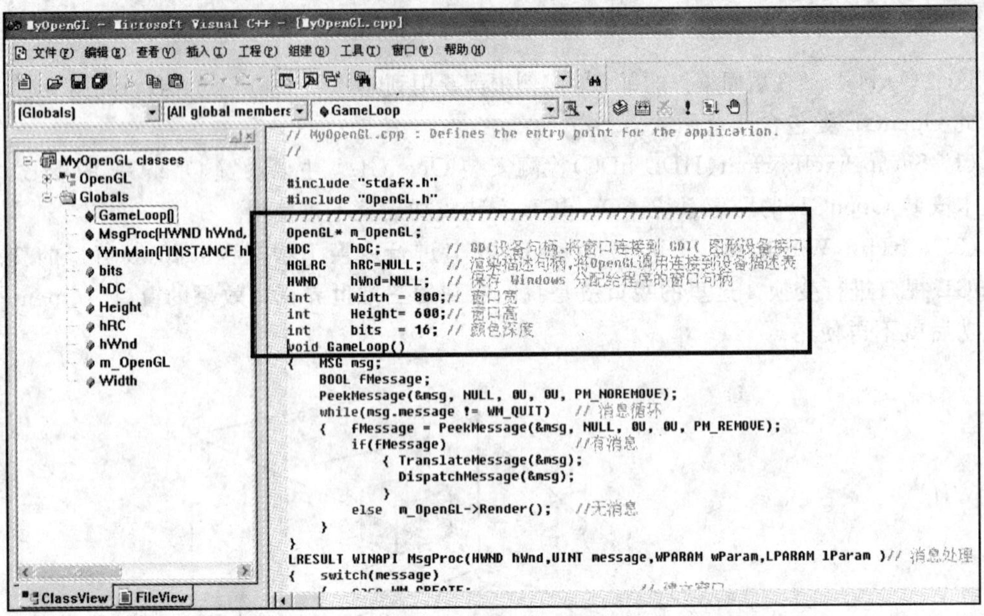

图 10.2.7 定义程序需要的变量

(2) 加入两个函数并扩充 WinMain() 的功能：

```
void GameLoop()
{   MSG msg;
BOOL fMessage;
PeekMessage(&msg, NULL, 0U, 0U, PM_NOREMOVE);
while(msg.message != WM_QUIT)            // 消息循环
{   fMessage = PeekMessage(&msg, NULL, 0U, 0U, PM_REMOVE);
        if(fMessage)                      //有消息
        { TranslateMessage(&msg);
            DispatchMessage(&msg);
        }
        else  m_OpenGL->Render();         //无消息
}
}
LRESULT WINAPI MsgProc(HWND hWnd,UINT message,WPARAM wParam,LPARAM lParam )
                                          // 消息处理
{   switch(message)
{   case WM_CREATE:                       // 建立窗口
        hDC = GetDC(hWnd);                // 获取当前窗口的设备句柄
        m_OpenGL->SetupPixelFormat(hDC);  // 调用显示模式安装功能
```

```cpp
        return 0;          break;
    case WM_CLOSE:                              // 关闭窗口
        m_OpenGL->CleanUp();                    // 结束处理
        PostQuitMessage(0);
        return 0;          break;
    case WM_SIZE:                               // 窗口尺寸变化
        Height = HIWORD(lParam);                // 窗口的高
        Width  = LOWORD(lParam);                // 窗口的宽
        if (Height = = 0)    Height = 1;        // 防止被0除
        m_OpenGL->init(Width,Height);
        return 0;          break;
    case WM_DESTROY:                            // 退出消息
            PostQuitMessage(0);
            return 0;      break;
    case WM_KEYUP:                              // 按ESC退出,全屏模式必须要加入的退出方式
        switch (wParam)
          { case VK_ESCAPE:
                m_OpenGL->CleanUp();            // 结束处理
                PostQuitMessage(0);
                return 0;break;
          }
    default:              break;
    }
return (DefWindowProc(hWnd, message, wParam, lParam));
}
INT WINAPI WinMain(HINSTANCE hInst,HINSTANCE,LPSTR,INT )
                                                // WinMain程序入口
{    // 注册窗口类
bool fullScreen = TRUE;
DWORD    dwExStyle;                             // Window 扩展风格
DWORD    dwStyle;                               // Window 窗口风格
RECT     windowRect;                            // 窗口尺寸
int      nX = 0,nY = 0;
dwExStyle = WS_EX_APPWINDOW|WS_EX_WINDOWEDGE;   // 使窗口具有3D外观
dwStyle = WS_OVERLAPPEDWINDOW;                  // 使用标准窗口
//WS_OVERLAPPEDWINDOW是具有标题栏、窗口菜单,最大、小化按钮和可调整尺寸的窗口
int wid = GetSystemMetrics(SM_CXSCREEN);        // 获取当前屏幕宽
int hei = GetSystemMetrics(SM_CYSCREEN);        // 获取当前屏幕高
nX = (wid-Width)/2;nY = (hei-Height)/2;         // 计算窗口居中用
//- - - - - - - - - - - - - - - - - - - - - - - - - - - - - - - - - - -
AdjustWindowRectEx(&windowRect,dwStyle,FALSE,dwExStyle);
                                      //根据窗口风格来调整窗口尺寸达到要求的大小
char cc[] = "tm1";
```

```
WNDCLASSEX wc = { sizeof(WNDCLASSEX), CS_CLASSDC, MsgProc, 0L, 0L,
                  GetModuleHandle(NULL), NULL, NULL, NULL, NULL,
                  cc, NULL };
RegisterClassEx( &wc );
m_OpenGL = new OpenGL();//
hWnd = CreateWindowEx(NULL,cc,"学习OpenGL[ OpenGL 的程序框架 ])",
                dwStyle|WS_CLIPCHILDREN|WS_CLIPSIBLINGS,
                nX, nY, Width, Height,
                NULL,NULL,hInst,NULL);// 创建窗口
ShowWindow( hWnd, SW_SHOWDEFAULT );// 显示窗口
UpdateWindow( hWnd );// 刷新窗口
GameLoop();// 进入消息循环
return 0;
}
```

以下 3 个函数为 WinMain()程序入口、Msg Proc()窗口回调函数和 GameLoop()消息循环,其作用分别解释如下:

① WinMain()程序入口　程序从这里开始运行。WinMain()的功能为定义一个 Windows 的窗口的样式、大小等等,并建立这个窗口。

② MsgProc()窗口回调函数　Windows 程序是基于事件响应的运行机制,MsgProc()窗口回调函数在整个运行周期中随时对回调函数所定义的外部事件(鼠标移动、单击窗口变化、键盘和其他函数发出的消息)做出反应。

在这个窗口回调函数中定义了建立窗口、关闭窗口和按键消息等 5 个消息。程序在运行时将随时对这些消息(事件)产生响应。当然还可以在其中加入另外的消息,例如鼠标按键什么的。

③ GameLoop()消息循环　这是利用 Windows 的消息机制做成的主循环函数,它被程序反复执行。它的作用是侦听消息,有消息时返回 Windows 的消息链,没有消息时就执行 OpenGL 的图形处理 Render()。

(3) 类文件的使用:为了让 Windows 框架程序调用 OpenGL 框架的函数,要在 Windows 框架程序的头部加入 OpenGL 类的引用和定义类名 m_OpenGL。

在 Windows 框架调用 OpenGL 框架函数前加上类名为 m_OpenGL。比如:m_OpenGL—>init(Width,Height);你知道吗?"类"的概念就是 C++与 C 不同的关键地方,在实验中大量用到"类",有关它的更多知识可在学习中不断加以理解。

有了程序变量的定义,两个函数的加入以及增加 Win Main()的功能,再经编译连接和运行后,实验框架运行效果如图 10.2.8 所示。

## 10.2.5　程序间的相互关系

这里,我们特别要说明图 10.2.9 所示的 Windows 程序框架与 OpenGL 程序框架的相互关系。

WinMain()是程序入口点,在此将定义一个 Windows 窗口的样式、大小等,并建立这个窗口。Windows 程序是基于事件响应的,在建立窗口的命令执行中,MsgProc()窗口回调函数对建立窗口的事件消息做出反映,马上调出 OpenGL 框架中的 SetupPixelFormat()检测机器对 OpenGL 支

# 第 10 章 OpenGL 基础知识和实验框架的建立

图 10.2.8 实验框架运行效果

持情况,并安装 OpenGL 显示接口。当窗口建立成功并显示时,MsgProc()窗口回调函数对窗口尺寸变化事件消息又做出反映,调出 OpenGL 框架中的 init()对 OpenGL 视口进行变换调整。Windows 窗口生成后就进入 GameLoop()主循环中,在此一直调出 OpenGL 框架中的 Render()函数进行需要的图形处理。程序退出时,调用 CleanUp()清除 OpenGL 的连接。

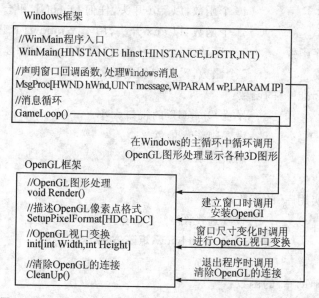

图 10.2.9 Windows 程序框架与 OpenGL 程序框架的相互关系

# 习 题

1. 简述 OpenGL 的起源、发展和特点。
2. 简述 OpenGL 的工作流程。
3. 编译本章的框架代码,修改背景色和窗口标题。

# 第 11 章 OpenGL 的基本图形

在这一章里我们先来认识 OpenGL 的基本图形,即平面图形和 3D 图形,这些都是 OpenGL 或计算机 3D 图形技术的基本构图元素。有了这些基本构图元素,原则上可以构造出所有能见到的 3D 图形(当然要看你的编程技术和美术功底了)。

## 11.1 OpenGL 库函数命名方式

现在我们开始亲密接触 OpenGL,首先要清楚 OpenGL 成员(库函数)的命名方式和主要类别。

**1. 前缀**

(1) Windows 下的 OpenGL 包含 100 多个库函数和 4 个其他类函数。每个库用前缀 gl,glu 或 aux 来区分,这前缀就好像是中国人的姓吧:

| | |
|---|---|
| OpenGL 标准库 | 100 多个函数,以 gl 开头,任何 OpenGL 平台都可以应用 |
| OpenGL 实用库 | 43 个函数,以 glu 开头,任何 OpenGL 平台都可以应用 |
| OpenGL 辅助库 | 31 个函数,以 aux 开头,用于 Windows NT 环境下 |
| Windows 专用库函数 | 6 个函数,以 wgl 开头,仅能够用于 Win32 系统 |
| Win32 API 函数 | 5 个函数,没有专用前缀 |

(2) "OpenGL 标准库"的函数:

| | |
|---|---|
| glViewport(…) | 设置 OpenGL 的视口大小 |
| glClearColor(…) | 设置刷新背景色 |
| glClear(…) | 刷新背景 |
| …… | |

(3) "OpenGL 实用库"的函数:

| | |
|---|---|
| gluPerspective(…) | 设置透视图 |
| gluLookAt(…) | 建立 modelview 矩阵方向 |
| …… | |

(4) "OpenGL 辅助库"的函数:

| | |
|---|---|
| auxSolidCone(…) | 圆锥 |
| auxSolidCylinder(…) | 圆柱 |
| …… | |

(5) "Windows 专用库函数"的函数:

| | |
|---|---|
| wglCreateContext(…) | 获取渲染描述句柄 |
| wglMakeCurrent(…) | 激活渲染描述句柄 |
| …… | |

## 2. 后缀

OpenGL 库函数还用后缀表示入口参数类型(i、f、v 等),有的函数参数类型后缀前带有数字 2、3、4。2 代表二维,3 代表三维,4 代表 alpha 值。有些 OpenGL 函数最后带一个字母 v,表示函数参数可用数组来替代一系列单个参数值。

## 3. 实例

有了以上所述的前、后缀规定,再来看画点函数 glVertex2i(2,4):

| gl | vertex | 2 | i | (2,4) |
|---|---|---|---|---|
| 标准库函数 | 画点 | 2维 | 整数型 | 入口参数2个 |

对照理解下面几个函数的前、后缀:

```
glVertex2i(2,4);              // 2维整数型画点,标准库函数
glVertex3f(2.0,4.0,5.0);      // 3维整数型画点,标准库函数
auxWierCube(1.0);             // 绘制立方体,辅助库函数
glColor3f(1.0,0.0,0.0);       // 设置红色,等价于 float color[]={1.0,0.0,0.0};
//glColor3f(color);
```

## 11.2 基本图形

计算机图形处理,特别是三维图形处理将涉及许多的图形学理论知识,这些知识可参考有关理论篇的内容。这里我们可用更快的方法建立一些在 OpenGL 中作图的基本概念,提供一些基本的知识。

图形的最基本构成元素是点。在计算机显示屏上显示的图形也是由像素点构成的。下面来看在 OpenGL 中的图形是怎么样由点构成的。

### 1. 点

点函数 glVertex3f(float x, float y, float z, )和 glVertex3f(int x, int y, int z, )是一个三维标准函数,$(x,y,z)$ 就是点在空间的显示位置。

OpenGL 上用于作图的坐标是解析几何上所用的笛卡儿坐标系。

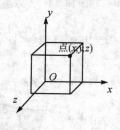

图 11.2.1 点

几何点是没有大小的,没有颜色的。为了在计算机屏幕上能看见它,OpenGL 中的点的大小默认一个屏幕像素。

标准函数 glPointSize(float size)定义点的大小,默认时 size=1。

同样,由点构成的几何线是没粗细的。

标准函数 glLineWidth(float width)定义线宽,默认时 width=1。

颜色函数 glColor3f(float red,float green, float blue)可定义点、线和以后各种图形的颜色。其中颜色有 3 个分量,分别表示 red 红,green 绿和 blue 蓝,其值为 0 到 1。

glColor3f(1.0,0.0,0.0);    // 红    glColor3f(0.0,0.0,1.0);    // 绿
glColor3f(0.0,0.0,1.0);    // 蓝    glColor3f(1.0,1.0,0.0);    // 黄
glColor3f(0.0,1.0, 1.0);   // 青    glColor3f(1.0,0.0,1.0);    // 品红
glColor3f(0.0,0.0,0.0);    // 黑    glColor3f(1.0,1.0,1.0);    // 白

**2. 构图形式**

有了点,就可以画线、面。在 OpenGL 中所有 3D 图形都是由点构成的。

OpenGL 构图的形式为,在函数对 glBegin(TYPE)和 glEnd()之间给出图形的顶点坐标集。连接各顶点的方式由 glBegin 中的类型决定。其基本形式如下:

glBegin(类型);//连接各顶点的方式
//图形的顶点坐标集;
glEnd();

顶点连接方式(构图类型)有下面几种,如图 11.2.2 所示。后面将用具体实例来理解它们。

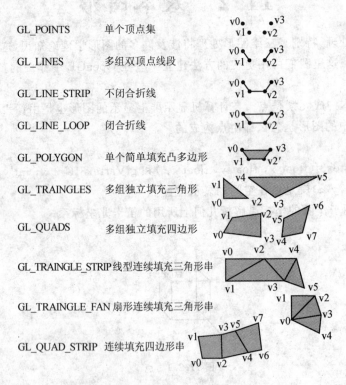

图 11.2.2  顶点的连接方式

图中 V0,V1,V2,…表示点的三维坐标。

**3. 构图实例**

(1)画点  就像我们学立体解析几何一样的命题:

在笛卡儿坐标上标出 $a(0,1,-1)$ 点、$b(-1,-1,0)$ 点和 $c(1,-1,0)$ 点。
题目的意思是按指定的坐标位置上画点,即按图 11.2.3 方式画图。
在 OpenGL 中做出这三点的算法如下,构图类型为单个顶点 GL_POINTS。

```
void Point()                              //画点
{ glBegin(GL_POINTS);                     // 单个顶点
    glVertex3f( 0.0f, 1.0f, -1.0f);       // a 点
    glVertex3f(-1.0f, -1.0f, 0.0f);       // b 点
    glVertex3f( 1.0f, -1.0f, 0.0f);       // c 点
  glEnd();
}
```

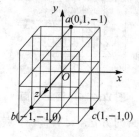 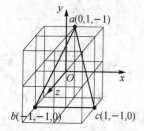

图 11.2.3　画点　　　　　　　　图 11.2.4　画线

(2) 画线　在笛卡儿坐标上做出所给位置点 $a,b,c$ 构成的线,如图 11.2.4 所示。
在 OpenGL 中做出这三个点构成的线算法如下,构图类型为闭合折线 CL_LINE_LOOP。

```
Void Line()                               //画线
{ glBegin(GL_LINE_LOOP);                  // 闭合折线
    glVertex3f( 0.0f, 1.0f, -1.0f);       // a 点
    glVertex3f(-1.0f, -1.0f, 0.0f);       // b 点
    glVertex3f( 1.0f, -1.0f, 0.0f);       // c 点
  glEnd();
}
```

(3) 画面　在笛卡儿坐标上做出所给位置点 $a,b,c$ 构成的面,如图 11.2.5 所示。
在 OpenGL 中做出 $a,b,c$ 三点构成的面算法如下,构图类型为填充凸多边形 GL_POLYGON。

```
void Triangle()                           //画面
{ glBegin(GL_POLYGON);                    // 填充凸多边形
glVertex3f( 0.0f, 1.0f, -1.0f);           // a 点
glVertex3f(-1.0f, -1.0f, 0.0f);           // b 点
glVertex3f( 1.0f, -1.0f, 0.0f);           // c 点
  glEnd();
}
```

画点、线、面一样,不同之处就在于构图类型的不同,下面再画一个由 $a,b,c,d$ 构成的正方面加以理解,如图 11.2.6 所示。

```
void Square()                     // 画正方面
{ glBegin(GL_POLYGON);            // 填充凸多边形
glVertex3f(0.0f,0.0f ,0.0f);      // a 点
glVertex3f(1.0f,0.0f, 0.0f);      // b 点
glVertex3f(1.0f,0.0f, -1.0f);     // c 点
glVertex3f(0.0f,0.0f, -1.0f);     // d 点
   glEnd();
}
```

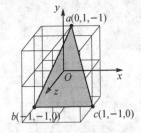

图 11.2.5  画面

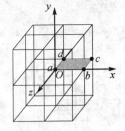

图 11.2.6  画正方面

（4）画立体图形  画正方体较为复杂，可用画正方面的方法，要有 24 个点画 6 个面才能构成正方体，如图 11.2.7 所示。

由于作图类型中的 GL_QUAD_STRIP 连续填充四边形串，可用这个作图类型来画一个正方体。图中有上下两个面的 4 角坐标点 $a_0, b_0, c_0, d_0$ 和 $a_1, b_1, c_1, d_1$ 共 8 个点。

```
Void Esquare()                    // 画正方体
{ glBegin(GL_QUAD_STRIP);         // 填充凸多边形
glVertex3f(0.0f,0.0f ,0.0f);      // a0 点
glVertex3f(0.0f,1.0f ,0.0f);      // a1 点
glVertex3f(1.0f,0.0f, 0.0f);      // b0 点
glVertex3f(1.0f,1.0f, 0.0f);      // b1 点
glVertex3f(1.0f,0.0f, -1.0f);     // c0 点
glVertex3f(1.0f,1.0f, -1.0f);     // c1 点
glVertex3f(0.0f,0.0f, -1.0f);     // d0 点
glVertex3f(0.0f,1.0f, -1.0f);     // d1 点
glVertex3f(0.0f,0.0f ,0.0f);      // a0 点
glVertex3f(0.0f,1.0f ,0.0f);      // a1 点
   glEnd();
// 现在这个正方体还缺上下两个面，应该补上，如图 11.2.8 所示。
glBegin(GL_POLYGON);              // 填充凸多边形
glVertex3f(0.0f,0.0f ,0.0f);      // a0 点
glVertex3f(1.0f,0.0f, 0.0f);      // b0 点
glVertex3f(1.0f,0.0f, -1.0f);     // c0 点
glVertex3f(0.0f,0.0f, -1.0f);     // d0 点
glVertex3f(0.0f,1.0f ,0.0f);      // a1 点
glVertex3f(1.0f,1.0f, 0.0f);      // b1 点
```

```
    glVertex3f(1.0f,1.0f,-1.0f);        // c_1 点
    glVertex3f(0.0f,1.0f,-1.0f);        // d_1 点
    glEnd();
}
```

因此,用这个方法画正方体用了 16 个点。

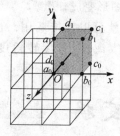

图 11.2.7  画正方体

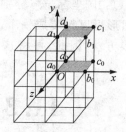

图 1.2.8  画上下两面

(5) 画圆  用 FOR 循环从 $0°\sim360°$ 旋转,用三角函数即可构成圆的轨迹。用扇形连续填充三角形串的作图方式就可以构成一个圆面。圆 11.2.9 是一个平行于 $xy$ 面的圆。

```
void Park ()                              // 画圆
{ glBegin(GL_TRIANGLE_FAN);               // 扇形连续填充三角形串
    glVertex3f(0,0,0.0f );
    for(int i = 0;i<= 390;i+= 30)
    {float p = (float)(i * 3.14/180);
    glVertex3f((float)sin(p),(float)cos(p),0.0f );
    // 圆轨迹
    }
    glEnd();
}
```

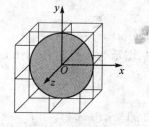

图 11.2.9  画圆

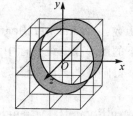

图 11.2.10  画柱

(6) 圆柱  如同作圆面的方法一样形成两个 $z$ 坐标不同的圆,用连续填充四边形串生成圆柱,如图 11.2.10 所示。

```
void Pillar () // 圆柱
{glBegin(GL_QUAD_STRIP);// 连续填充四边形串
    for(int i = 0;i<= 390;i+= 30)
    { float p = (float)(i * 3.14/180);
    glVertex3f((float)sin(p)/2,(float)cos(p)/2,1.0f );// 前圆
```

```
        glVertex3f((float)sin(p)/2,(float)cos(p)/2,0.0f );        // 后圆
    }
    glEnd();
}
```

将圆柱中的前(后)圆坐标设置或 $x=0,y=0$，图形变成圆锥。

将圆柱中的北(后)圆坐标 $x$、$y$ 分别除 3 或 4，看看图形变成什么。

这里要做的图形可以封装成一个函数，以后要用就可以直接调用。由于可以用 11.3 节所述的坐标变换方法，因此，可将这些图形任意放大或缩小，旋转角度放置在 OpenGL 的三维空间里。

## 11.3 几何变换

上节所做的图形如果直接在 OpenGL 中查看，将有一半是看不到的。因为在 OpenGL 的坐标系中，$z$ 坐标小于 0 的图形才在屏幕内，大于 0 的在屏幕外面了(这和视点有关系，OpenGL 的默认视点在 $(0,0,0)$，方向为 $-z$)。图 11.3.1 为物体与屏幕的坐标关系。

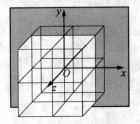

图 11.3.1 物体与屏幕

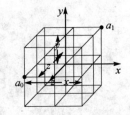

图 11.3.2 平移

要显示以上 11.1 节到 11.2 节的图形，按解析几何的原理，可以将 $z$ 坐标加一个负数，让 $z$ 坐标都小于 0，这就是坐标的平移，如图 11.3.2 所示。有时，我们还需要对图形的角度进行变化，需要对它们的大小进行缩放，这些在 OpenGL 中都有相应的解决方法。

**1. 平移**

坐标的平移函数：glTranslatef(float x, float y, float z)。

将该函数以下的图形在三维坐标中移动 $(x,y,z)$，图示为执行 glTranslatef$(2,1,-2)$。

$x$ 正向移 2，$y$ 正向移 1，$z$ 正向移 2。

**2. 旋转**

坐标旋转函数：glRotatef(float angle, float x, float y ,float z)。

将以下图形在指定轴上旋转角度 $a$。图示为执行 glRotatef$(-a,0,0,1)$。

$z$ 轴反方向(逆时针)旋转 $a$ 度的效果，如图 11.3.3 所示。

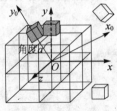

图 11.3.3 旋转

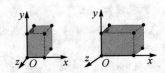

图 11.3.4 缩放

**3. 缩放**

缩放函数:glScalef(float x, float y, float z));x,y,z 是沿三个轴向缩放的比例因子。图示为执行 glScalef($a$,1,1);后图形在 $x$ 方向放大了 $a$ 倍,如图 11.3.4 所示。

## 11.4 辅助库物体

OpenGL 的辅助库有 11 组做好的基本三维物体,调用十分方便。每组包括两种形式:网状体(wire)和实心体(solid)。

这些物体的函数的入口参数是定义物体大小的。

Float radius                                  半径,浮点数
Float size                                    边长,浮点数
Float width, float height, float depth        宽、高、长,浮点数
Float innerRadius, float outerRadius          内、外壁半径,浮点数

| 功 能 | 函 数 | |
|---|---|---|
| 绘制球 | void aux WireSphere(float radius) | 网状体 |
| | void aux SolidSphere(float radius) | 实心体 |
| 绘制立方体 | void aux WireCube (float size) | 网状体 |
| | void aux SolidCube (float size) | 实心体 |
| 绘制长方体 | void auxWireBox(float width,float height,float depth) | 网状体 |
| | void auxSolidBox(float width,float height,float depth) | 实心体 |
| 绘制环形圆纹面 | void auxWireTorus(float innerRadius,float outerradius) | 网状体 |
| | void auxSolidTorus(float innerRadius,float outerradius) | 实心体 |
| 绘制圆柱 | void auxWireCylinder(float radius,float height) | 网状体 |
| | void auxSolidCylinder(float radius,float height) | 实心体 |
| 绘制二十面体 | void auxWirecosahedron(float radius) | 网状体 |
| | void auxSolidcosahedron(float radius) | 实心体 |
| 绘制八面体 | void auxWireOctahedron(float radius) | 网状体 |
| | void auxSolidOctahedron (float radius) | 实心体 |
| 绘制四面体 | void auxWireTetrahedron(float radius) | 网状体 |
| | void auxSolidTetrahedron (float radius) | 实心体 |
| 绘制十二面体 | void auxWireDodecahedron(float radius) | 网状体 |
| | void auxSolidDodecahedron (float radius) | 实心体 |
| 绘制圆锥 | void auxWireCone(float radius,float height) | 网状体 |
| | void auxSolidCone(float radius,float height) | 实心体 |
| 绘制茶壶 | void auxWireTeapot(float size) | 网状体 |
| | void auxSolidTeapot(float size) | 实心体 |

## 11.5 在 OpenGL 中显示图形

在 10 章我们已经在 Windows 上建立好了 OpenGL 的框架,并说明了后面的作图都是在 Render()中进行。

## 1. 打开 VC 源程序

启动 Visual Studio,如图 11.5.1 所示。在 Visual Studio 的"File"菜单栏中选择 Open Workspace 打开工程文件。

调入前面的 OpenGL 框架程序。

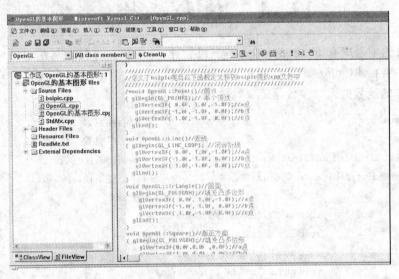

图 11.5.1　编辑源程序

## 2. 显示立体图形

在 Render()中加入显示物体的代码:

```
void OpenGL::Render()//OpenGL 图形处理
{       glClearColor(0.0f, 0.0f, 0.6f, 1.0f);            // 设置刷新背景色
glClear(GL_COLOR_BUFFER_BIT|GL_DEPTH_BUFFER_BIT);        // 刷新背景
glLoadIdentity();                                        // 重置当前的模型观察矩阵
//= = = = = = = = = = = = = = = =以下是显示图形= = = = = = = = = = = = = = = =
glColor3f(0,0,0);                                       // 黑色
glPushMatrix();                                         // 压入堆栈
glTranslatef( -5, 4, -13);                              // 坐标定位,平移
glRotatef(r,1.0,1.0,1.0);                               // 整体旋转
Point();                                                // 画点
glPopMatrix();                                          // 弹出堆栈
glPushMatrix();                                         // 压入堆栈
glTranslatef( 0, 4, -13);                               // 坐标定位,平移
glRotatef(r,1.0,1.0,1.0);                               // 整体旋转
Line();                                                 // 画线
glPopMatrix();
glPushMatrix();
glTranslatef( 5, 4, -13);
glRotatef(r,1.0,1.0,1.0);                               // 整体旋转
Triangle();                                             // 画面
```

```
glPopMatrix();
glPushMatrix();
glTranslatef(-5,0,-13);
glRotatef(r,1.0,1.0,1.0);            // 整体旋转
Square();                             // 画正方面
glPopMatrix();
glPushMatrix();
glTranslatef(0,0,-13);
glRotatef(r,1.0,1.0,1.0);            // 整体旋转
Esquare();                            // 画正方体
glPopMatrix();
glPushMatrix();
glTranslatef(5,0,-13);
glRotatef(r,1.0,1.0,1.0);            // 整体旋转
Park();                               // 画圆
glPopMatrix();
glPushMatrix();
glTranslatef(-5,-4,-13);
glRotatef(r,1.0,1.0,1.0);            // 整体旋转
Pillar();                             // 圆柱
glPopMatrix();
glPushMatrix();
glTranslatef(0,-4,-13);
glRotatef(r,1.0,1.0,1.0);            // 整体旋转
auxSolidCone(1,1);                   // 辅助库物体实面圆锥
glPopMatrix();
glPushMatrix();
glTranslatef(5,-4,-13);
glRotatef(r,1.0,1.0,1.0);            // 整体旋转
auxWireTeapot(1);                    // 辅助库物体线茶壶
glPopMatrix();
=================================================
glFlush();                            // 更新窗口
SwapBuffers(hDC);                    // 切换缓冲区
r+=1;if(r>360) r=0;
}
```

注意:自定义的图形函数 Point()画点、Line()画线、Triangle()画面等必须在 OpenGL 的类文件中定义,辅助库图形是 OpenGL 辅助库包含了的,只要在程序中引用 aux 库的头文件和指定连接库就可以用了,即

```
#include<gl\glaux.h>
#pragma comment(lib, "glaux.lib")
```

其中，每个图形前后都用了 glPushMatrix()压入堆栈，glPopMatrix();弹出堆栈函数，这是为了使各个图形的位置坐标都相互独立。一定要注意配对使用(在组合图形中还介绍它们的作用)。

为了便于观察各个立体图形，可让每个图形都在旋转 glRotatef($r$,1.0,1.0,1.0)，其中旋转角度 $r$ 应该定义成全局变量。

这样编译运行程序，可让指定的图形就在屏幕上显示出来了，如图 11.5.2 所示。

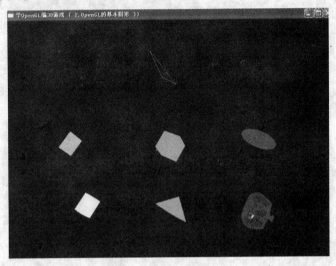

图 11.5.2　基本图形显示

## 11.6　建立物体类文件

但是我们很快会发现，这样的程序安排方法有个弊端，因为在这个 OpenGL 的场景中将显示成百上千的三维物体，都写在 Render() 这个 OpenGL 图形处理函数中是不明智的。比较好的方法是将那些三维物体写在一个类文件中，要用时直接调用就行了。现在我们来解决这个问题。

**1. 类文件建立方法**

在 Visual Studio 菜单 Insert 中选择 NewClass 新建一个类文件，如图 11.6.1 所示。

图 11.6.1　输入类文件名 bsipic

## 2. 将程序移到类文件中

将有关图形定义、显示的程序搬到类文件"bsipic.cpp"中：

```
#include "stdafx.h"
#include "bsipic.h"
bsipic::bsipic()
{ }
bsipic::~bsipic()
{ }
void bsipic::Point()                  // 画点
{ ... }
void bsipic::Line()                   // 画线
{ ... }
void bsipic::Triangle()               // 画面
{ ... }
void bsipic::Square()                 // 画正方面
{ ... }
void bsipic::Esquare()                // 画正方体
{ ... }
void bsipic::Park ()                  // 画圆
{ ... }
void bsipic::Pillar ()                // 圆柱
{ ... }
```

自定义图形函数的定义移到"bsipic.h"中，如图 11.6.2 所示。

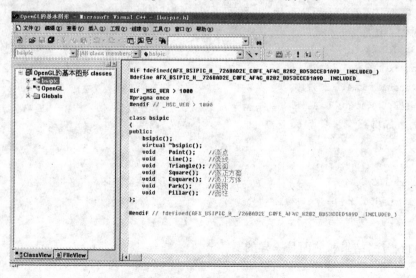

图 11.6.2 新建成的类文件

```
class bsipic
{
public:
```

```
    bsipic();
    virtual ~bsipic();
    void    Point();                    // 画点
    void    Line();                     // 画线
    void    Triangle();                 // 画面
    void    Square();                   // 画正方面
    void    Esquare();                  // 画正方体
    void    Park();                     // 画圆
    void    Pillar();                   // 圆柱
};
```

**3. 使用类中的函数**

在 OpenGL 中建立"bsipic"类的变量,如:

```
#include "bsipic.h"
class OpenGL
{   ...
    bsipic  m_bsipic;// 定义 bsipic 类变量
    ...
};
```

在 Render()图形处理中调用"bsipic"类的函数前面加上类变量 m_bsipic(见下面黑体字行)。

```
void OpenGL::Render()                                        // OpenGL 图形处理
{   glClearColor(0.0f, 0.0f, 0.6f, 1.0f);                     // 设置刷新背景色
    glClear(GL_COLOR_BUFFER_BIT|GL_DEPTH_BUFFER_BIT);         // 刷新背景
    glLoadIdentity();                                        // 重置当前的模型观察矩阵
    glColor3f(0,0,0);                                        // 黑色
    glPushMatrix();
    glTranslatef(-5, 4, -13);
    glRotatef(r,1.0,1.0,1.0);                                // 整体旋转
    m_bsipic.Point();                                        // 画点
    ...
    glFlush();                                               // 更新窗口
    SwapBuffers(hDC);                                        // 切换缓冲区
    r+=1;if(r>360) r=0;
}
```

现在运行程序,结果和前面是一样的。

## 11.7 本章程序结构

为让大家掌握整个程序的结构,下面分别列出本章全部程序的源文件和其中包含的功能函数。

## 第 11 章 OpenGL 的基本图形

"MyOpenGL 的基本图形.cpp"和 Windows 框架的程序。
头文件引用
定义全局变量
……略

"OpenGL.cpp"和 OpenGL 框架的程序。
头文件引用
定义全局变量

```
OpenGL::OpenGL()                              // 构造函数
{…}
OpenGL::~OpenGL()                             // 构析函数
{…}
BOOL OpenGL::SetupPixelFormat(HDC  hDC)       // 检测安装 OpenGL
{…}
Void OpenGL::init(int  width, int  Height)    // OpenGL 视口变换
{…}
Void OpenGL::Render()                         // OpenGL 图形处理
{…
```

基本图形显示。
…
}

```
Void OpenGL::CleanUp()                        //清除 OpenGL
{…}
```

"OpenGL.h"。
```
#include "bsipic.h"                           //"bsipic"类的引用
```

定义类变量
定义类函数

```
Bsipic   m_bsipic;                            // 定义 bsipic 类变量
```

"StdAfx.h"。OpenGL 开发包的连接指示。
……

连接库头文件引用
连接库连接位置
新增类文件"bsipic.cpp"。

```
#include"stdafx.h"
#include"bsipic.h"
bsipic::bsipic()                              // 构造函数
{}
bsipic::~bsipic()                             // 析构函数
{}
void bsipic::Point()                          // 画点
```

```
{…}
void bsipic::Line()                    // 画线
{…}
void bsipic::Triangle()                // 画面
{…}

void bsipic::Square()                  // 画正方面
{…}
void bsipic::Esquare()                 // 画正方体
{…}
void bsipic::Park()                    // 画圆
{…}
void bsipic::Pillar()                  // 圆柱
{…}
```

新增类文件"bsipic.h"。

```
Class bsipic
{public:bsipic();
virtual~bsipic()
void Point();                          // 画点
void Line();                           // 画线
void Triangle();                       // 画面
void Square();                         // 画正方面
void Esquare();                        // 画正方体
void Park();                           // 画圆
void Pillar()                          // 圆柱
};
```

# 习 题

1. 怎样在绘制多个物体时,控制各个物体的坐标?
2. 如何绘制圆柱?
3. 用线和面的方法绘制英文字母 A 与 B。
4. 绘制一个长宽高比例为 6∶3∶2 的长方体。

# 第 12 章  OpenGL 的组合图形及光照和贴图

本章将用 OpenGL 的基本图形和几何变换,来构造一些复杂的模型,以此了解各种琳琅满目的三维形象形成方法,也进一步理解 OpenGL 的基本图形和几何变换。注意,这些也是大家熟悉的 3DSMAX 等三维图形软件构图的基本原理。为了使三维物体形象逼真,还要学习光照和贴图的使用。

## 12.1  飞机模型

现在用一些基本图形来制作一架飞机,让它在 OpenGL 场景中盘旋,如图 12.1.1 所示。

假设现在有了这架飞机模型,它用函数 airplane(float x,float y,float z)表示,将它写在 OpenGL 图形处理函数中,就可以把飞机显示出来。

```
void OpenGL::Render()// OpenGL 图形处理
{ glClearColor(0.0f, 0.0f, 0.3f, 1.0f);// 设置刷新背景色
  glClear(GL_COLOR_BUFFER_BIT|GL_DEPTH_BUFFER_BIT);// 刷新背景
  glLoadIdentity();// 重置当前的模型观察矩阵
  airplane(0,8,-50);// 组合飞机
  glFlush();// 更新窗口
  SwapBuffers(hDC);// 切换缓冲区
}
```

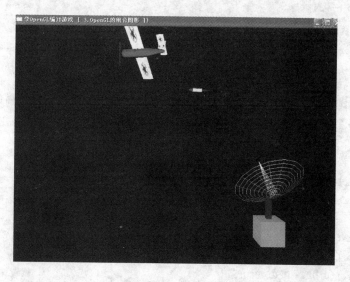

图 12.1.1  组合图形

## 12.1.1 构造飞机

用 OpenGL 的辅助库中的一些基本图形(当然也可以用第 11 章中自建的图形)来构造飞机,如:

| | |
|---|---|
| 用长方体做螺旋桨、机翼 | auxSolidBox(…) |
| 用球做机头。 | auxSolidSphere(…) |
| 用圆柱做机身。 | auxSolidCylinder(…) |
| 用圆锥做机尾。 | auxSolidCone(…) |

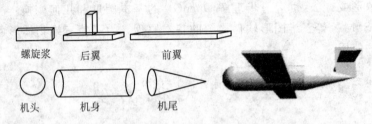

图 12.1.2 飞机构件

通过对这些基本图形的放大缩小、位置移动和角度旋转就可以构成飞机。
在 bsipic 类中的 airplane(…)函数就是用基本图形组合成一架飞机的程序,如

```
// 组合飞机
1 void bsipic::airplane(float x,float y,float z);    // 组合飞机
2 {glPushMatrix();                                    // 压入堆栈
3 glTranslatef(x,y,z);                                // 定位
4 glRotatef(-r,0.0,1.0,0.0);                          // 整体旋转
5 glColor3f(1.0,1.0,1.0);                             // 白色
//螺旋桨
6 auxSolidBox(1.6,0.3,0.05);                          // 螺旋桨,方(长,宽,高)
//机头
7 glTranslatef(0.0,0.0,-0.5);                         // 后移
8 auxSolidSphere(0.5);                                // 机头,圆(半径)
//机身
9 glRotatef(90,1.0,0.0,0.0);                          // 角度调整,与机头对接
10 glTranslatef(0.0f,-1.0f,0);                        // 位置调整,与机头对接
11 auxSolidCylinder(.4f,2.0);                         // 机身,圆柱(半径,高)
//机尾
12 glRotatef(-270,1.0,0.0,0.0);                       // 角度调整
13 glTranslatef(0.0f,-0.0f,1.0f);                     // 位置调整,缩进一点
14 auxSolidCone(.4,1.5);                              // 机尾,圆锥(底半径,高)
//后翼
15 glTranslatef(0.0f,-0.5f,1.2f);                     // 位置调整
16 auxSolidBox(3,0.05f,0.5f);                         // 后翼
17 glTranslatef(0.0f,-0.0f,0.0f);                     // 位置调整
18 auxSolidBox(0.05,1.0f,0.60f);                      // 后垂翼
```

```
   //前翼
19 glTranslstef(0.0f,0.7f,-1.9f);          // 位置调整
20 auxSolidBox(8,0.05f,0.7f);              // 前翼
21 glPopMatrix();                          // 弹出堆栈
22}
```

## 12.1.2 程序注释

下面源程序的行号数是为了注释而人为加上的。

1 行　定义一个叫 airplane()函数表示飞机,入口参数为飞机的三维空间坐标。这个函数是定义在 bsipic 类里面的。

2 行　将当前空间位置压入堆栈。glPushMatrix()是处理复杂模型的关键函数(在 11 章中已经用了它),它的具体意思是"记住我在哪"。其作用是可以将 OpenGL 场景中众多的物体对象分别处理。它在构建模型中有重要的作用,在后面还要多处讲到应用实例。它和 21 行的 glPopMatrix()弹出堆栈一定要配对使用。

3 行　由函数入口参数对飞机进行定位,这个位置对下面所有图形生效。

4 行　以 3 行确定的位置为基点,绕 $y$ 轴旋转 $-r°$。如果 $r$ 是个变数,飞机就会动态旋转。

5 行　定义图形颜色为白色,对以下所有图形生效。

6 行　用一个长方体做飞机的螺旋桨。

7 行　将坐标位置向 $-z$ 方向移动一点,如果不移动这点,后面要显示的机头和前面的螺旋桨重叠。

8 行　用一个圆球做飞机的头。

9~11 行　用一个圆柱做机身,由于基本的圆柱角度不符合要求,在 9 行中可将它绕 $x$ 轴旋转 90°。10 行将位置向 $-y$ 方向移动一点,以便机身和机头对接。

12~14 行　用一个圆锥做机尾,同样对它的角度、位置进行调整,与机身对接好。

15~18 行　分别用两个长方体做飞机的后翼和垂翼,也要对它们的位置进行调整,后翼和垂翼的水平垂直是调整长方体的长宽高得到的。

19~20 行　用一个长方体做飞机的前翼。

21 行　弹出堆栈,取回原来的坐标位置。这样 OpenGL 的坐标位置就回到了第 3 行定位前的地方,也叫"返回自己原来所在地"。

22 行　airplane()函数的结束。

## 12.1.3 增加动感

经 12.1.1 节介绍一架飞机模型已经做好。注意,飞机模型 airplane(…)具备一定的独立性、完整性,任何时候它都可以作为一个完整的模型供我们调用。

当然这还是一个不完善的模型,由于只用了一些基本的圆、方、柱和锥构图,它看起来很粗糙。可以用更精细的曲面来构造飞机的轮廓,3DSMAX 做的模型就是用大量的高精度的曲面构成。实际使用中可以在 OpenGL 调用 3DSMAX 那样的软件做好的 3D 模型(3DS 文件调用)。

另外从这架飞机显示出来的效果看,随 $r$ 值的变化飞机以螺旋桨为中心原地打转,没有盘

旋的效果,螺旋桨也没转。若在程序中插入 A、B 行的代码就可以让飞机绕一定的半径盘旋,并且还向圆内倾斜的效果,再插入 C、D、E 行代码就可以使螺旋桨转起来,即:

```
1   void bsipic::airplane(float x,float y,float z)      // 组合飞机
2   glPushMatrix();                                     // 压入堆栈
3   Translatef(x,y,z);                                  // 定位
4   glRotatef(-r,0.0,1.0,0.0);                          // 整体旋转
A   glTranstatef(30.0,0.0,0.0,1.0);                     // 飞机的旋转半径
B   glRotatef(30,0.0,0.0,1.0);                          // 飞机的倾斜
5   glColor3f(1.0,1.0,1.0);                             // 白色
//螺旋桨
C glPushMatrix();//
D   glRotatef(-r*30,0.0,0.0;1.0);                      // 螺旋桨旋转
6   auxSolidBox(1.6,0.3,0.05);                          // 螺旋桨,方(长,宽,高)
E glPopMatrix();
//机头
7   glTranslatef(0.0,0.0,-0.5);                         // 后移
8   auxSolidSphere(0.5);                                // 机头,圆(半径)
//机身
……略
21  glPopMatrix();                                      // 弹出堆栈
22 }
```

插入行的程序注释:

A 行 将模型的位置向 $x$ 方向移动 20 个单位。这样第 4 行的螺旋对象就产生了绕第 3 行所定中心,且半径为 20 个单位的盘旋效果。

B 行 将下面的图形在 $z$ 轴倾斜 30°,造成一点真实的盘旋效果。

C 行 将当前的位置、角度压入堆栈保护起来。

D 行 让螺旋桨图形绕 $z$ 轴快速旋转,可在 $r$ 上乘 30。

E 行 弹出堆栈,恢复被保护的位置和角度。

## 12.2 贴 图

现在我们的飞机还像一个石膏模型,除了在颜色上可以装饰一点什么,飞机亦无质感。可喜的是 OpenGL 为我们提供了在模型上贴图的许多方法,像一个长方形加上墙面的贴图,就可以是一幢逼真的房子,现在我们来看看在模型上贴图的方法。

### 12.2.1 调入图形文件

用作贴图的图形文件可以有多种文件格式,这里只介绍 BMP 位图格式。

首先定义一个全局数组变量 g_cactus[2]用于表示两个贴图。变量 g_cactus[0]表示贴图 0,变量 g_cactus[1]表示贴图 1。这里是定义的 UINT 型数组变量,不清楚的可看一下有关 C++的书籍。定义两个贴图编号的原因是在下面将介绍两种引用贴图的方法。

## 第 12 章  OpenGL 的组合图形及光照和贴图

我们还要定义一个 OpenGL 特有的 GLUquadricObj 型贴图缓存 g_text，这是用于几个 OpenGL 的基本图形的贴图。

下面程序是调用 LoadT8(…)函数，将两个图形文件调入计算机内存。

首先在类文件"bsipic.h"中定义全局变量，然后在类的构造函数中调入贴图。

```
UINT g_cactus[2];                                    // 贴图
GLUquadricObj * g_text;                              // 贴图指针
bsipic::bsipic()
{   g_text = gluNewQuadric();                        // 申请贴图缓存
    LoadT8("aa.BMP",g_cactus[0]);                    // 贴图 0
    LoadT8("bb.BMP",g_cactus[1]);                    // 贴图 1
}
```

LoadT8(…)函数是将文件名为 filename 的 BMP(…)位图调入计算机内存，调入的图形位置由 texture 贴图编号指示。这是个调 BMP 位图的函数，它只能用于 8 位色(256 色)的 BMP 图形文件。下面是 LoadT8(…)函数的程序代码。

```
bool bsipic::LoadT8(char * filename, GLuint &texture)   // 调 8 位贴图
{   AUX_RGBImageRec * pImage = NULL;
    pImage = auxDIBImageLoad(filename);                 // 装入位图
    if(pImage == NULL)         return false;            // 确保位图数据已经装入
    glGenTextures(1, &texture);                         // 生成纹理
    glBindTexture    (GL_TEXTURE_2D,texture);           // 捆绑纹理
    gluBuild2DMipmaps(GL_TEXTURE_2D,4, pImage->sizeX,
    pImage->sizeY,GL_RGB, GL_UNSIGNED_BYTE,pImage->data);
    free(pImage->data);                                 // 释放位图占据的内存资源
    free(pImage);
    return true;                                        // 返回 true
}
```

程序的基本意思是，使用 OpenGL 辅助库的 auxDIBImageload(…)函数，将图形文件 "filename.bmp"调入图形缓存 pImage，在计算机内存中生成贴图数据存放在贴图缓存 g_text 中。

### 12.2.2  给模型贴图

现在已调入了"aa.bmp"、"bb.bmp"两个图形，它们分别由 g_cactus[0]、g_cactus[1]指示，在贴图缓存 g_text 中保存的是最近一次捆绑的贴图(纹理)。下面可以用它们给模型贴图了。

下面这个 airplane(…)组合飞机函数与 12.1 节的同名函数的基本意思是一样的。为了使用贴图，可在构图中不使用 OpenGL 的辅助库 aux 开头的基本图形，改用以下基本图形，即

(1) 长方体 auxSolidBox(宽、高、长);

换成自定义长方体         自定义的 Box(宽、高、长)。

(2) 圆 auxSolidSphere(半径);

换成 OpenGL 实用库的 gluSphere(贴图、半径、经线数、纬线数)。

(3) 柱 auxSolidCylinder(半径、高);
   锥 auxSolidCone(底半径、高);
换成 OpenGL 实用库的 gluCylinder(贴图、上半径、下半径、纵线数、元线数);

```
Void bsipic::airplane(float x,float y,float z)        // 组合飞机
{   glPushMatrix();                                   // 压入堆栈
  glTranslatef(x,y,z);                                // 飞机的定位
  glRotatef(-r,0.0,1.0,0.0);                          // 飞机的旋转
  glTranslatef(30,0,0);                               // 飞机的旋转半径
  glRotatef(30,0.0,0.0,1.0);                          // 飞机的倾斜
  glPushMatrix();                                     // 压入堆栈
  glRotatef(-r*30,0.0,0.0,1.0);                       // 飞机的旋转
  glColor3f(0.0,0.0,1.0);                             // 蓝色
1   Box(1.0f,0.1f,0.02f);                             // 螺旋桨,长方体
    glPopMatrix();                                    // 弹出堆栈
    glColor3f(1.0,1.0,1.0);                           // 白色
2   glEnable(GL_TEXTURE_2D);                          // 贴图有效
3   glBindTexture(GL_TEXTURE_2D,g_cactus[1]);         // 贴图 1
    glTranslatef(0.0f,0.0f,-0.5f);                    // 后移
4   gluSphere(g_text,0.4f,8,8);                       // 机头,圆
    glTranslatef(0.0f,-0.0f,-2);                      // 位置调整,与机头对接
5   gluCylinder(g_text,0.4,0.4,2.0,8,4);              // 机身,圆柱
    glRotatef(-180,1.0,0.0,0.0);                      // 角度调整
    glTranslatef(0.0f,-0.0f,0.0f);                    // 位置调整,缩进一点
6   gluCylinder(g_text,0.4,0.1,1.5,8,4);              // 机尾,圆锥
7   glDisable(GL_TEXTURE_2D);                         // 取消贴图
8   glBindTexTure(GL_TEXTURE_2D,g_cactus[0]);         // 贴图 0
    glTranslatef(0.0f,-0.8f,1.2f);                    // 位置调整
9   Box(1.0,0.05f,0.3f);                              // 后翼,长方体
    glTranslatef(0.0f,0.1f,0.0f);                     // 位置调整
10  Box(0.05f,0.6f,0.30f);                            // 后垂翼,长方体
    glTranslatef(0.0f,0.7f,-1.9f);                    // 位置调整
11  Box(3,0.05f,0.5f);                                // 前翼,长方体
    glPopMatrix();                                    // 弹出堆栈
}
```

对照 12.1.2 和 12.1.3 节所述内容来理解这段程序,与前面相同的这里省略。

1 行   调用自定义的长方体 Box 画螺旋桨,这时还没有让贴图有效,但定义了蓝色,因此螺旋桨无贴图为蓝色。

2 行   贴图有效。

3 行   指定贴图 1,贴图缓存 g_text 中为贴图 1g_cactus[1]指定的图形,以下贴到指定图形面上的就是"bb.bmp"的图形。

4 行   用圆显示机头,圆面上就覆盖了贴图 1 指定的图形。

5 行 用圆柱显示机身,圆柱面上覆盖了贴图 1 指定的图形。

6 行 用圆柱显示机尾,令圆柱的下半径小于上半径,就成为需要的圆锥形。圆锥面上也覆盖了贴图 1 指定的图形。

7 行 取消当前贴图(看后面,这句可以不要)。

8 行 指定贴图 0。以下贴到指定图形面上的就是"aa.bmp"的图形。

9—11 行 用自定义的长方体 Box(…)显示机翼。在第 8 行已经指定贴图 0,如果在 Box(…)中有贴图的相关指令,那么在机翼的面上将覆盖贴图 0 指定的图形。

## 12.2.3 自定义长方体 BOX

很遗憾,OpenGL 的实用库中没有像 gluSphere(),gluCylinder()这样带贴图的立方体基本图形,只有自己做了。

在第 10 章中已经知道了立方体的构成方法,现重做一次,方法略有不同,即分别将立方体的六个面都做出来。这样的目的,是要在模型面上加入贴图功能。

```
void bsipic::Box(float x,float y,float z)
{ glPushMatrix();//压入堆栈
    glScalef(x,y,z);
    glEnable(GL_TEXTURE_2D);                        // 使用纹理贴图
glBegin(GL_QUADS);                                  // 多组独立填充四边形
    glTexCoord2f(0.0f, 0.0f); glVertex3f(-1.0f, -1.0f,  1.0f);    // 前
    glTexCoord2f(1.0f, 0.0f); glVertex3f( 1.0f, -1.0f,  1.0f);
    glTexCoord2f(1.0f, 1.0f); glVertex3f( 1.0f,  1.0f,  1.0f);
    glTexCoord2f(0.0f, 1.0f); glVertex3f(-1.0f,  1.0f,  1.0f);
    glTexCoord2f(1.0f, 0.0f); glVertex3f(-1.0f, -1.0f, -1.0f);    // 后
    glTexCoord2f(1.0f, 1.0f); glVertex3f(-1.0f,  1.0f, -1.0f);
    glTexCoord2f(0.0f, 1.0f); glVertex3f( 1.0f,  1.0f, -1.0f);
    glTexCoord2f(0.0f, 0.0f); glVertex3f( 1.0f, -1.0f, -1.0f);
    glTexCoord2f(0.0f, 1.0f); glVertex3f(-1.0f,  1.0f, -1.0f);    // 上
    glTexCoord2f(0.0f, 0.0f); glVertex3f(-1.0f,  1.0f,  1.0f);
    glTexCoord2f(1.0f, 0.0f); glVertex3f( 1.0f,  1.0f,  1.0f);
    glTexCoord2f(1.0f, 1.0f); glVertex3f( 1.0f,  1.0f, -1.0f);
    glTexCoord2f(1.0f, 1.0f); glVertex3f(-1.0f, -1.0f, -1.0f);    // 下
    glTexCoord2f(0.0f, 1.0f); glVertex3f( 1.0f, -1.0f, -1.0f);
    glTexCoord2f(0.0f, 0.0f); glVertex3f( 1.0f, -1.0f,  1.0f);
    glTexCoord2f(1.0f, 0.0f); glVertex3f(-1.0f, -1.0f,  1.0f);
    glTexCoord2f(1.0f, 0.0f); glVertex3f( 1.0f, -1.0f, -1.0f);    // 左
    glTexCoord2f(1.0f, 1.0f); glVertex3f( 1.0f,  1.0f, -1.0f);
    glTexCoord2f(0.0f, 1.0f); glVertex3f( 1.0f,  1.0f,  1.0f);
    glTexCoord2f(0.0f, 0.0f); glVertex3f( 1.0f, -1.0f,  1.0f);
    glTexCoord2f(0.0f, 0.0f); glVertex3f(-1.0f, -1.0f, -1.0f);    // 右
    glTexCoord2f(1.0f, 0.0f); glVertex3f(-1.0f, -1.0f,  1.0f);
    glTexCoord2f(1.0f, 1.0f); glVertex3f(-1.0f,  1.0f,  1.0f);
```

```
        glTexCoord2f(0.0f, 1.0f); glVertex3f(-1.0f,  1.0f, -1.0f);
    glEnd();
    glDisable(GL_TEXTURE_2D);                          // 取消纹理贴图
    glPopMatrix();
}
```

这里的长方体主要由 glBegin—glEnd() "多组独立填充四边形"构造的六个面组成。可以在三维坐标中将 glVertex3f() 里的六组(前、后、上、下、左、右)及每组四个坐标点描出来看看。不同的是每个坐标点前有了一组二维坐标数据 glTexCoord2f(),这就是决定贴图位置的坐标。只要这时贴图有效,当前指定的贴图就贴上了。

从构成长方体的三维坐标数值来看,这个长方体的长宽高都是一个标准单位,可以用缩放函数 glScalef(x,y,z) 得到任意尺寸的长方体。

需要说明的是:在 OpenGL 中贴图的图形文件大小(尺寸)是有规定的,要求图形的高、宽像素点是 2 的 N 次方,即图形的高宽应分别是 32、64、128、256……个像素点。可以修改本例中"aa.bmp"或"bb.bmp"文件大小(尺寸)看看会有什么结果。

## 12.3　又一个组合图形

为加深对组合图形的理解,特别是对基本图形的缩放、移动和旋转的理解,下面再给出一个组合图形。这是一个雷达站,它的上空有一支火箭在飞。

```
void bsipic::picter(float x,float y,float z)           // 组合图形
{glPushAttrib(GL_CURRENT_BIT);                         // 保存现有颜色属性
 glPushMatrix();//平台============================
glTranslatef(x,y+0.5f,z);                              // 平台的定位
glColor3f(0.0f,1.0f,0.2f);                             // 绿色
auxSolidCube(1);                                       // 方台(边长)
glTranslatef(0.0f,0.8f,0.0f);                          // 架的位置调整,上升 0.8
glColor3f(0.0f,0.0f,1.0f);                             // 蓝色
auxSolidBox(.2f,1.3f,.2f);                             // 长方架(宽、高、长)
 glPopMatrix();
 glPushMatrix();//雷达===========================
glTranslatef(x,y+2.5f,z);                              // 雷达的定位 1
glRotatef(r-90,0.0,1.0,0.0);                           // 雷达旋转 2
//=============================================
glColor3f(1.0f,1.0f,1.0f);                             // 白色
glRotatef(45, 1.0, 0.0, 0.0);                          // 盘的角度调整,仰 30°
auxWireCone(1.5,0.6f);                                 // 线圆锥盘(底半径、高)
//=============================================
glRotatef(180, 1.0, 0.0, 0.0);                         // 杆的角度调整,反方向转
glTranslatef(0.0f,0.0f,-0.7f);                         // 杆的位置调整,缩进一点
auxWireCone(0.2f,2.0f);                                // 圆锥杆(底半径、高)
glColor3f(FRAND,0,0);                                  // 随机红色
```

```
    glTranslatef(0.0f,0.0f,2.0f);                    // 杆的位置调整,缩进一点
    auxSolidSphere(0.1f);                            // 圆(半径)
    glPopMatrix();

    glPushMatrix();//火箭 = = = = = = = = = = = = = = = = = = = = = = = = = =
    glTranslatef(x,y+10.0f,z);                       // 火箭的定位
    glRotatef(r, 0.0, 1.0, 0.0);                     // 火箭的旋转
    glTranslatef(15,0,0);                            // 火箭的定位
    //= = = = = = = = = = = = = = = = = = = = = = = = = = = = = = = = = = = =
    glColor3f(1.0f,0.0f,0.0f);                       // 红色
    glRotatef(180, 0.0, 1.0, 0.0);                   // 角度调整,与雷达平行,箭头朝前
    auxSolidCone(.2,0.6);                            // 圆锥(底半径、高)
    //= = = = = = = = = = = = = = = = = = = = = = = = = = = = = = = = = = = =
    glColor3f(1.0f,1.0f,1.0f);                       // 白色
    glRotatef(90, 1.0, 0.0, 0.0);                    // 角度调整,与火箭头对接
    glTranslatef(0.0f,-1.0f,0);                      // 位置调整,与火箭头对接
    auxSolidCylinder(.2f,1);                         // 圆柱(半径、高)
    glRotatef(-270, 1.0, 0.0, 0.0);
    glColor3f(FRAND+.6f,0.2f,0.0f);                  // 随机色
    glTranslatef(0.0f,-0.0f,-0.2f);                  // 位置调整,缩进一点
    auxSolidCone(.2,1.5);                            // 圆锥(底半径、高)
    glPopMatrix();
    glPopAttrib();                                   // 恢复前一属性
    r+ = 0.5f;if(r>360) r=0;
}
```

## 12.4　使用灯光

### 12.4.1　OpenGL 光组成

在 OpenGL 简单光照模型中的几种光分为:辐射光(Emitted Light)、环境光(Ambient Light)、漫射光(Diffuse Light)和镜面光(Specular Light)。

辐射光是最简单的一种光,它直接从物体发出并且不受任何光源影响。

环境光是由光源发出经环境多次散射而无法确定其方向的光,即似乎来自所有方向。一般说来,房间里的环境光成分要多些,而户外的相反要少得多,因为大部分光按相同方向照射,而且在户外很少有其他物体反射的光。当环境光照到曲面上时,它在各个方向上均等地发散(类似于无影灯光)。

漫射光来自一个方向,它垂直于物体时比倾斜时更明亮。一旦它照射到物体上,则在各个方向上均匀地发散出去。于是,无论视点在哪里它都一样亮。来自特定位置和特定方向的任何光,都可能有散射成分。

镜面光来自特定方向并沿另一方向反射出去,一个平行激光束在高质量的镜面上

产生100%的镜面反射。光亮的金属和塑料具有很高反射成分,而像粉笔和地毯等几乎没有反射成分。因此,从某种意义上讲,物体的反射程度等同于其上的光强(或光亮度)。

## 12.4.2 创建光源

光源有许多特性,如颜色、位置和方向等。选择不同的特性值,则对应的光源作用在物体上的效果也不一样。下面详细讲述定义光源特性的函数glLight*(),即

void glLight{if}[v](GLenum light , GLenum pname, TYPE param)

为创建具有某种特性的光源。其中第一个参数 light 指定所创建的光源号,如 GL_LIGHT0、GL_LIGHT1、…、GL_LIGHT7。第二个参数 pname 指定光源特性,这个参数的辅助信息见表12.4.1所列。最后一个参数设置相应的光源特性值。

表 12.4.1 函数 glLight*() 参数 pname 说明

| pname 参数名 | 默认值 | 说 明 |
| --- | --- | --- |
| GL_AMBIENT | (0.0, 0.0, 0.0, 1.0) | RGBA 模式下的环境光 |
| GL_DIFFUSE | (1.0, 1.0, 1.0, 1.0) | RGBA 模式下的漫反射光 |
| GL_SPECULAR | (1.0,1.0,1.0,1.0) | RGBA 模式下的镜面光 |
| GL_POSITION | (0.0,0.0,1.0,0.0) | 光源位置齐次坐标$(x,y,z,w)$ |
| GL_SPOT_DIRECTION | (0.0,0.0,-1.0) | 点光源聚光方向矢量$(x,y,z)$ |
| GL_SPOT_EXPONENT | 0.0 | 点光源聚光指数 |
| GL_SPOT_CUTOFF | 180.0 | 点光源聚光截止角 |
| GL_CONSTANT_ATTENUATION | 1.0 | 常数衰减因子 |
| GL_LINER_ATTENUATION | 0.0 | 线性衰减因子 |
| GL_QUADRATIC_ATTENUATION | 0.0 | 平方衰减因子 |

注意:以上列出的 GL_DIFFUSE 和 GL_SPECULAR 的默认值只能用于 GL_LIGHT0,其他几个光源的 GL_DIFFUSE 和 GL_SPECULAR 的默认值为(0.0,0.0,0.0,1.0)。

光源的创建为:

GLfloat light_position[] = { 1.0, 1.0, 1.0, 0.0 };
glLightfv(GL_LIGHT0, GL_POSITION, light_position);

其中 light_position 是一个指针,指向定义的光源位置齐次坐标数组。其他几个光源特性都为默认值。同样,也可用类似的方式定义光源的其他几个特性值,例如:

GLfloat light_ambient [] = { 0.0, 0.0, 0.0, 1.0 };
GLfloat light_diffuse [] = { 1.0, 1.0, 1.0, 1.0 };
GLfloat light_specular[] = { 1.0, 1.0, 1.0, 1.0 };

```
glLightfv(GL_LIGHT0, GL_AMBIENT, light_ambient);
glLightfv(GL_LIGHT0, GL_DIFFUSE, light_diffuse);
glLightfv(GL_LIGHT0, GL_SPECULAR, light_specular);
```

## 12.4.3 启动光照

在 OpenGL 中,必须明确指出光照是否有效或无效。如果光照无效,则只是简单地将当前颜色映射到当前顶点上去,不进行法向、光源、材质等复杂计算,则显示的图形就没有真实感,如前几章的例程运行结果显示。要使光照有效,首先得启动光照,即:

glEnable(GL_LIGHTING);

若使光照无效,则调用 gDisable(GL_LIGHTING)可关闭当前光照。然后,必须使所定义的每个光源有效,例如只用了一个光源,即:

glEnable(GL_LIGHT0);

其他光源类似,只是光源号不同而已。

## 12.4.4 在程序中使用光源

### 1. 声明灯光函数

```
class bsipic
{   ...
    void light0(float x,float y,float z,float a);        // 光
    ...
};
```

### 2. 实现灯光函数

```
void bsipic::light0(float x,float y,float z,float a)     // 光
{   GLfloat light_position[] = {x,y,z,a};
    glLightfv(GL_LIGHT0, GL_POSITION, light_position);
    glEnable(GL_LIGHTING);
    glEnable(GL_LIGHT0);
    glEnable(GL_DEPTH_TEST);
    glEnable(GL_COLOR_MATERIAL);
}
```

### 3. 使用灯光

```
BOOL OpenGL::SetupPixelFormat(HDC hDC0)                  // 检测安装 OpenGL
{   ...
    m_bsipic = new bsipic();
    m_bsipic->light0(0,10,-20,128);
    return TRUE;
}
```

## 12.5 本章程序结构

为让大家掌握整个程序的结构,这里列出了本章全部程序的源文件和其中包含的功能函数。

"MyOpenGL 的组合图形.cpp"。Windows 框架的程序。
……略
"OpenGL.cpp"。OpenGL 框架的程序。
……略
"OpenGL.h"。
#include"bsipic.h"                                    //"bispic"类的引用
bsipic  m_bsipic;                                     // 定义 bsipic 类变量
……略
"StdAfx.h"。OpenGL 开发包的连接指示。
……略
"bispic.cpp"。自定义的组合图形。
#include"stdafx.h"
#include"bsipic.h"
bsipic::bsipic()                                      // 构造函数
{ g_text = gluNewQuadric();
  LoadT8("aa.BMP",g_cactus[0]);                       // 贴图
LoadT8("bb.BMP",g_cactus[1]);                         // 贴图
}
bsipic::~bsipic()                                     // 析构函数
{}
void bsipic::light()(float x,float y,float z,float a) // 环境光
{…}
void bsipic::airplane(float x,float y,float z)        // 组合飞机
{…}
void bsipic::Box(float x,float y,float z)             // 自定义长方体
{…}
void bsipic::picter(float x,float y,float z)          // 组合图形雷达
{…}
void bsipic::LoadTexture8(char * filename,Gluint&texture)  // 调 8 位贴图
{…}
"bispic.h"。类变量、函数定义。
class bsipic
{   public:bsipic();
virtual~bsipic();
//变量、函数定义
UINT  g_cactus[2];                                    // 贴图
GLUquadricObj * g_text;

## 第12章 OpenGL 的组合图形及光照和贴图

```
    void    Box(float x,float y,float z);                    // 自定义长方体
    void    picter(float x,float y,float z);                 // 组合图形雷达
    void    airplane(float x,float y,float z);               // 组合飞机
    void    light0(float x,float y,float z,float a);         // 环境光
    bool    LoodT8(char *filename,Gluint &texture);          // 调8位贴图
};
```

# 习 题

1. 完成本章的程序,并使飞机做直线运动。
2. OpenGL 中有默认光源吗?在本章程序中增加一个光源。
3. OpenGL 中如何进行贴图?

# 第13章 摄像漫游与 OpenGL 的坐标变换

很多人认为计算机图形处理技术发展到今天,真正让人激动的是三维模拟技术。这一技术使自然界的山山水水在计算机中被真实地模拟出来。人们的视觉在这个虚拟世界中漫游,上天入地、穿山越岭,3D 游戏更是将这个技术发挥得淋漓尽致。

在 3D 游戏中,我们(第一人称游戏)可以在三维场景中漫游,穿街过巷。随着人们的移动,人们看到的景像也在变化;抬头可以看见天上的乌云密布,低头可以绕开地上的坛坛罐罐。这样在真实的世界的漫游效果就是正是在本章要学习的内容。

人在行走过程中视觉的效果在 OpenGL 中被模拟出来,这包括物体的移动、视角变换,现在我们来做这个有趣的工作。

## 13.1 摄像机+漫游

人对世界的综合视觉观察效果,是源于人们的眼睛。眼睛就像一架照相机,将外部影像反映到人的大脑。

在计算机 OpenGL 的 3D 图形处理技术中,也有类似人们眼睛的东西 glulookAt(…)观察函数,如果这个观察点在 OpenGL 场景中的位置发生变化,则在计算机屏幕上的图像(相当人们大脑映象)就发生变化。

### 13.1.1 原　理

前面所涉及到的,在计算机屏幕上观看图形时,观察点默认为(0,0,0),也就是为什么总是要把图形的 $z$ 坐标设为小于 0 的原因($z$ 大于 0 时图形在屏幕外面的)。在 OpenGL 中观察虚拟世界的主要函数 glulookAt(…),它的主要的作用是可以改变人们在 OpenGL 场景的观察点,这个观察点就好像人的眼睛,也好像手中的摄像机。在一个场景中行走时,看到前面的物景越来越近,两边的物体在向后退,这就是人的观察点在场景中的位置改变的结果。

图 13.1.1　视点与目标点

glulookAt(视点、目标点和视点方向)。

其中视点(观察点)是一个三维坐标量。

$x$ 量的变化就像人在场景中横向移动。

$y$ 量的变化就像是人的身体高度的变化(游戏中角色的站立、卧倒)。

z 量的变化就像是人在场景中前后移动。

目标点、视点方向也分别是三维坐标量。

视点的变化,相当于人在场景中的移动。

目标点的变化,相当于人站立着不动时,头或手中的相机上下左右移动的效果。

视点方向在 $y=1$ 则表示人的脑袋始终是正立的。如果你要表现在飞机里转弯看到大地倾斜的效果,你可以试试改变视点方向的 $x$、$z$ 值。

要正确理解 glulookAt(…)函数,需要一定的矩阵数学和立体几何的知识。好在下面介绍的摄像漫游函数有一定的普遍性,后面都可以直接使用它。如果这里有人不能很好的理解它也没什么关系,让我们在后面的多次使用中再认识它吧。

## 13.1.2 漫游程序

在类文件"bsicpic.cpp"中 DisplayScene()函数的功能是摄像机漫游。它可以通过操作光标上下左右键,来改变视点位置,从而达到在场景中漫游的视觉效果。注意,其中涉及到一些技术问题,大家可在程序的调试中去理解它。

KEY_DOWN(vk_code)是取指定键 vk_code 状态。它是由 GetAsyncKeyState(vk_code)这个 Windows 的底层函数宏定义得来的。这是为我们在程序中获取光标按键、操作漫游而准备的。

定义浮点数组 g_look[3]表示目标点(一组数组)。其中 g_look[0]、g_look[1]、g_look[2]表示目标点的 $x$、$y$、$z$ 分量。

定义浮点数组 g_eye[3]表示视点。其中 g_eye[0]、g_eye[1]、g_eye[2]表示视点的 $x$、$y$、$z$ 分量。

(后面介绍定义方法)

```
BOOL bsipic::DisplayScene()                              // 摄像漫游
1   {float speed = 0.2f;                                 // 步长
2    if(KEY_DOWN(VK_SHIFT))      speed = speed * 2;      // 按 SHIFT 时的加速
3    if(KEY_DOWN(VK_LEFT))       g_Angle -= speed;       // 左转,方位角 -
4    if(KEY_DOWN(VK_RIGHT))      g_Angle += speed;       // 右转,方位角 +
5    rad_xz = float(3.14159 * g_Angle/180.0f);           // 换算左右旋转角度为弧度
6    if(KEY_DOWN(33))            g_elev += speed;        // PageUp 键
7    if(KEY_DOWN(34))            g_elev -= speed;        // PageDown 键
8    if(KEY_DOWN(VK_UP))                                 // 前进
9     {g_eye[2] += sin(rad_xz) * speed;                  // 视点的 z 分量
10     g_eye[0] += cos(rad_xz) * speed;                  // 视点 x 分量
11    }
12   if(KEY_DOWN(VK_DOWN))                               // 后退
13    {g_eye[2] -= sin(rad_xz) * speed;                  // 视点的 z 分量
14     g_eye[0] -= cos(rad_xz) * speed;                  // 视点的 x 分量
15    }
16   g_eye[1]    = 1.8;                                  // 视点的 y 分量,相当人的高度
17   g_look[0] = g_eye[0] + cos(rad_xz);                 // 目标点 x 分量
18   g_look[2] = g_eye[2] + sin(rad_xz);                 // 目标点 z 分量
```

```
19    g_look[1] = g_eye[1] + g_elev/100;              // 目标点 y 分理
20    gluLookAt(g_eye[0],g_eye[1],g_eye[2],           // 视点
              g_look[0],g_look[1],g_look[2],          // 目标点
              0.0,1.0,0.0                             // 视点方向
              );
      return TRUE;
22 }
```

### 13.1.3 漫游程序注释

源程序中的行号是为了注释添加的,其定义如下:

1 行　定义步长值,它是前后左右移动时的位置增量。设大点就跑得快些。

2 行　如果 SHIFT 键被按下,步长值乘 2。即是按下 SHIFT 键运动加速。

3～4 行　分别按下光标键的左右键"←、→"时,表示方位角的 g_Angle 产生增减。左转 g_Angle 减一个步长,右转 g_Angle 加一个步长。这里的左右键是左右旋转(不是左右平移),所以 g_Angle 是旋转的角度(度)。

5 行　将方位角 g_Angle 的值变为弧度 rad_xz(弧度 = PI* 度/180)。

6～7 行　Page UP、Page Down 键分别改变视点的仰俯角 g_elev。Page UP 相当于抬头,Page Down 相当于低头。

8～11 行　按光标上键"↑"前进。

在解析几何中可知,在平面坐标中 A 点移动到 B 点的 $x$、$z$ 分量如图 13.1.2 所示。

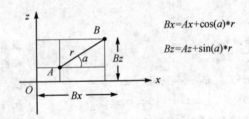

图 13.1.2　方向点的移动

9 行　计算视点的 $z$ 分量增量。

10 行　计算视点的 $x$ 分量增量。

12～15 行　按光标下键"↓"后退,方法同前进。

16 行　视点的 $y$ 分量的值相当人眼睛的高度。

17～18 行　用计算前进,后退同样的方法通过视点计算目标点 $x$、$z$ 分量。

19 行　目标点 $y$ 分量为视点 $y$ 分量加仰俯角的变化(除 100 为经验值)。

20 行　调用视点矩阵变换函数 gluLookAt(…)就可以改变观察视点了。注意视点方向 $y=1$ 表示脑袋始终是正立的。

### 13.1.4　漫游相关定义

DisplayScene()函数中使用的相关变量和函数在头文件"bsipic.h"中定义如下:

```
class bsipic
{……
        GLdouble    g_eye[3];
    GLdouble    g_look[3];
    float       rad_xz;                        // 角度
    float       g_Angle;                       // 左右转
    float       g_elev;                        // 仰俯角
    BOOL        DisplayScene();                // 摄像机
    ……
};
```

在 StdAfx.h 添加如下代码：

```
#define MAP          40
#define KEY_DOWN(vk_code)((GetAsyncKeyState(vk_code) & 0x8000) ? 1 : 0)
```

这里 #define 为宏定义。
在这里定义了 KEY_DOWN(vk_code) 是替代了什么函数的功能，这个定义等同于下面算法。

```
BOOL KEY_DOWN(vk_code)
{if(GetAsyncKeyState(vk_code)&0x8000)         // 屏蔽最高位
return TRUE；
return FALSE；
}
```

现在可以通过键盘的光标键"上、下、左、右"来灵活地控制场景的视点，就像行进在这个场景中一样。

## 13.2 地 面

若场景中没有其他物体，没有物体做参照系就辩不清方位，就像在茫茫宇宙，你就感觉不到这个漫游效果。为了能很好的漫游，应给场景加上一个地面。

### 13.2.1 网格地面

下面画一个平行于 OpenGL 场景 $xz$ 面的网状面，将它作为地面。

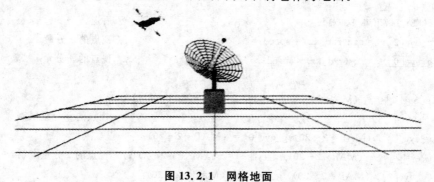

图 13.2.1 网格地面

DrawGround()网格地面函数是一段典型的 OpenGL 画线程序：

```
Glvoid bsipic::DrawGround()                              // 网格地面
1 {glPushMatrix();                                       // 压入堆栈,保存当前位置
2    glColor3f(0.5f,0.7f,1.0f);                          // 设置蓝色
3    glTranslate(0,0,0);                                 // 定位
4    int size0 = (int)(MAP * 2);                         // MAP 是网格的1/4 边长
5    glBegin(GL_LINES);                                  //用多组双顶点的线段画网格线
6    for(int x = -size0;x<size0;x+ = 4
        {glVertex3i(x,0,-size0);glVertex3i(x,0,size0); } // 画横线
7    for(int z = -size0;z<size0;z+ = 4)
    {glVertex3i(size0,0,z);glVertex3i(size0,0,z);}       // 画纵线
8    glEnd();                                            // 画线结束
9    glPopMatrix();                                      // 弹出堆栈
 }
```

程序注释,行号是为注释加入的。

1 行   压入堆栈,保存当前位置。
2 行   设置蓝色,下面的画线将使用蓝色。
3 行   定位到 OpenGL 场景的中心点。
4 行   设定画线范围。MAP 的定义在后面还有特定的意义。
5 行   用多组双顶点线段画网格线。
6 行   画横线,$x$ 从 size0 到 size0 是让网格中心在 OpenGL 的中点(0,0,0)。
7 行   同样方法画纵线。
8 行   画线结束。
9 行   弹出堆栈,恢复当前位置。

## 13.2.2　边界设定

在引入地面后,漫游范围就应该有一个区域限制了,否则给人的感觉像是走向万丈深渊。现将在 DisplayScene()摄像漫游函数中插加入边界限制,如 A~F 行代码。

```
BOOL bsipic::DisplayScene()                              // 摄像漫游
1 {float speed = 0.2f;                                   // 步长
……略
12    if(KEY_DOWN(VK_DOWN))                              // 后退
13    {g_eye[2] - = sin(rad_xz) * speed;                 // 视点的 z 分量
14     g_eye[0] - = cos(rad_xz) * speed;                 // 视点的 x 分量
15    }
A    if(g_eye[0]< - (MAP * 2-20)) g_eye[0] = - (MAP * 2-20);
                                                         // 视点的 x 分量限制
B    if(g_eye[0] >(MAP * 2-20))g_eye[0] = (MAP * 2-20);
C    if(g_eye[2]< - (MAP * 2-20)) g_eye[2] = - (MAP * 2-20);// 视点的 z 分量限制
D    if (g_eye[2]>(MAP * 2-20)) g_eye[2] = (MAP * 2-20)
```

## 第13章 摄像漫游与 OpenGL 的坐标变换

```
E    if(g_elev< -100)    g_elev = -100;              // 仰俯角
F    if(g_elev>100)      g_elev = 100;               // 仰俯角
16   g_eye[1] = 1.8;                                 // 视点的 y 分量,相当人的高度
……略
22}
```

由上一节知,网格线是从 ±size0＝MAP * 2 开始画的,所以,可以称 MAP * 2 为边界值。因此,漫游中注意控制视点的 $x$、$z$ 分量不超出这个边界值就行了(边界值减 20 有什么用?读者自己理解吧)。

各行的定义如下:

A 行　视点的 $x$ 分量小于负边界值,就让它等于负边界值。
B 行　视点的 $x$ 分量大于边界值,就让它等于边界值。
C 行　视点的 $z$ 分量小于负边界值,就让它等于负边界值。
D 行　视点的 $z$ 分量大于边界值,就让它等于边界值。
E～F 行　是对仰俯角的变化进行边界限制。

最后还需要在类的构造函数中加入视点、角度等数据的初始值,如:

```
bsipic::bsipic()
{    g_eye[0] = MAP;
g_eye[2] = - MAP;
g_Angle = 0;                                         // 方位角
g_elev = 0;                                          // 俯仰角
……
}
```

### 13.2.3 使用摄像机

使用摄像机时,在 OpenGL 类的 Render()图形处理中可以加入摄像机、地面和组合图形。

```
void OpenGL::Render()//OpenGL 图形处理
{    glClearColor(0.0f, 0.0f, 0.3f, 1.0f);            // 设置刷新背景色
glClear(GL_COLOR_BUFFER_BIT|GL_DEPTH_BUFFER_BIT);    // 刷新背景
glLoadIdentity();                                    // 重置当前的模型观察矩阵
m_baiscobj->DisplayScene();                          // 摄像机
m_baiscobj->DrawGround();                            // 蓝色网格地面线
m_baiscobj->picter(MAP+10,0,-MAP);                   // 显示组合图形
m_baiscobj->airplane(MAP+50,15,-MAP);                // 组合飞机
glFlush();                                           // 更新窗口
SwapBuffers(hDC);                                    // 切换缓冲区
}
```

运行程序,可操作键盘的光标键进行前进、后退、左右旋转,就会像身临其中的行走效果,如图 13.2.2 所示。

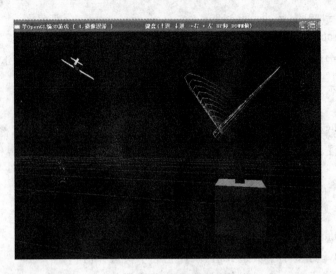

图 13.2.2 摄像漫游

## 13.3 OpenGL 中的坐标变换

前面我们已经接触到了 OpenGL 的各种变换,实际上 OpenGL 的变换包括计算机图形学中最基本的三种变换,即几何变换、投影变换,以及窗口视口变换。

### 13.3.1 从三维空间到二维平面——相机模拟

在真实世界里,所有的物体都是三维的。但是,这些三维物体在计算机世界中却必须以二维平面物体的形式表现出来。那么,这些物体是怎样从三维变换到二维的呢?下面我们采用相机(Camera)模拟的方式来讲述这个概念,如图 13.3.1 所示。

实际上,从三维空间到二维平面,就如同用相机拍照一样,通常都要经历以下几个步骤(括号内表示的是相应的图形学概念):

第一步,将相机置于三角架上,让它对准三维景物(视点变换,Viewing Transformation)。

第二步,将三维物体放在适当的位置(模型(几何)变换,Modeling Transformation)。

第三步,选择相机镜头并调焦,使三维物体投影在二维胶片上(投影变换,Projection Transformation)。

第四步,决定二维相片的大小(视口变换,Viewport Transformation)。

这样,一个三维空间里的物体就可以用相应的二维平面物体表示了,也就能在二维的计算机屏幕上正确显示了。

### 13.3.2 视点变换

视点(或称视图)变换是场景所应用的第一个变换。它主要用于确定场景的观察点。在默认的状态下,在透视投影中,观察者是在屏幕的原点向 $z$ 轴的负方向望去(也就是垂直穿入显示器)。视图变换允许改变观察者的位置,并且允许在任何方向上观察场景。

一般而言,在进行其他变换之前必须指定视图变换。

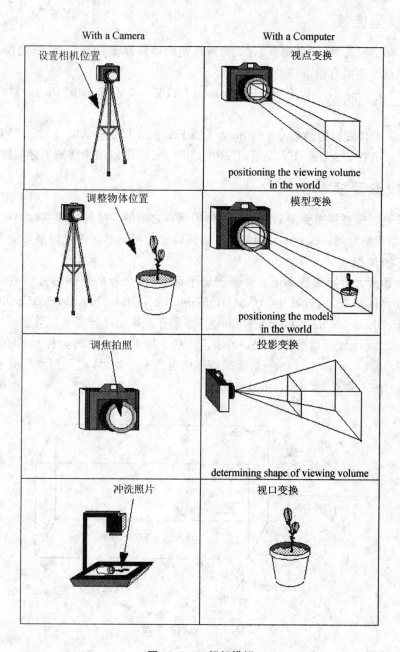

**图 13.3.1 相机模拟**

在 OpenGL 中,进行视点变换所需要用到的函数是:
void gluLookAt (…);
上述的默认视点用 gluLookAt 表示就是 gluLookAt(0.0f,0.0f,0.0f,0.0f,0.0f,−1.0f,0.0f,1.0f,0.0f )。也就是说,使得视点定义在原点(0.0f,0.0f,0.0f)处,参考点在(0.0f,0.0f,−1.0f)处,即朝向 $z$ 轴负半轴,观察的向上方向为 $y$ 轴。

### 13.3.3 模型变换

模型(或称几何)变换,顾名思义,就是对所绘制的物体模型进行变换,指定模型的位置和朝向。常用的基本变换有以下三类:

(1) 平移  在 OpenGL 中,使用 glTranslate(TYPE x,TYPE y,TYPE z)对物体进行平移操作。

(2) 旋转  实现旋转的函数是 glRotate(TYPE angle,TYPE x,TYPE y,TYPE z)。

(3) 缩放  函数 glScale (TYPE x,TYPE y,TYPE z)可以用来实现物体的缩放。

### 13.3.4 投影变换

投影变换是在模型视图变换后应用于物体的顶点之上的。这种投影实际上是建立了裁剪平面,并定义了观察空间。OpenGL 用裁剪平面来确定几何图形能否被观察者所看到。

**1. 正平行投影**

正平行投影最大的特点是无论物体离投影平面多远,投影后物体的大小不会发生变化。实现正平行投影的函数是:void glOrtho(GLdouble left,GLdouble right,GLdouble bottom,GLdouble top,GLdouble near,GLdouble far)用来创建一个正平行投影矩阵。

如图 13.3.2 所示,近裁剪平面是一个矩形,左下顶点三维空间坐标是(left,bottom,-near),右上顶点是(right,top,-near);远裁剪平面也是一个矩形,左下顶点空间坐标是(left,bottom,-far),右上顶点是(right,top,-far)。

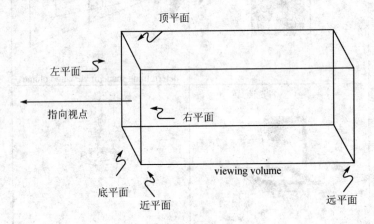

图 13.3.2  近裁剪平面

**2. 透视投影**

透视投影最大的特点是离视点近的物体大,离视点远的物体小,远到极点即消失,成为灭点。实现透视投影的函数是:void gluPerspective(GLdouble fovy,,GLdouble aspect,GLdouble zNear,GLdouble zFar)用来创建一个透视投影矩阵。

如图 13.3.3 所示,参数 fovy 定义视野在 $x-y$ 平面上的视角角度,范围是[0.0,180.0];参数 aspect 是投影平面宽度与高度的比率;参数 zNear 和 zFar 分别是远近裁剪面沿 $z$ 负轴到视点的距离。

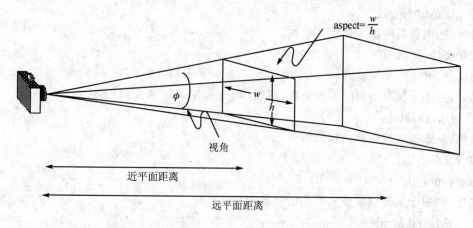

图 13.3.3 透视投影

## 13.3.5 视口变换

在完成了上述所有变换后,我们最终获得的是场景的二维投影,在三维空间的一个矩形区域里(或称为窗口),为了看到它,需要将它映射到屏幕上的某个视区(我们习惯于把这样的视区称为窗口,但它的含义与前面的窗口完全不一样)。这种从窗口到视区坐标的映射是最后一个完成的变换,也就是视口变换或叫做窗口视区变换。它将变换后的物体显示于屏幕内指定的区域内,这个区域也就是视口。

实现视口变换的函数是:glViewport(GLint x,GLint y,GLsizei width, GLsizei height);

其中:GLint x　　视口左下角在屏幕坐标系中的 $x$ 坐标;

GLint y　　视口左下角在屏幕坐标系中的 $y$ 坐标;

GLsizei width　　视口的宽度;

GLsizei height　　视口的高度。

如 glViewport(0,0,600,800)表示建立一个左下角坐标为(0,0),宽度为 600,高度为 800 的视口。

## 13.3.6 其他必要的矩阵操作

以上的种种变换,都是通过线性代数中的矩阵变换实现的,也就是用相应的变换矩阵乘以当前矩阵,得到变化后的目的矩阵。但 OpenGL 作为优秀的 3D 图形软件编程接口,并不需要过多的进行矩阵上的理解,虽然它也同样提供了直接进行矩阵操作的函数。

在 OpenGL 编程中,很有必要用到以下几种与矩阵操作相关的函数,因为它会给编程带来极大的便利,这在前面设计的源码中有明显的体现。

**1. glLoadIdentity**

目标:重置当前矩阵为单位矩阵。

包含文件:<gl.h>

语法:void glLoadIdentity(void);

描述:用单位矩阵替换当前的变换矩阵。本质上,就是将坐标系重置为默认状态。

## 2. glPushMatrix

目标:把当前矩阵压入到矩阵堆栈。

包含文件:<gl.h>

语法:void glPushMatrix(void);

描述:常用于保存当前的变换矩阵,可以用 glPopMatrix 调用进行恢复。

## 3. glPopMatrix

目标:从矩阵堆栈中弹出顶部矩阵。

包含文件:<gl.h>

语法:void glPopMatrix(void);

描述:常用于恢复以前压入堆栈的变换矩阵。

## 4. glMatrixMode

目标:指定当前矩阵类型(在 OpenGL 中,有三种类型:GL_MODELVIEW,指定模型视图变换;GL_PROJECTION,指定投影变换;GL_TEXTURE,指定纹理贴图)。

包含文件:<gl.h>

语法:void glMatrixMode(GLenum mode);

描述:指定在矩阵操作中使用哪种类型的矩阵堆栈。

# 习 题

1. 分别找到 OpenGL 中的变换所对应的图形学理论。
2. 编写程序,通过键盘控制 glOrtho(…)各个参数的变化,总结正射投影对场景的作用。

# 参 考 文 献

1. 孙家广. 计算机图形学[M]. 北京:清华大学出版社,1998.
2. 陈元琰,张晓竟. 计算机图形学实用技术[M]. 北京:科学出版社,2000.
3. 唐泽圣. 计算机图形学基础[M]. 北京:清华大学出版社,1995.
4. Edward Angel,交互式计算机图形学[M]. 4版. 吴文国,译. 北京:清华大学出版社. 2007.
5. 李胜睿. 计算机图形学实验教程(OpenGL版)[M]. 北京:机械工业出版社,2004.
6. 和平鸽工作室. OpenGL高级编程与可视化系统开发(高级编程篇).2版. 北京:中国水利水电出版社,2006.
7. 郭兆荣,李菁,王彦. Visual C++ OpenGL应用程序开发[M]. 北京:人民邮电出版社,2006.
8. Richard S. Wright, Jr. Benjamin Lipchak, OpenGL超级宝典[M]. 3版. 徐波译. 北京:人民邮电出版社,2005.
9. 毛伟冬,唐明理. 三维游戏设计师宝典[M]. 成都:四川出版集团. 2005.
10. NeHe. OpenGL及粒子系统有关内容: http://nehe.gamedev.net.
11. 李于剑. Visual C++实践与提高[M]. 北京:中国铁道出版社,2001.
12. Andrew Koenig,Barbara Moo 著,C++沉思录[M]. 2版. 黄晓春,译. 北京人民邮电出版社,2008.